エレクトロニクスのための
回 路 理 論

作田 幸憲
今池　健　共著
永田 知子

コロナ社

は　し　が　き

　回路理論は，エレクトロニクスにおけるものづくりやシステム構築の理解・設計を行ううえで不可欠な学問であり，低学年のうちに十分理解しておくことが望まれる。しかしながら，回路理論修得のための高校までに得た知識とその活用法とのギャップなどにより必ずしも十分な理解を得るに至らない学生も多くいるのが現状である。

　そこで，本書では高校までの知識に加えて，初学者にも納得しやすい平易な文章によるコラムを多用し，回路理論の理解は一般常識のうえにあることを気づいてもらい，十分な理解が得られるよう心掛けた。また，各章の中には解答例を示した例題のほか，巻末に解答を付した課題や章末問題を多く入れることとした。章末問題の中には，実際の装置などで利用される回路を主題とした問題も入れ，勉強した内容がどのように社会で活かされているのかを知ってもらうことにも心掛けた。

　まず，1章ではオームの法則について，特に，電圧や電流が大きさだけでなく向きを含めて理解しておく必要性について注力した。その他，直流回路を中心として合成抵抗の計算や分流・分圧，電圧源と電流源の等価変換などについて記述した。2章では，引き続き直流回路を中心として，キルヒホッフの法則に基づき，必要な数の式を立て，答えを導くことについて記述した。さらに，回路を解く際，閉電流解析によれば，変数および必要な数の式を少なくでき，計算が楽になることを記述した。回路の解析には種々の方法があるが，オームの法則に基づきキルヒホッフの法則あるいは閉電流解析により解けない問題はないことを理解してもらい，後述する他の解析法の有効性や便利さを実感してもらうための基礎とした。このほか，直流電力の計算，電源の固有電力について記述した。

　3章以降はおもに交流回路にかかわる内容とし，3章では正弦波電源の定義や複数電源の合成，抵抗，コイル，コンデンサなどの回路素子の働きについて記述した。4章では，前章の内容を受けて交流回路の解析にベクトル記号法（複素数表現）を用いると，計算が容易になることのほか，インピーダンスやアドミタンス，ベクトル図などについて記述した。さらに，5章では回路網の解析として，直並列回路の合成インピーダンスの計算や周波数に対する特性の振舞い，伝達特性，共振回路の周波数特性，デシベル表現の導入などについて記述した。その後，6章では交流電力の定義，計算，電力にかかわるいくつかの話題について記述した。つぎに，7章で，重ね合わせの理や電源の等価変換，鳳・テブナンの定理，節電圧解析，ノートンの定理など，線形解析における法則・原理について記述した。また，8章で

は，交流ブリッジ，特別な形をした回路，零回路など，種々の回路例について示した。

9章では，さらに進んだ回路解析手法の一つである二端子対（2ポート）回路について記述した。また，この章では相互誘導回路についても記述した。10章では，直流電圧や非正弦波電圧を回路に入力した後の回路応答の振舞いを表す，いわゆる，過渡現象の解析方法について詳述した。さらに，11章では分布定数回路について，波動方程式の誘導から解の表現，終端負荷による特徴的な振舞いや波（波動）としての振舞い，Sパラメータの導入やこれによる回路解析例などについて記述した。

資源をもたない日本では，これからも新たなものを創り出すことが求められていくものと考えている。本書がエレクトロニクスの分野を志す方々にわずかでも役立つところがあれば幸いである。

本書をまとめるにあたり，まず，学生のときより多年にわたり，ご指導くださいました諸先生に感謝致します。また，コロナ社の編集部の方々にも種々お世話になりました。御礼申し上げます。

2017年2月

著　者

【参　考　文　献】

1）川上正光：改版基礎電気回路Ⅰ（電子通信大学講座 13-Ⅰ），コロナ社（1967）
2）川上正光：改版基礎電気回路Ⅱ（電子通信大学講座 13-Ⅱ），コロナ社（1967）
3）川上正光：改版基礎電気回路Ⅲ（電子通信大学講座 13-Ⅲ），コロナ社（1968）
4）川上正光，当麻喜弘，古尾谷公子：基礎電気回路例題演習（標準電気・電子工学例題演習シリーズ3），コロナ社（1963）
5）電子情報通信学会 編，菅野 允 著：改訂電磁気計測（電子情報通信学会 大学シリーズ B-2），コロナ社（1991）
6）須山正敏，関根好文：エレクトロニクス計測，コロナ社（1989）

目　　次

1. オームの法則

1.1　電圧・電流・抵抗とオームの法則 ……………………………………………… 1
1.2　抵抗の直列接続・並列接続 …………………………………………………… 3
　　1.2.1　直　列　接　続 …………………………………………………………… 4
　　1.2.2　並　列　接　続 …………………………………………………………… 4
1.3　分　圧　と　分　流 …………………………………………………………… 5
　　1.3.1　分　　　　　圧 …………………………………………………………… 5
　　1.3.2　分　　　　　流 …………………………………………………………… 6
1.4　電源の等価変換 ………………………………………………………………… 6
　　1.4.1　電源の種類－電圧源と電流源－ ………………………………………… 6
　　1.4.2　理　想　電　源 …………………………………………………………… 6
　　1.4.3　実　際　の　電　源 ……………………………………………………… 8
　　1.4.4　電源の等価変換 …………………………………………………………… 8
章　末　問　題 ……………………………………………………………………… 12

2. キルヒホッフの法則と回路解析

2.1　キルヒホッフの法則 …………………………………………………………… 13
2.2　閉　電　流　解　析 …………………………………………………………… 16
2.3　直流電力と電源の固有電力 …………………………………………………… 17
章　末　問　題 ……………………………………………………………………… 20

3. 交　流　回　路

3.1　正弦波電圧（電流）源 ………………………………………………………… 21
3.2　実　　効　　値 ………………………………………………………………… 22
3.3　複数電源の合成 ………………………………………………………………… 24

- 3.4 回路素子の働き ··· 25
  - 3.4.1 抵　　　抗 ··· 25
  - 3.4.2 インダクタ（コイル） ·· 26
  - 3.4.3 キャパシタ（コンデンサ） ·· 27
- 3.5 回路解析の例 ·· 29
- 章　末　問　題 ·· 31

4. 交流回路の解析

- 4.1 正弦波とベクトル（複素数表現）の類似性 ······································ 32
- 4.2 回路解析の例 ·· 35
- 4.3 インピーダンス Z とアドミタンス Y ······································· 37
- 4.4 回路解析とベクトル図 ·· 39
- 章　末　問　題 ·· 40

5. 回路網の解析

- 5.1 直列・並列回路 ··· 42
  - 5.1.1 $R-L$ 直列回路 ··· 42
  - 5.1.2 $R-C$ 直列回路 ··· 44
  - 5.1.3 $R-L$ 並列回路 ··· 45
- 5.2 直並列回路 ·· 46
  - 5.2.1 直並列回路のインピーダンスとアドミタンス ································ 46
  - 5.2.2 移　相　器 ·· 47
- 5.3 伝達特性 ··· 49
  - 5.3.1 $R-L$ 回路の伝達特性 ·· 49
  - 5.3.2 $R-C$ 回路の伝達特性 ·· 50
  - 5.3.3 実際のコイル，コンデンサの特性 ·· 52
- 5.4 共振回路 ··· 53
  - 5.4.1 $R-L-C$ 直列共振回路 ··· 53
  - 5.4.2 並列共振回路 ·· 57
- 5.5 周波数解析 ·· 57
- 章　末　問　題 ·· 59

6. 交 流 電 力

6.1 時間領域での電力の計算 …………………………………………………… 62
6.2 記号演算による電力の計算 …………………………………………………… 64
6.3 電力にかかわる 2・3 の話題 ………………………………………………… 65
  6.3.1 電 力 の 計 測 ………………………………………………………… 65
  6.3.2 インピーダンス整合 ………………………………………………… 66
  6.3.3 力 率 改 善 …………………………………………………………… 68
章 末 問 題 ……………………………………………………………………… 70

7. 線形解析の法則・原理

7.1 重ね合わせの理 ……………………………………………………………… 71
7.2 電源の等価変換と鳳・テブナンの定理 …………………………………… 74
  7.2.1 電源の等価変換 ……………………………………………………… 74
  7.2.2 鳳・テブナンの定理 ………………………………………………… 75
7.3 節 電 圧 解 析 ………………………………………………………………… 77
7.4 ノートンの定理 ……………………………………………………………… 79
章 末 問 題 ……………………………………………………………………… 81

8. 種々の回路例

8.1 交 流 ブ リ ッ ジ …………………………………………………………… 82
  8.1.1 ホイートストンブリッジ …………………………………………… 83
  8.1.2 ウィーンブリッジ …………………………………………………… 83
8.2 特別な形をした回路の全インピーダンス ………………………………… 84
  8.2.1 対 称 形 回 路 ………………………………………………………… 84
  8.2.2 無 限 回 路 …………………………………………………………… 86
  8.2.3 Y-Δ 変換, Δ-Y 変換 ………………………………………………… 87
8.3 零 回 路 ……………………………………………………………………… 89
章 末 問 題 ……………………………………………………………………… 90

9. 二端子対（2ポート）回路

9.1 2ポートの概念，Yマトリクス 93
9.2 Zマトリクス，Fマトリクス 96
    9.2.1 Zマトリクス 96
    9.2.2 Fマトリクス 98
    9.2.3 諸マトリクスの性質とほかのマトリクスについて 100
9.3 2ポート回路による諸パラメータの導出 101
9.4 影像パラメータ 103
9.5 相互誘導回路 105
    9.5.1 相互誘導現象と2-P回路表現 105
    9.5.2 ドットの規約とT形等価回路 106
    9.5.3 理想変成器を含む等価回路 108
章末問題 110

10. 過渡現象

10.1 微分方程式とその解法 112
10.2 ラプラス変換 116
    10.2.1 ラプラス変換の定義 116
    10.2.2 ラプラス変換の例 117
    10.2.3 時間関数の微分，積分のラプラス変換 118
10.3 信号，回路素子のラプラス変換 120
10.4 ラプラス変換による解析 122
10.5 解析例 127
章末問題 133

11. 分布定数回路

11.1 波動方程式とその解 135
11.2 特性インピーダンス，伝搬定数 138
11.3 無ひずみ線路 139
11.4 一般負荷終端 140

11.5	インピーダンス変成回路 − インピーダンス整合を取るための回路 − ················ 142
11.6	波の反射・透過，反射係数と定在波比 ·· 144
	11.6.1 反 射 係 数 ··· 144
	11.6.2 定 在 波 ··· 145
11.7	S パラメータの導入 ·· 147
11.8	S パラメータによる回路の解析 ·· 151
章 末 問 題 ··· 154

課 題 略 解 ·· 156
章末問題解答 ··· 170
索　　　引 ·· 191

1 オームの法則

　大学で回路理論を勉強するにあたり，中学・高校のときによく知っているといっている人がつまずくことがある。つまずきの原因の一つは，解析に利用するベクトルの理解にある。

　大学では，向きと大きさの二つの量をもつベクトルを用いる。ただ，回路理論（直流）の場合，向きは非常に単純で，右と左，＋と－のように2値だけである。

　いま，**図1.1**のように，抵抗Rの部分に着目したとき，矢印で示すように「電流が右向き（点aから点bの方向へ）に1A流れている」とする。この場合，「電流が左向きに－1A流れている」といっても，意味する内容は同じである。

　本章では，回路を理解するうえで最も基礎的な事柄について述べる。

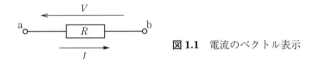

図1.1 電流のベクトル表示

1.1　電圧・電流・抵抗とオームの法則

　はじめに，回路で用いる最も基本的な概念である電流・電圧・抵抗について説明する。

　上記で述べた**電流**の正体は，電子の流れである。電子は負の電荷をもっているが，電流の向きは正の電荷が流れる向きと規定されているため，電流の向きと電子が移動する向きは逆である。

　また，「電流は電位の高いほうから低いほうへ流れる」といい換えることもでき，この電位の差を**電圧**という。これはアナロジー（類似性）として，高い山の上にある湖の水が低い所へ流れることと似ている。このとき，山の高さが海抜〇〇mであるという表現と，電位という言葉が対応している。

　電流が電位の高いほうから低いほうへ流れる（向きがあることに注意）とき，電流の流れにくさをいう用語として**抵抗**がある。図1.1のように，抵抗Rの点a側より電流Iが流れ込み，点b側へ流れ出るとき，Rの両端には次式で表される電位差Vが発生する。

$$V = RI \tag{1.1}$$

　式(1.1)は，抵抗Rに電流I（原因）が流れることにより，抵抗の両端に**電位差**Vが発生

する(結果)と見ることができる。重要なことは,電位から考えると点bより点aのほうがVだけ電圧が高いということである。

異なる表現として,「抵抗Rに電流Iが流れることによって**電圧降下**する」といういい方もされるが,これは点aから見て点bの電位が下がるという意味である。また,この電圧降下を**逆起電力**と呼び,電圧と同じ単位〔V〕ボルトで表す。ある抵抗Rに電流Iが流れているとき,抵抗Rの両端に大きさIRの逆起電力が電流の向きと逆向きに生じ,加えられた電圧Vと平衡すると考える。逆起電力は,力学でいう反作用と同じである。逆起電力の回路図上での表し方は2種類あり,逆起電力の向きの矢印を表示する,または電位の高いほうに+,電位の低いほうに-を表示する方法がある。

いずれにしろ,抵抗に電流が流れることにより仕事をすることになる。例えば,懐中電灯の場合,豆電球が抵抗であり,電流が流れることにより発熱して光を放ち,人の役に立つ道具となっていることがわかるであろう。

式(1.1)を変形すると,つぎのように書くこともできる。

$$I = \frac{V}{R} = GV \tag{1.2}$$

この式は,抵抗Rに電圧V(原因)が加わると電流Iが流れる(結果)と見ることができる。また,$G=1/R$は**コンダクタンス**と呼ばれ,抵抗の逆数であることから,電流の流れやすさを表している。

式(1.1),(1.2)が「オームの法則」と呼ばれることは,中学・高校の理科の中で勉強してきたことと思うが,重要なことは,大きさだけでなく,向きを含めて理解することである(図1.1参照)。

図1.2(a)に,(直流の電位差を作り出す)電池と抵抗をつなげた回路を示す。この回路に流れる電流,電位,抵抗の関係は,図(b)に示すポンプと水路内の水の流れに例えることができる。電池をポンプ,電位を水路の高さ,電流を水の流れ,抵抗を水路の細くなっているところ,と考える。水(電流)は水路の高いところ(電位)から低いところへ流れていく。

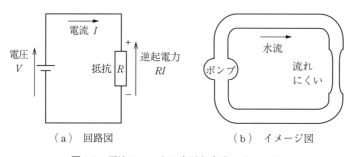

(a) 回路図　　　　　　　　(b) イメージ図

図1.2 電流のベクトル表示と水路のイメージ

ポンプ（電池）で水を組み上げ，水路の高さ（電位）を上げる。水（電流）は水路に沿って流れるが，水路の細くなっているところ（抵抗）では流れにくくなる。

ここに出てきた各物理量の単位は，それぞれ電流〔A（アンペア）〕，電圧〔V（ボルト）〕，電位〔V（ボルト）〕，抵抗〔Ω（オーム）〕，コンダクタンス〔S（ジーメンス）〕で表す†。

課題 1.1　図 1.2(a)の回路で，100 Ω の抵抗に電流が 0.1 A 流れていたという。直流電源の電圧 V はいくらか，求めよ。

課題 1.2　3 V の乾電池に $R=1$ kΩ の抵抗につなげたとき，電流 I はいくらか，求めよ。

1.2　抵抗の直列接続・並列接続

これまで抵抗が一つだけの回路について述べてきたが，実際には複数の抵抗を組み合わせて使う。この組み合わせ方の基本は，**図 1.3** に示す直列接続と並列接続である。これら二つの回路は同じ素子で構成されているが，全体の抵抗（**合成抵抗**と呼ぶ）が異なる。それぞれの回路の合成抵抗を求める。

コラム　抵抗の値

抵抗の値の大きさ（単に，抵抗値ともいう）R は，その構造から次式で表せる。

$$R = \rho \cdot \frac{l}{S} \ 〔\Omega〕 \qquad \text{(C1.1)}$$

ここで，ρ，l，S は，部材のそれぞれ抵抗率〔Ω・m〕，長さ〔m〕，断面積〔m²〕を表す。

ρ は材質に固有の値をもつので，**図 C1.1** に示すように，長さが同じであれば断面積が大きいものほど抵抗値は小さくなる。つまり，電子が移動できる通路が広いほど電流は流れやすい（抵抗値が小さい）ことを意味している。

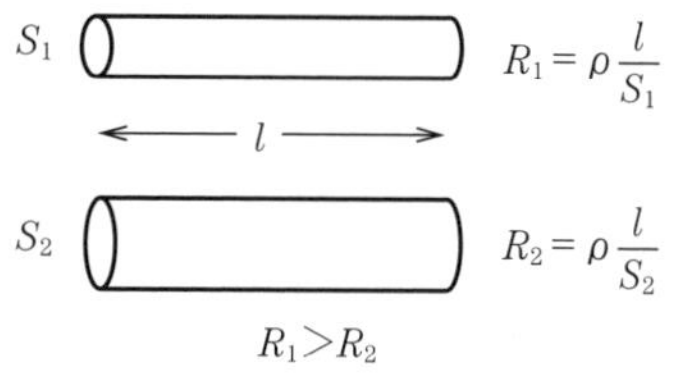

図 C1.1　抵抗の構造と抵抗値

† 電気にかかわる諸量の単位は，その諸量の発見や発明に寄与した人の名前にちなんでつけられたものが多い。例えば，電圧の単位 V（ボルト）は電池を発明（1799 年）したボルタ（A. Volta；イタリア），電流の単位 A（アンペア）は電流にかかわる多くの法則を発表したアンペア（A. M. Ampère；フランス），抵抗の単位 Ω（オーム）はオームの法則を発表（1827 年）したオーム（G. S. Ohm；ドイツ），コンダクタンスの単位 S（ジーメンス）は電磁式指針電信機のほか電気工学分野でさまざまな発明・開発を行ったジーメンス（E. W. von Siemens；ドイツ）にちなんでつけられた。このほかにも多くのものがあり，電気電子の分野にいかに多くの人がかかわっているのかがわかる。

4   1. オームの法則

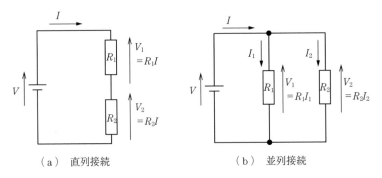

図 1.3 抵抗の直列接続と並列接続

1.2.1 直 列 接 続

図 1.3(a) の回路における電流と電圧を考える。電流の通り道は分かれ道のない一本道であるから，抵抗 R_1 に流れる電流と抵抗 R_2 に流れる電流は等しい。したがって，R_1 と R_2 の両端に発生する逆起電力の大きさ V_1，V_2 は

$$V_1 = IR_1 \tag{1.3}$$

$$V_2 = IR_2 \tag{1.4}$$

となる。また，電池の電圧 V は逆起電力 V_1 と V_2 の和とバランス（平衡）するから，式(1.5) が成り立つ。

$$V = V_1 + V_2 = IR_1 + IR_2 = I(R_1 + R_2) \tag{1.5}$$

電池から右側を見た回路全体の抵抗（合成抵抗）を R_S と置くと

$$V = IR_S \tag{1.6}$$

であるから，R_1 と R_2 を直列接続した場合の合成抵抗 R_S は次式となる。

$$R_S = R_1 + R_2 \tag{1.7}$$

1.2.2 並 列 接 続

図 1.3(b) の回路における電流と電圧を考える。回路全体を流れる電流 I は抵抗 R_1 を流れる電流 I_1 と抵抗 R_2 を流れる電流 I_2 の和に等しいから

$$I = I_1 + I_2 \tag{1.8}$$

である。さらに，抵抗 R_1 の両端と抵抗 R_2 の両端はそれぞれ導線のみでつながれているから等電位であり，加えた電圧 V に等しい。したがって

$$V = I_1 R_1 = I_2 R_2 \tag{1.9}$$

$$I = \frac{V}{R_1} + \frac{V}{R_2} \tag{1.10}$$

である。ここで，電池から右側を見た合成抵抗を R_P と置くと

$$V = IR_P \tag{1.11}$$

と表されるから，式(1.10)は

$$\frac{V}{R_P} = \frac{V}{R_1} + \frac{V}{R_2} \tag{1.12}$$

となる。つまり，R_1 と R_2 を並列接続した場合の合成抵抗 R_P は

$$\frac{1}{R_P} = \frac{1}{R_1} + \frac{1}{R_2} \quad \text{あるいは，} \quad R_P = \frac{R_1 R_2}{R_1 + R_2} \tag{1.13}$$

と表される。また，式(1.13)とまったく同じ意味で

$$R_P = R_1 \mathbin{/\mkern-6mu/} R_2 \tag{1.14}$$

と表すことがある。

課題 1.3 図1.3(a)の回路で $R_1 = 200\,\Omega$，$R_2 = 100\,\Omega$ のとき，電圧 V_2 が 10 V であったという。このとき，回路に流れる電流 I および電圧 V_1，V はいくらか，求めよ。

課題 1.4 図1.3(b)の回路で $R_1 = 200\,\Omega$，$R_2 = 100\,\Omega$ のとき，電流 I_1 が 1 A であったという。このとき，電圧 V および電流 I，I_2 はいくらか，求めよ。

1.3 分圧と分流

前節で述べた直列回路において，回路全体にかかる電圧 V は抵抗 R_1 にかかる電圧 V_1 と抵抗 R_2 にかかる電圧 V_2 に分けられる。これを**分圧**という。また，並列回路において，回路全体を流れる電流 I は抵抗 R_1 を流れる電流 I_1 と抵抗 R_2 を流れる電流 I_2 に分けられる。これを**分流**という。分圧も分流も，その分配比は抵抗 R_1 と抵抗 R_2 の大きさの比に依存する。

1.3.1 分　　　圧

直列接続において，式(1.3)，(1.4)から

$$\frac{V_1}{R_1} = \frac{V_2}{R_2} \tag{1.15}$$

$$V_1 : V_2 = R_1 : R_2 \tag{1.16}$$

であり，電圧は抵抗の大きさに比例して分配されることがわかる。

また，式(1.5)より

$$I = \frac{V}{R_1 + R_2} \tag{1.17}$$

であるから，オームの法則より V_1，V_2 は（式(1.3)，(1.4)を書き換えて）

$$V_1 = \frac{R_1}{R_1 + R_2} V, \quad V_2 = \frac{R_2}{R_1 + R_2} V \tag{1.18}$$

と表される。

1.3.2 分　　流

並列接続において，式(1.9)から

$$I_1 : I_2 = R_2 : R_1 \tag{1.19}$$

であり，電流は抵抗の大きさに反比例して分配されることがわかる。また，式(1.10)より

$$V = \frac{R_1 R_2}{R_1 + R_2} I \tag{1.20}$$

であるから，式(1.9)を書き換えると，I_1, I_2 は

$$I_1 = \frac{V}{R_1} = \frac{R_2}{R_1 + R_2} I, \quad I_2 = \frac{V}{R_2} = \frac{R_1}{R_1 + R_2} I \tag{1.21}$$

と表される。

課題 1.5 式(1.3)～(1.5)を用いて，式(1.18)の分圧の式を誘導せよ。
課題 1.6 式(1.8)，(1.9)を用いて，式(1.21)の分流の式を誘導せよ。

1.4　電源の等価変換

1.4.1　電源の種類 – 電圧源と電流源 –

　電源は2種類に分けられる。一つは**電圧源**で，もう一つは**電流源**である。電圧源はその出力端子に一定の電圧を出し続け，電流源はその出力端子から一定の電流を流し続ける。ここで「一定の」と述べたが，同じ回路につながれている素子によらず，時間に対してつねに「一定の」電圧や電流を出力できる電源を理想電源（理想電圧源，理想電流源）と呼ぶ。
　実際の電源は，回路につながれている素子や長期間の使用により出力端子の電圧や電流が変化してしまう。次項以降で理想電源，実際の電源について述べる。

1.4.2　理　想　電　源

　図1.4(a)に示すように，理想電圧源 E と抵抗 R が接続された回路を考える。理想電圧源の端子（○–○）間の電圧は R の大きさに関係なく，つねに E である。抵抗 R の値が任意に可変できるとすると，電流 I はオームの法則より E/R となる。R が無限大の場合 $I=0$ であり，R の値が小さくなるに従って電流 I は大きくなり，$R=0$ の場合，I は無限大になる（図中で

1.4 電源の等価変換　7

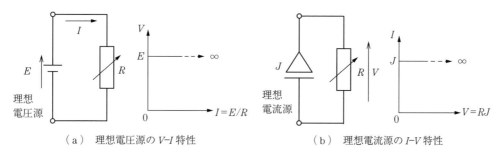

（a）理想電圧源の V–I 特性　　　　　（b）理想電流源の I–V 特性

図 1.4　理想電圧源の V–I 特性と理想電流源の I–V 特性

は破線の矢印で表す）。

　一方，図 1.4(b) に示す理想電流源 J と抵抗 R が接続された回路を考える。理想電流源の上側の○端子より流れ出る（当然，下の○端子に戻ってくる）電流は，R の大きさに関係なく，つねに J である。抵抗 R の両端に発生する逆起電力 V は RJ であるから，$R=0$ の場合は $V=0$ となり，R が大きくなるに従って V は大きくなり，R が無限大のとき V も無限大になる（図中では破線の矢印で表す）。

　ここで，図 1.4(a) と (b) では，縦軸と横軸の取り方が異なることに注意されたい。

　次節で実際の電源について勉強するが，実際の電源にも電圧源と電流源の 2 種があり（単に，電圧源，電流源と呼び，理想電源と区別する），理想電源と内部抵抗の組合せによって表現される。次項および次々項で詳しく述べるが，電圧源は理想電圧源と内部抵抗の直列接続で構成されており，電流源は理想電流源と内部抵抗の並列接続で構成されている（図 1.6(a)，図 1.7 参照）。

　さて，いま，$E=0$ の理想電圧源の端子に外部から強制的に電流 J を流し込んだ場合を考えてみよう。

　J の大きさは任意であるが，$J=\infty$ の電流をこの理想電圧源に流し込んだとしても，理想電圧源の両端電圧 E は 0 なので，内部抵抗 r は 0 であることがわかる（仮に，r が $1\,\mathrm{m}\Omega$ でもあったとしたら，$J=1\,000\,\mathrm{A}$ で両端電圧は $rJ=1\,\mathrm{V}$ となり，$E=0$ とならないことになる）。

　一方，$J=0$ の理想電流源があったとし，この端子に外部から強制的に大きな値をもつ理想電圧源 E を加えたとしよう。$E=\infty$ の電圧をこの理想電流源に加えたとしても，理想電流源に流れる電流 J は 0 なので，理想電流源の内部抵抗 r は無限大と解釈される。

　このように，理想電源では，理想電圧源か理想電流源かによって内部抵抗の大きさが異なることになる。併せて，理想電源では行ってはいけない禁止事項が二つある。一つめは理想電圧源を短絡してはいけないこと［図 1.4(a) の R を 0 としてはいけない］，二つめは理想電流源を開放してはいけないこと［図 1.4(b) の R を無限大としてはいけない］である。

　実際の世界には理想電源はないが，上記の禁止事項はそのまま通用する。現実の世界で

は，この禁止事項が発生しないようヒューズなどで対策を行っているが，万が一，この事項が発生した場合には火災などの災害が発生することもありうるので，注意する必要がある。

1.4.3 実際の電源

前項の後半で，現実の電源は理想電源と内部抵抗の組合せによって表現されると述べた。いま少し，詳しく現実の電源について考えてみよう。

図1.5は，電池に抵抗Rをつなげ，Rの値を徐々に小さくして電池から流し出す電流Iを増加させたときの，電池の端子a-b間の電圧Vを図示したものである。図(b)のV-I特性（実線）を見てわかるように，電流Iが大きくなると電池の端子間電圧VはEより下がる。ここで，Eは電池から流し出す電流Iを0とした。つまり，電流Iを流さない状態で端子間電圧Vを測ったときの大きさである。

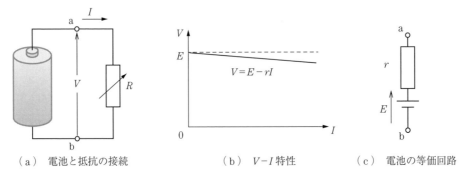

（a）電池と抵抗の接続　　　（b）V-I特性　　　（c）電池の等価回路

図1.5 電池の出力電流（I）に対する端子間電圧（V）の変化と電池の等価回路

端子間電圧Vは電流Iの関数として

$$V = E - rI \tag{1.22}$$

のように表すことができ，電池の等価回路は図(c)のように抵抗rと理想電圧源Eの直列接続として表すことができる。ここで，抵抗rは電池内に必ず存在する抵抗であるため，内部抵抗と呼ばれる。

1.4.4 電源の等価変換

前項で，電池の等価回路が内部抵抗rと理想電圧源Eの直列接続として表すことができることを知った。

図1.6(a)に，電池の等価回路を用いて図1.5(a)を書き直した回路図を示す。この回路から，端子a-b間の電圧Vを用いて，この回路に流れる電流Iを求めると，次式のように導ける。

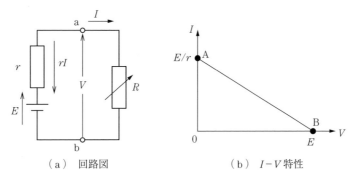

(a) 回路図　　　　　(b) I–V 特性

図 1.6 図 1.5(a) の等価回路と回路の I–V 特性

$$E = rI + V \quad \text{よって,} \quad I = -\frac{1}{r}V + \frac{E}{r} \tag{1.23}$$

式 (1.23) は，横軸に V を，縦軸に I をとった場合，傾きが $-1/r$ で切片が E/r の一次関数を表す．図 1.6(b) はこれを作図したものである．

図 1.6(b) のグラフ上で，点 A は $V=0$，すなわち $R=0$ としたときの点である．このとき，回路内の抵抗は r だけなので，電流値は最大値であり，点 A の座標 (V, I) は $(0, E/r)$ であることがわかる．また，点 B は $I=0$，つまり R が無限大のときの点である．このとき，r 部分の電圧降下（rI）は 0 となるため，点 B の座標 (V, I) は $(E, 0)$ となる．

抵抗 R の値は，正でかつ 0 から ∞ までしか取りえないので，図 1.6(a) の回路で示しうる I–V 特性は図 (b) の点 A から点 B までの線分によって表せることがわかる．

上記のように，実際の電源の例として電池を取り上げ，その I–V 特性より図 1.6(a) に示したような内部抵抗 r と理想電圧源 E の直列接続によって等価回路を表したわけであるが，表現の仕方は一通りではない．理想電流源を用いて等価回路を表すこともできることを示そう（エレクトロニクス回路では，電圧源よりむしろ電流源を用いたほうがよいような場面に接することが多い）．

コラム　回路で使う E, J と電磁気学・物性学で使う E, J の違い

分野によって記号表現が異なることが往々にしてある．工学を学ぶにあたり必要な学問である回路と電磁気学においても E, J の使い方が異なるので，混同しないよう注意されたい．

本書を含め，回路においては E を起電力として扱うことが多い．これは，起電力と端子電圧の区別を容易にするためである．この場合の E の単位は〔V〕である．しかし，電磁気学や物性学においては，E を電場として扱い，起電力として扱うことはない．電場とは，単位距離当りの電位差であり，単位は〔V/m〕（ボルト／メートル）である．J も同様である．回路において電流（単位〔A〕）として扱うことがあるが，電磁気学や物性学では電流密度（単位面積当りの電流）（単位〔A/m^2〕）として扱う．

いま一度，図1.6(a)を見てみよう．先ほどは，電流Iについて解く際，端子間電圧Vに着目して式を立てたのであるが，Rに流れる電流に着目して式を立ててみよう．そうすると，次式が成り立つ．

$$I = \frac{E}{r+R} \tag{1.24}$$

この式は，つぎのように変形することができる．

$$I = \frac{r}{r+R} \cdot \frac{E}{r} = \frac{r}{r+R} \cdot J \quad \therefore \quad J \equiv \frac{E}{r} \tag{1.25}$$

式(1.25)は，1.3.2項で勉強した分流の式の形をしていることがわかる．**図1.7**はこれに基づいて描いた等価回路で，端子a–bより左側は理想電流源Jと内部抵抗rの並列接続でも表せることがわかる．

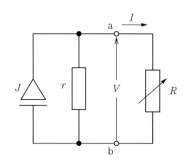

図1.7　理想電流源を用いた等価回路

つまり，抵抗Rに流れる電流Iは，理想電流源Jから流れ出た電流をrとRの分流比に応じて流れる量と等しいことを表している．

このように，一般的な実際の電源は，内部抵抗rと理想電圧源Eの直列接続によって表

― コラム　電源の図記号 ―

電源には電圧源と電流源があるが，それが直流電源か交流（正弦波）電源かによって，大きく四つに分けられる．

本書では，直流電圧源の電位差Eが**図C1.2**(a)の下側の端子より上側のほうが高電位であることを＋－や矢印によって表す．また，交流電圧源もある瞬時の状態として図C1.2(c)のように＋－（または矢印）で表す．電流源については直流・交流によってその表現は異なるが，△や矢印によって表すこととする（交流電源については3章以降で出てくるので，記憶に留めておくこと）．

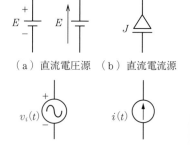

（a）直流電圧源　（b）直流電流源
（c）交流電圧源　（d）交流電流源
図C1.2

すこともできれば，内部抵抗 r と理想電流源 J の並列接続によって表すこともできる。ただし，E と J の間には，$E=rJ$ または $J=E/r$ なる関係がある。

【例題 1.1】 図 1.8 の回路について，電源の等価変換を利用して，端子 a–b 間の電圧 V を求めよ。

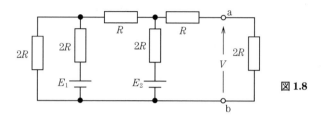

図 1.8

〈解答〉 つぎの図 1.9 のように，電源の等価変換を繰り返すことによって回路図をまとめていけば，V を簡単に求めることができる。

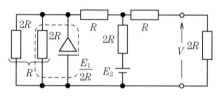

（a）$2R$ と E_1 の部分を等価変換して（破線部分），左端の $2R//2R = R$ となる。この R と電流源の部分を等価変換して電圧源に直せば図（b）となる。

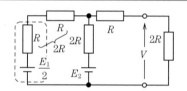

（b）上図で二つ R が直列接続しているので，$2R$ となる。二つの電圧源部分を等価変換すると図（c）となる。

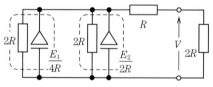

（c）電流源と抵抗の位置を書き直すと図（d）となる。

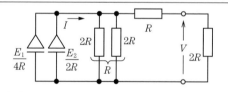

（d）$2R//2R=R$，電流 I は二つの電流源の和として一つの電流源で表せる。これを等価変換して図（e）となる。

（e）電圧源で表したとき，二つ R が直列接続し $2R$ となるので，上の図となる。よって，電圧源の値が $2R$ と $2R$ で分圧され，V は $\dfrac{E_1}{8}+\dfrac{E_2}{4}$ となる。

図 1.9

章 末 問 題

【1.1】 問図1.1の回路の合成抵抗R_Tを式と値の両方で求めよ。ただし，$R_1=4\,\Omega$，$R_2=6\,\Omega$，$R_3=12\,\Omega$とする。

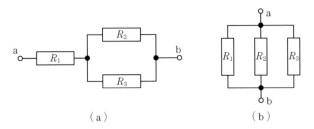

問図1.1

【1.2】 問図1.1のa–b間に$V=24\,\mathrm{V}$の直流電圧を加えたとする。まず，各自で図中に加えた電圧Vの向き（矢印）を書き入れよ。また，これに対応した各抵抗に流れる電流I_1, I_2, I_3についても矢印（電圧で区別するため破線の矢印）を書き入れ，その大きさを求めよ。

【1.3】 問図1.2は内部抵抗$10\,\Omega$をもつ定格値$1\,\mathrm{mA}$の電流計（$1\,\mathrm{mA}$まで測ることができる電流計）に分流器R_Sを用いて，定格値$1\,\mathrm{A}$の電流計とする回路構成を示している。何Ωの分流器を用いれば定格値を$1\,\mathrm{A}$とすることができるか。

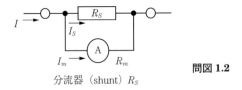

問図1.2

【1.4】 問図1.3はDA変換器（ディジタル値をアナログ値に変換する装置）の原理的な構成を示している。電源の等価変換を利用して，スイッチs_1, s_2の接続を1または0側とすることにより，Vの大きさは変化する。いま，$E_1=E_2=E$とした場合，スイッチs_1, s_2の接続の組合せにより，Vがどのような大きさとなるか，そのスイッチの組合せとともにVの大きさを求めよ。

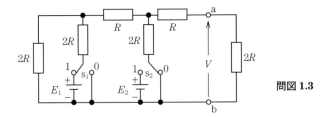

問図1.3

2 キルヒホッフの法則と回路解析

回路の解析や設計はオームの法則に基づいて行うことになるが，回路素子の数が増え，複雑なつながりをもつようになると，正確に式を立てるためには式を立てるための法則や経験が必要になる。

本章では，キルヒホッフの法則に代表されるこのような法則について学ぶ。キルヒホッフの法則に基づいて式を立てる場合，着目の仕方によっていくつかの立て方があるが，ここでは解析する方法の一つである閉電流解析について勉強する。

2.1 キルヒホッフの法則

図2.1 を例にして，回路解析のもととなる法則・原理について勉強してみよう。

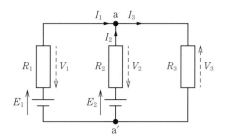

図2.1 複数の電源をもつ回路

図2.1 の三つの抵抗 $R_1 \sim R_3$ のそれぞれに対する破線の矢印で表した逆起電力 V_j は，オームの法則より $V_j = R_j \cdot I_j (j = 1, 2, 3)$ で表せる。

キルヒホッフの法則には，電流の連続性に関するキルヒホッフの電流則（Kirchhoff's current law；以下 KCL と略記）と電圧の平衡性に関するキルヒホッフの電圧則（Kirchhoff's voltage law；以下 KVL と略記）がある。

具体的に，KCL とは『一つの接続点に流れ込む電流の総和は 0 である。「電流の不生不滅」の理ともいう』のことで，図2.1 の接続点 a に着目すると，I_1 と I_2 が点 a に流れ込み，I_3 が流れ出ているように向きがとられていることがわかる。流れ込みの方向を「＋」，流れ出しの方向を「－」とすると，点 a に流れ込む電流の総和は

$$\sum I = I_1 + I_2 - I_3 = 0 \tag{2.1}$$

である。つまり，「電流の不生不滅」とは，1点の接続点に流れ込んだ電流の総和と流れ出る電流の総和が等しいということである。図2.1には，接続点として点a′もあるが，式(2.1)と同じになることを確認してほしい（KCLで独立な式の数は接続点の数より一つ少ない）。

つぎに，KVLとは『一巡の閉路に沿った起電力，逆起電力の総和は0』のことである。起電力も逆起電力も電位差のことであり，「起電力」が電力を発生することによって生じた電位差であるのに対して，逆起電力は電力を消費させることによって生じた電位差（電圧降下ともいう）である。

図2.1のE_1-R_1-R_2-E_2の閉路①について，まず，左側の枝路（E_1-R_1）の総電位差（点a′を基準として点aの電位）を矢印に着目して求めてみると，E_1高くなってV_1（=R_1I_1）下がるので，$E_1 - R_1I_1$となる。また，閉路①の残りの枝路（R_2-E_2）の総電位差についても，点a′を基準として点aの電位を矢印に着目して求めてみると，前と同じく，E_2高くなってV_2（=R_2I_2）下がるので$E_2 - R_2I_2$となる。

この二つの枝路（E_1-R_1）と枝路（R_2-E_2）の電位差は，同じa-a′間の電位差なので

$$E_1 - R_1I_1 = E_2 - R_2I_2 \quad または， \quad E_1 - R_1I_1 - E_2 + R_2I_2 = 0 \tag{2.2}$$

となる。後半の式は閉路①について時計まわりに式を立てたものであり，電位差（矢印）がこの回転方向と一致するとき「＋」，逆方向のとき「－」としている（上記の『　』は後半の式のことをいっている）。

同様に，E_2-R_2-R_3の閉路②について式を立てると，次式を得る。

$$E_2 - R_2I_2 = R_3I_3 \quad または， \quad E_2 - R_2I_2 - R_3I_3 = 0 \tag{2.3}$$

閉路③（E_1-R_1-R_3）について式を立てると

$$E_1 - R_1I_1 = R_3I_3 \quad または， \quad E_1 - R_1I_1 - R_3I_3 = 0 \tag{2.4}$$

となるが，この式(2.4)は式(2.2)と式(2.3)より導けるので，KVLの式として独立な数は二つである。

回路が複雑になっていくと，独立な式の数がいくつあるのかがわからなくなるときがある。簡単にいえば，枝路の数だけ式が立つことになる。図2.1の回路では，三つの枝路[（E_1-R_1），（R_2-E_2），（R_3）]があるので，三つの式が立つことになる。このうち，KCLから立てられる独立な式の数は"接続点の数マイナス1"であり，図2.1の回路では一つである。よって，KVLで立てられる独立な式の数は3－1＝2より，二つである。KVLについて独立な式の数は"最小の閉路の数"であるといういい方もあるが，枝路の数だけ式が立つということと，KCLから立つ独立な式の数を知っていれば，必然的にKVLから立てられる式の数がわかるので，このほうが簡単に覚えられるかもしれない。["最小の閉路"とは回路図上でその閉路内にほかの枝路を含まない閉路のことを指す。上記の閉路③は枝路（R_2-E_2）を含

んでいるため，最小の閉路ではないことがわかる。]

以上より，図 2.1 の回路について I_1, I_2, I_3 を求めるためには，独立な三つの式が必要になる。この三つの式が正しく立てられれば，連立方程式として解くことができるので，キルヒホッフの法則を使いこなすことが重要であることは明白である。

いま，式(2.1)～(2.3)の三つの式を連立して解けば，以下の式が導ける。

$$I_1 = \frac{(R_2+R_3)E_1 - R_3E_2}{R_1R_2+R_2R_3+R_3R_1}, \quad I_2 = \frac{(R_1+R_3)E_2 - R_3E_1}{R_1R_2+R_2R_3+R_3R_1}, \quad I_3 = \frac{R_2E_1 + R_1E_2}{R_1R_2+R_2R_3+R_3R_1} \tag{2.5}$$

【例題 2.1】 図 2.2 の回路について，与えられた電流 I_1, I_2, I_3 に対する各抵抗の逆起電力 V_1, V_2, V_3 の矢印を書き込み，キルヒホッフの式（KCL，KVL）を立てよ。

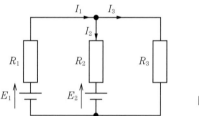

図 2.2

〈解答〉 図 2.3 に逆起電力 V_1, V_2, V_3 の矢印（破線）を書き込んだ図を示す。この図をもとに，KCL，KVL の式を立てると下記のようになる。

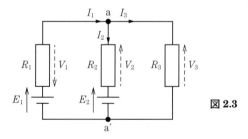

図 2.3

KCL：接続点 a について

$$I_1 = I_2 + I_3 \quad \text{または}, \quad I_1 - I_2 - I_3 = 0 \tag{2.6}$$

KVL：閉路① (E_1–R_1–R_2–E_2) について

$$E_1 - R_1I_1 = E_2 + R_2I_2 \quad \text{または}, \quad E_1 - R_1I_1 - E_2 - R_2I_2 = 0 \tag{2.7}$$

KVL：閉路② (E_2–R_2–R_3) ついて

$$E_2 + R_2I_2 = R_3I_3 \quad \text{または}, \quad E_2 + R_2I_2 - R_3I_3 = 0 \tag{2.8}$$

課題 2.1 式(2.6)～(2.8)を解き，電流 I_1, I_2, I_3 を求めよ。

課題 2.2 図 2.4 について，R_1, R_2, R_3 に流れる電流 I_1, I_2, I_3 の向き（矢印），逆起電力 V_1, V_2, V_3 の向き（矢印または＋－）を書き入れ，KCL，KVL の式を立て，I_1, I_2, I_3 および V_1, V_2, V_3 を求めよ。

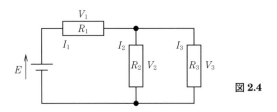

図 2.4

2.2 閉電流解析

前節で，キルヒホッフの法則に基づいて式を立て，それを解けば回路の状態を知ることができることを勉強した．回路が複雑になり，枝路が増えてくるとその枝路の数だけ，求める変数が増え，解析するための式の数も増加することになる．このようなとき，閉電流解析が便利な場合がある．

図 2.5 の回路図を見てほしい．この回路は図 2.1 と同じ回路で，新たに電流 I_a, I_b を仮定している．これらの電流は，それぞれ閉路①，②の中を時計の針の回転方向に流れるとしている．I_a, I_b は I_1, I_2, I_3 とつぎの関係をもつ．

$$I_1 = I_a, \ I_3 = I_b, \ I_2 = I_b - I_a \tag{2.9}$$

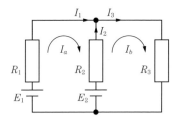

図 2.5　閉電流解析の回路

KCL（$I_1 + I_2 = I_3$）より，独立な変数は二つであり（I_1, I_2, I_3 のうち二つが決まるとほかの一つが決まる），I_1, I_2, I_3 の代わりに I_a, I_b を用いて，閉路①，②について KVL の式を立てると，つぎのようになる（式 (2.2), (2.3) の I_1, I_2, I_3 を I_a, I_b で表す）．

$$\begin{aligned} E_1 - E_2 &= R_1 I_a + R_2(I_a - I_b) \\ E_2 &= R_2(I_b - I_a) + R_3 I_b \end{aligned} \implies \begin{aligned} (R_1 + R_2)I_a - R_2 I_b &= E_1 - E_2 \\ -R_2 I_a + (R_2 + R_3)I_b &= E_2 \end{aligned} \tag{2.10}$$

式 (2.10) から，I_a, I_b について解き，さらに式 (2.9) の関係を利用すれば，I_1, I_2, I_3 がつぎのように求められる．

$$I_a = \frac{(R_2 + R_3)(E_1 - E_2) + R_2 E_2}{(R_1 + R_2)(R_2 + R_3) - R_2^2} = \frac{(R_2 + R_3)E_1 - R_3 E_2}{R_1 R_2 + R_2 R_3 + R_3 R_1} = I_1$$

$$I_b = \frac{(R_1 + R_2)E_2 + R_2(E_1 - E_2)}{(R_1 + R_2)(R_2 + R_3) - R_2^2} = \frac{R_2 E_1 + R_1 E_2}{R_1 R_2 + R_2 R_3 + R_3 R_1} = I_3$$

$$I_2 = I_b - I_a = \frac{R_2 E_1 + R_1 E_2}{R_1 R_2 + R_2 R_3 + R_3 R_1} - \frac{(R_2 + R_3)E_1 - R_3 E_2}{R_1 R_2 + R_2 R_3 + R_3 R_1} = \frac{(R_1 + R_3)E_2 - R_3 E_1}{R_1 R_2 + R_2 R_3 + R_3 R_1}$$
(2.11)

【例題 2.2】 図 2.5 で，$R_1 = R_2 = R_3 = R$ としたとき，I_1, I_2, I_3 はどのようになるか示せ．また，$R_1 = R_2 = R_3 = 2\,\Omega$ としたときで，（ⅰ）$E_1 = 15\,\text{V}$，$E_2 = 6\,\text{V}$，（ⅱ）$E_1 = 12\,\text{V}$，$E_2 = 6\,\text{V}$，（ⅲ）$E_1 = 6\,\text{V}$，$E_2 = 6\,\text{V}$ のそれぞれの場合について，I_1, I_2, I_3 の値を求めよ．

〈解答〉

・$R_1 = R_2 = R_3 = R \implies I_1 = \dfrac{2E_1 - E_2}{3R}$, $I_2 = \dfrac{2E_2 - E_1}{3R}$, $I_3 = \dfrac{E_1 + E_2}{3R}$

・$R_1 = R_2 = R_3 = 2\,\Omega$ のときで

（ⅰ） $E_1 = 15\,\text{V}$, $E_2 = 6\,\text{V}$ $\implies$ $\therefore$ $I_1 = 4\,\text{A}$, $I_2 = -0.5\,\text{A}$, $I_3 = 3.5\,\text{A}$

（ⅱ） $E_1 = 12\,\text{V}$, $E_2 = 6\,\text{V}$ $\implies$ $\therefore$ $I_1 = 3\,\text{A}$, $I_2 = 0$, $I_3 = 3\,\text{A}$

（ⅲ） $E_1 = 6\,\text{V}$, $E_2 = 6\,\text{V}$ $\implies$ $\therefore$ $I_1 = 1\,\text{A}$, $I_2 = 1\,\text{A}$, $I_3 = 2\,\text{A}$

2.3 直流電力と電源の固有電力

図 2.6 の回路から，内部抵抗 r をもつ直流電圧源 E から負荷抵抗 R に供給できる電力を考える．

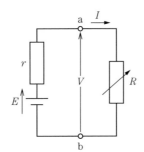

図 2.6 内部抵抗をもつ電圧源に負荷抵抗を接続した回路

負荷抵抗 R で消費される電力 P は，R の両端に加わる電圧 V と R に流れる電流 I との積によって定義される．

$$P = V \cdot I \tag{2.12}$$

ここで，電流 I および電圧 V は

$$I = \frac{E}{r + R}, \quad V = RI = \frac{R}{r + R} E \tag{2.13}$$

と求められるから，次式のように表すことができる．

$$P = \frac{R}{(r + R)^2} E^2 \tag{2.14}$$

負荷抵抗 R で消費される電力 P は，当然，起電力源である内部抵抗 r をもつ直流電圧源 E から供給されるものであるが，$P=f(R)$ のように R の関数となっている．いま，$E=2\,\mathrm{V}$，$r=0.1\,\Omega$ としたとき，式(2.14)をグラフで表すと**図 2.7**のようになる．$R=0.1\,\Omega$ のとき P は最大値 $10\,\mathrm{W}$ を取る．

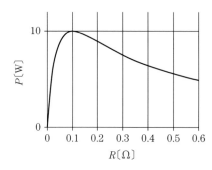

図 2.7 起電力 $2\,\mathrm{V}$，内部抵抗 $0.1\,\Omega$ をもつ電圧源に負荷抵抗 R を接続したときの出力 P

P が最大となるときの R とその最大値について，式(2.14)から考えてみよう．

$R=0$ のとき，$P=0$ である．R を 0 より大きくしていった場合，例えば，$0<R\ll r$ ならば，分母の $(r+R)^2$ はだいたい r^2 で近似されるから，P は R にほぼ比例して大きくなる．また，R をずっと大きくして $r\ll R$ ならば，分母の $(r+R)^2$ はだいたい R^2 で近似できるから，P は R に反比例することになり，R が大きくなるほど P は小さくなっていく．つまり，R がある値のとき，P は最大値を取る．直感的には，これは $R=r$ のときであり，この条件を式(2.14)に代入すると，P の最大値 $P_{\max}$ は $E^2/4r$ となる．

これが正しいことは，式(2.14)を R について微分して P の極値を求めることによって確認できる．

$$\frac{dP}{dR} = \frac{(r+R)^2 - 2R(r+R)}{(r+R)^4}E^2 = \frac{r-R}{(r+R)^3}E^2 = 0 \quad \therefore \quad R = r \tag{2.15}$$

よって，式(2.14)に $R=r$ を代入して，$P_{\max}$ を求めると

$$P_{\max} = f(r) = \frac{1}{4r}E^2 \tag{2.16}$$

このように，内部抵抗 r をもつ直流電圧源 E から取り出しうる電力には上限があり，$R=r$ のとき，$P_{\max}=E^2/4r$ となる．これを電源の**固有電力**あるいは**最大有能電力**という．

実は，このことは非常に重要な性質であって，情報，通信，音響，計測，…等々を司るシステムを構築するうえで，この最大電力を取り出せるように注意が払われている．

ところで，式(2.14)で示した電力 P の単位は〔W〕(ワット)で，単位時間当りの仕事量を表している（つまり，〔W〕=〔J/s〕を意味する）から，適当な時間 t の間の仕事量 J が計算できる．

$$J = Pt = VIt \quad \text{〔J〕} \tag{2.17}$$

上式は，電力 $P(=V\cdot I)$ に時間経過 t を掛けたものが，直流電源から抵抗 R へ供給された仕事量 J であることを意味している。また，仕事量 J は P-t グラフ下の面積に等しいので，時間に対して一定の P による仕事量 J は，**図 2.8** の斜線部の面積と等しい。

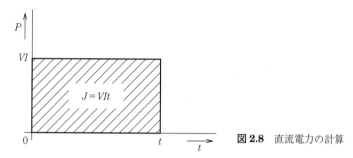

図 2.8　直流電力の計算

負荷抵抗 R で電力を消費するということは，ジュール熱を発生する。これを利用した電気用具の一つとして，電気湯沸しポットがある〔もっとも，家庭用の場合はコンセントから（内部抵抗がきわめて小さい）交流電圧 $v(t)$ を取り出して，抵抗 R の抵抗線に交流電流 $i(t)$ を流してジュール熱を発生させることになる。交流電力の計算については，6 章で改めて勉強する〕。

【例題 2.3】　体積 $1\,l$，600 W の電気湯沸しポットがある。これに 20 ℃ の水が $1\,l$ 入っている。これを 100 ℃ まで加熱するのに何分かかるか。ただし，水の比熱を 4.2 J/g/K とし，発生した熱量はすべて温度上昇に使われるものとする。

〈解答〉　必要とする熱量 H　$H = 4.2\,\text{J/g/K} \times 1\,\text{g/ml} \times 1\,000\,\text{ml} \times (100-20)\,\text{K} = 3.36 \times 10^5\,\text{J}$

600 W のポットの 1 秒間当りの発生熱量 H'　$H' = 600\,\text{W} \times 1\,\text{s} = 600\,\text{J}$

したがって，必要な時間 t は，$t = H/H' = 560\,\text{s} = 9$ 分 20 秒で，おおよそ 10 分弱となる。

── コラム　熱の仕事当量 ──

栄養学の分野では，以前より熱量の単位に〔cal〕を用いており，1 000 cal を kcal（キロカロリー）または Cal（大カロリー）といい，キロカロリーを単にカロリーと呼ぶこともある〔1 cal は純水 1 g の温度を 1 気圧のもとで 14.5 ℃ から 15.5 ℃ に上げるのに必要な熱量をいう（cal_{15}：15 度カロリーともいう）〕。国際単位系（SI）では，仕事も熱量もジュール〔J〕を単位として測ることになっており，「熱の仕事当量」は熱量〔cal〕と仕事〔J〕との換算に用いる係数に当たるもので，1 cal = 4.1855 J に相当する。

【例題 2.3】から，お湯を早く沸かし，なるべく早くカップラーメンを食べたいのなら，必要な量の水を沸かすことが大切なことがわかる。

章 末 問 題

【2.1】 問図 2.1（a），（b）について，KCL，KVL の式を立てよ（式を立てるだけでよい）。

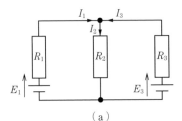
（a）

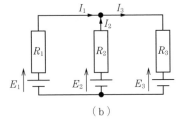
（b）

問図 2.1

【2.2】 問図 2.2 の回路に流れる電流 I（矢印），逆起電力 V_1, V_2 の向き（矢印または＋－）を書き入れ，I および V_1, V_2 の式を求めよ。また，$R_1 = 2\,\Omega$, $R_2 = 3\,\Omega$ とした場合で，（1）$E_1 = 10\,\mathrm{V}$, $E_2 = 5\,\mathrm{V}$ のとき，および，（2）$E_1 = 5\,\mathrm{V}$, $E_2 = 10\,\mathrm{V}$ のときの各値を求めよ。

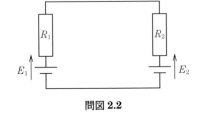

問図 2.2

【2.3】 問図 2.3（a），（b）における I_a, I_b, I_c について閉電流解析の式を立てよ。また，各抵抗 R_i に流れる電流 I_i ($i = 1 \sim 5$) および直流電源に流れる電流 I_0 は，I_a, I_b, I_c によってどのように表せるかも示せ（これらも式を立てるのみでよい）。

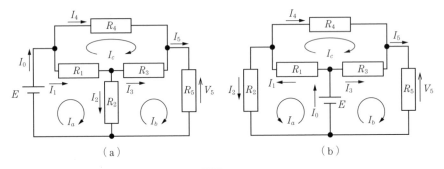

問図 2.3

【2.4】 問図 2.3（a）について，$E = 26\,\mathrm{V}$, $R_1 = R_5 = 4\,\Omega$, $R_2 = R_4 = 2\,\Omega$, $R_3 = 6\,\Omega$ とした場合の各抵抗 R_i に流れる電流 I_i ($i = 1 \sim 5$) および直流電源に流れる電流 I_0 を求めよ。

【2.5】 問図 2.3（b）について，$E = 48\,\mathrm{V}$, $R_1 = 4\,\Omega$, $R_2 = 1\,\Omega$, $R_3 = 2\,\Omega$, $R_4 = 8\,\Omega$, $R_5 = 12\,\Omega$ とした場合の各抵抗 R_i に流れる電流 I_i ($i = 1 \sim 5$) および直流電源に流れる電流 I_0 を求めよ。

【2.6】 問図 2.4 について，負荷抵抗 R_L での消費電力が最大となるためには，R_L をどのような値にすればよいか，求めよ。

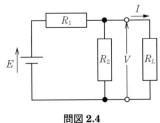

問図 2.4

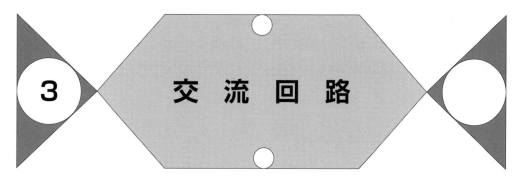

直流回路は，例えば電源として電圧源を取り上げれば，その出力電圧は時間的に変化しないので，この電圧源によって駆動される回路内の各素子に流れる電流も時間的に変化せず，それだけ解析は簡単であるといえる。交流回路となると，交流電圧源の出力電圧自体が時間的に絶えず変化するうえに，抵抗 R 以外の素子（コイル L やコンデンサ C）も回路内の動作に関係してくるので複雑さは増してくるが，これによっていくつも役立つ機能をもつ回路が作られてきたのである。

本章では，まず交流回路の基礎となる正弦波電源の特徴について勉強する。つぎに，回路素子である R，L，C の本質的な動作について勉強する。

3.1 正弦波電圧（電流）源

一般的に，交流といえば，正弦波以外にも方形波，のこぎり波，三角波など多くのものがあるが，その中で最も基礎的な正弦波について考える。

図 3.1 に交流電源の図記号を示す。図（a）は電圧源で，○印の中に正弦波形を書くことで交流であることを表し，その端子間電圧が $v(t)$ のように時間 t の関数となっていることを表す。また，上下にプラス（+），マイナス（−）の記号をつけることで，ある瞬間の電位差を表現している。図（b）は電流源で，正弦波波形のような表示はないが，直流電流源とは大きく異なることから区別がつくであろう。また，電流源の○印中の矢印もある瞬間に流れる電流の向きを表しており，その電流が $i(t)$ のように時間 t の関数となっていることを表す。

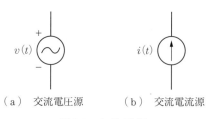

（a） 交流電圧源 　　（b） 交流電流源

図 3.1 交 流 電 源

いま，交流電圧源 $v(t)$ として，次式のような時間関数を考える。

$$v(t) = V_m \sin(\omega t + \theta) \tag{3.1}$$

式(3.1)で，V_m は振幅または波高値，ω は角周波数，θ は位相（単位は順に〔V〕，〔rad/s〕，〔rad〕）を表す。また，周波数を f（単位〔Hz〕），正弦波の1周期の時間間隔を T（単位〔s〕）とすると，次式のような関係がある。

$$\omega = 2\pi f, \quad f = \frac{1}{T} \tag{3.2}$$

式(3.1)より，ある瞬間（時刻 t のとき）の電圧の値（"瞬時値"という）は，V_m，ω または f，θ が定まれば，t によって一つに定まることがわかる。

コラム　正弦波のパラメータと情報

　正弦波の瞬時値は，式(3.1)にあるように，振幅と角周波数（または周波数）と位相の三つのパラメータによって決まる。エレクトロニクス工学や通信工学では，情報を伝えるのにこれらのパラメータを利用する。例えば，振幅に情報を乗せて送る方法として振幅変調（amplitude modulation，AM）があり，AMラジオはこの方法による応用例である。同様に，周波数に情報を乗せる周波数変調（frequency modulation，FM）や位相に情報を乗せる位相変調（phase modulation，PM）があり，それぞれFMラジオや携帯電話などに利用されている。

3.2　実　効　値

図3.2 のように，式(3.1)で表せる正弦波電圧源 $v(t)$ に抵抗 R が接続された回路について考えてみよう。この場合，回路に流れる電流 $i(t)$ も時間関数となり，オームの法則より，$i(t)$ は次式となる。

$$i(t) = \frac{v(t)}{R} = \frac{V_m}{R}\sin(\omega t + \theta) \equiv I_m \sin(\omega t + \theta) \tag{3.3}$$

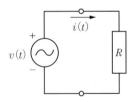

図3.2　R の消費電力

式(3.3)より，抵抗に流れる電流 $i(t)$ はその振幅を I_m とすると，$I_m = V_m/R$ であり，加えた $v(t)$ と同じく，sin 関数によって時間変化することがわかる。よって，抵抗 R で消費される電力（正確には瞬時電力）$p(t)$ は次式となる。

$$p(t) = v(t) \cdot i(t) = \frac{V_m{}^2}{R} \cdot \sin^2(\omega t + \theta) \tag{3.4}$$

3.2 実効値

式(3.4)より，$|\sin x| \leq 1$ であるから，$p(t)$ は $0 \leq p(t) \leq V_m^2/R$ で時間的に変化していることがわかる。直流電源に対する消費電力の場合（2.3節参照）は，図2.8で示されていたように，電力は時間的に変化せず一定であったが，交流の場合は，**図3.3**に示すように，時間的に大きく変動する。

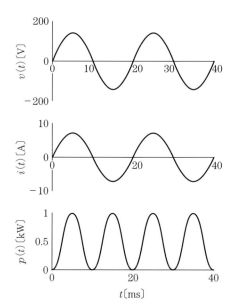

図3.3 抵抗における電圧，電流および電力の時間変化

そこで，交流電力を議論する場合には，瞬時電力 $p(t)$ ではなく，次式で計算されるような平均電力 P が用いられる。

$$P \equiv \frac{1}{T}\int_{t_0}^{t_0+T} p(t)dt = \frac{V_m^2}{2R} \tag{3.5}$$

ここで，T は交流電圧 $v(t)$ の1周期の時間間隔であり，上式の計算では $\omega T = 2\pi/T \cdot T = 2\pi$ であることを利用している。P は任意の時刻 t_0 から1周期にわたる $p(t)$ の平均値である。

いま，式(3.5)で

$$\frac{V_m}{\sqrt{2}} \equiv V_e, \quad \frac{V_m}{\sqrt{2}R} = \frac{I_m}{\sqrt{2}} \equiv I_e \tag{3.6}$$

のように実効値 (V_e, I_e) を定義すると，式(3.5)は次式のように書き替えられる。

$$P = \frac{V_e^2}{R} = V_e \cdot I_e = R \cdot I_e^2 \tag{3.7}$$

実効値を利用すると，式(3.7)からもわかるように，直流のときのように簡単な計算で消費電力が計算できる。そこで，式(3.1)や式(3.3)で示した電圧，電流の式はつぎのように書くこともできる。

$$v(t) = \sqrt{2}\,V_e \sin(\omega t + \theta), \quad i(t) = \sqrt{2}\,I_e \sin(\omega t + \theta) \tag{3.8}$$

一般に，電圧や電流の大きさをいうとき，実効値 (V_e, I_e) をいうことが多い。例えば，「家庭で使用されている交流電圧が 100 V である」というとき，この値は実効値を指している。

【例題 3.1】 式 (3.5) を誘導せよ（式 (3.4) の $p(t)$ を式 (3.5) に代入して求めよ）。

〈**解答**〉
$$P \equiv \frac{1}{T}\int_{t_0}^{t_0+T} p(t)\,dt = \frac{V_m^2}{RT} \cdot \int_{t_0}^{t_0+T} \sin^2(\omega t + \theta)\,dt$$

$$= \frac{V_m^2}{RT} \cdot \int_{t_0}^{t_0+T} \frac{1 - \cos 2(\omega t + \theta)}{2}\,dt$$

$$= \frac{V_m^2}{2RT} \cdot \left[t - \frac{\sin 2(\omega t + \theta)}{2\omega} \right]_{t_0}^{t_0+T}$$

$$= \frac{V_m^2}{2RT} \cdot \left[t_0 + T - \frac{\sin 2\{\omega(t_0 + T) + \theta\}}{2\omega} - t_0 + \frac{\sin 2(\omega t_0 + \theta)}{2\omega} \right]$$

$$= \frac{V_m^2}{2RT} \cdot \left[T - \frac{\sin 2(2\pi t_0/T + \theta)}{2\omega} + \frac{\sin 2(2\pi t_0/T + \theta)}{2\omega} \right] \quad \because\ \omega T = 2\pi \frac{1}{T} T = 2\pi$$

$$= \frac{V_m^2}{2R}$$

課題 3.1 家庭用のコンセント 100 V に湯沸しポット（電熱器）をつないだとき，消費電力が 600 W であったという。湯沸しポットに流れる電流の実効値および振幅はいくらか。

3.3 複数電源の合成

1.5 V の乾電池を 2 本直列につなげたら，全体の電圧はいくらになるか。多くの人は 3 V だと答える。しかし，この答えは正しくない。正解は，3 V または 0 V である。実際には 0 V となる接続では役に立たないが，直流の場合はこの 2 通りの答えしかないことを強調しておきたい。

交流の場合は，直流のように単純には計算できない。例えば，**図 3.4** のように，同じ周波数であるが異なる振幅と位相をもつ正弦波電圧源を二つつなげた場合の全体の電圧 $v_T(t)$ はどのように求めればよいであろうか。

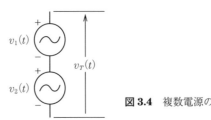

図 3.4 複数電源の合成

いま，$v_1(t)$, $v_2(t)$ を

$$v_1(t) = V_1 \sin(\omega t + \theta_1), \quad v_2(t) = V_2 \sin(\omega t + \theta_2) \tag{3.9}$$

とすると

$$\begin{aligned}
v_T(t) &= v_1(t) + v_2(t) \\
&= V_1 \cos \theta_1 \cdot \sin \omega t + V_1 \sin \theta_1 \cdot \cos \omega t + V_2 \cos \theta_2 \cdot \sin \omega t + V_2 \sin \theta_2 \cdot \cos \omega t \\
&= (V_1 \cos \theta_1 + V_2 \cos \theta_2) \cdot \sin \omega t + (V_1 \sin \theta_1 + V_2 \sin \theta_2) \cdot \cos \omega t \\
&= \sqrt{(V_1 \cos \theta_1 + V_2 \cos \theta_2)^2 + (V_1 \sin \theta_1 + V_2 \sin \theta_2)^2} \cdot \sin(\omega t + \phi) \\
&= \sqrt{V_1^2 + V_2^2 + 2V_1 V_2 \cos(\theta_1 - \theta_2)} \cdot \sin(\omega t + \phi)
\end{aligned}$$

$$\therefore \quad \phi = \tan^{-1}\left(\frac{V_1 \sin \theta_1 + V_2 \sin \theta_2}{V_1 \cos \theta_1 + V_2 \cos \theta_2}\right) \tag{3.10}$$

となる。かりに，$V_1 = V_2$ でも θ_1 と θ_2 の大きさ（初期位相）によって，$v_T(t)$ の振幅と位相は種々変化することになる。

課題 3.2 式(3.10)で，$V_1 = V_2$ とした場合について，$\theta_1 - \theta_2$ が 0，$\pi/2$，π のときの $v_T(t)$ の振幅をそれぞれ求めよ。

3.4 回路素子の働き

本節では，基本的な回路素子に交流電圧を印加した際の電流の大きさと位相について述べる。

3.4.1 抵　　　抗

抵抗 R については，3.2 節の中で述べたように，オームの法則が成り立つ。すなわち，**図 3.5** のように，加えた正弦波電圧源 $v(t)$ と R に流れる電流 $i(t)$ は比例関係をもち，次式の関係で表せる。

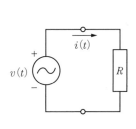

図 3.5　R の働き

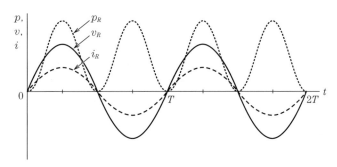

図 3.6　抵抗 R の両端の電圧と電流・電力の関係

$$i(t) = \frac{v(t)}{R} \quad \text{あるいは,} \quad v(t) = Ri(t) \tag{3.11}$$

もし,$v(t) = V_m \sin(\omega t + \theta)$ ならば

$$i(t) = \frac{V_m}{R} \sin(\omega t + \theta) \tag{3.12}$$

となり,電圧と電流は同位相で同じ正弦波形の時間変化をもつことがわかる。**図 3.6** に示した,$\theta = 0$ としたときの抵抗 R の両端の電圧 v_R と電流 i_R,電力 p_R の関係からも確認してほしい。

3.4.2 インダクタ(コイル)

図 3.7 に示すインダクタ L は,電流を流すことによって磁束を発生させる素子である。発生した磁束 $\phi(t)$ と電流 $i(t)$ が比例関係にあり,次式で示される。

$$\phi(t) = L \cdot i(t) \tag{3.13}$$

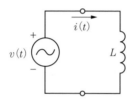

図 3.7 L の働き

詳しくは電磁気学で学ぶが,磁束が変化するとそれを妨げるように起電力が発生するため,電流が変化するとき(電流を流し始めるときや止めるとき)起電力が生じる。この起電力は印加電圧と釣り合うため,インダクタ L とその両端電圧 $v(t)$ の関係は次式のように表せる。

$$v(t) = \frac{d\phi(t)}{dt} = \frac{d\phi(t)}{di(t)} \cdot \frac{di(t)}{dt} \equiv L \cdot \frac{di(t)}{dt} \tag{3.14}$$

式(3.14)に示すように,比例係数を L で表し自己インダクタンスと呼ぶ。自己インダクタンス L は単位電流当りどれだけの大きさの磁束を発生できるかを表す。また,式(3.14)の二つめの $\phi(t)$ に式(3.13)を代入すると,$v(t)$ は次式のように表すこともできる。

$$v(t) = \frac{d}{dt}L \cdot i(t) = \frac{dL}{dt} \cdot i(t) + L \cdot \frac{di(t)}{dt} = L \cdot \frac{di(t)}{dt} \quad \left(\frac{dL}{dt} = 0\right) \tag{3.15}$$

式(3.15)で,$dL/dt = 0$ としたのは,L は定数であり,時間的に変化しないとしたためである(L の大きさがどのように定まるのかは,電磁気学などの科目で勉強するので,ここでは省略する)。

いま,インダクタ L に流れる電流 $i(t)$ を $i(t) = I_m \sin(\omega t + \theta)$ とすると,式(3.15)は次式と

なる．

$$v(t) = L \cdot \frac{di(t)}{dt} = \omega L I_m \cos(\omega t + \theta) \equiv V_m \cos(\omega t + \theta) \tag{3.16}$$

ここで，$\cos(\omega t+\theta)=\sin(\omega t+\theta+\pi/2)$であるから，$L$に流れる電流$i(t)$に対して電圧$v(t)$は$\pi/2$だけ位相が進んでいることがわかる（位相差が正の場合，"位相が進んでいる" といい，負の場合は "位相が遅れている" という）．**図3.8**に，$\theta=\pi/2$としたときのインダクタLの両端の電圧と電流・電力の関係を示す．$\theta=0$でなく$\pi/2$としたのは，電圧を基準に考えるためである．

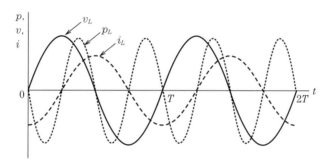

図3.8 インダクタLの両端の電圧と電流・電力の関係

インダクタLの両端電圧$v(t)$と流れる電流$i(t)$の積$p(t)$の平均値Pを計算してみよう．

$$\begin{aligned}P &= \frac{1}{T}\int_{t_0}^{t_0+T} V_m \cos(\omega t + \theta) \cdot I_m \sin(\omega t + \theta) dt \\ &= \frac{V_m I_m}{2T}\int_{t_0}^{t_0+T} \sin 2(\omega t + \theta) dt = \frac{V_m I_m}{2T}\left[-\frac{\cos 2(\omega t + \theta)}{2\omega}\right]_{t_0}^{t_0+T} \\ &= \frac{V_m I_m}{8\pi}\{\cos 2(\omega t_0 + \theta) - \cos 2(\omega t_0 + \theta)\} = 0 \quad \because \omega T = 2\pi \end{aligned} \tag{3.17}$$

式(3.17)の結果から抵抗と異なり，インダクタLは電力消費がないことがわかる．図3.8に示すように，電力pのグラフが直線$p=0$に対して対称であることからも，電力消費がないことは明らかである．

3.4.3 キャパシタ（コンデンサ）

図3.9に示すキャパシタCは，電荷を蓄えることができる素子である．電荷$q(t)$と電圧$v(t)$が比例関係にあり，次式で示される．

$$q(t) = C \cdot v(t) \tag{3.18}$$

キャパシタCに流れる電流$i(t)$は電荷の時間変化として表せ，次式となる．

28   3. 交流回路

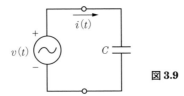

図3.9 C の働き

$$i(t) = \frac{dq(t)}{dt} = \frac{dC}{dt} \cdot v(t) + C \cdot \frac{dv(t)}{dt}$$

$$\therefore \quad i(t) = C \cdot \frac{dv(t)}{dt} \quad \because \quad \frac{dC}{dt} = 0 \tag{3.19}$$

式(3.19)も自己インダクタンスLのときと同じく，Cは定数であり，時間的に変化しないとしたためである（Cの大きさがどのように定まるのかについても，電磁気学などの科目で勉強する）。

いま，キャパシタCに加わる電圧$v(t)$を$v(t) = V_m \sin(\omega t + \theta)$とすると，式(3.19)は次式となる。

$$i(t) = C \cdot \frac{dv(t)}{dt} = \omega C V_m \cos(\omega t + \theta) \equiv I_m \cos(\omega t + \theta) \tag{3.20}$$

ここでも，Lのときと同じような関係が現れてきたが，Cの場合は，電圧$v(t)$に対して電流$i(t)$が$\pi/2$だけ位相が進んでいることになる。これも，**図3.10**により確認されたい。

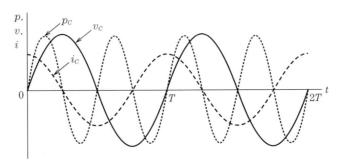

図3.10 キャパシタCの両端の電圧と電流・電力の関係

キャパシタCについても，両端電圧$v(t)$と流れる電流$i(t)$の積$p(t)$の平均値Pを計算すると

$$P = \frac{1}{T} \int_{t_0}^{t_0+T} V_m \sin(\omega t + \theta) \cdot I_m \cos(\omega t + \theta) dt$$

$$= \frac{V_m I_m}{2T} \int_{t_0}^{t_0+T} \sin 2(\omega t + \theta) dt = 0 \tag{3.21}$$

となることがわかる。つまり，キャパシタCも電力消費がないことがわかる。

以上の回路素子の動作を**表3.1**にまとめた．例えば，各回路素子に流れる電流（表中の二重下線）に着目すると，抵抗Rでは加えた電圧に比例すること，インダクタLでは加えた電圧の積分に比例すること，またキャパシタCでは加えた電圧の微分に比例すること，などがわかる．

表3.1 回路素子の動作

抵抗 R	インダクタ L	キャパシタ C
（i_R, R, v_R の図）	（i_L, L, v_L の図）	（i_C, C, v_C の図）
$i_R(t) = \dfrac{v_R(t)}{R}$ オームの法則 あるいは $v_R(t) = R \cdot i_R(t)$	$\phi(t) = L \cdot i_L(t)$ $\Rightarrow$ $v_L(t) = \dfrac{d\phi(t)}{dt} = L \dfrac{di_L(t)}{dt}$ あるいは $i_L(t) = \dfrac{1}{L} \int v_L(t)\,dt$	$q(t) = C \cdot v_C(t)$ $\Rightarrow$ $i_C(t) = \dfrac{dq(t)}{dt} = C \dfrac{dv_C(t)}{dt}$ あるいは $v_C(t) = \dfrac{1}{C} \int i_C(t)\,dt$

課題3.3 回路素子（抵抗R，インダクタL，キャパシタC）に電圧$v(t)$として直流電圧Eを加えたとき，それぞれの素子にはどのような電流が流れるか求めよ．また，$v(t)$として交流電圧 $v(t) = \sqrt{2}\,V_e \cos \omega t$ を加えた場合の電流はどのようになるか求めよ．
（**ヒント**：表3.1の諸式を参考にせよ．）

3.5　回路解析の例

【例題3.2】 図3.11に示すR-C回路に交流電圧源 $v_i(t) = E \sin \omega t$ が加えられたときのキャパシタの両端電圧 $v_C(t)$ を求めよ．

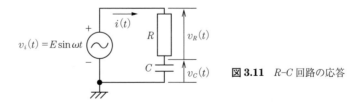

図3.11　R-C回路の応答

〈**解答**〉 図3.11の回路に，KVLを適用すると，次式を得る．

$$v_i(t) = v_R(t) + v_C(t) \tag{3.22}$$

ここで，表3.1を参考にすると

$$v_R(t) = R i(t), \quad i(t) = C \frac{dv_C(t)}{dt} \tag{3.23}$$

であるから，これと $v_i(t) = E\sin\omega t$ を式(3.22)に代入すると，つぎの微分方程式を得る．

$$RC\frac{dv_C(t)}{dt} + v_C(t) = E\sin\omega t \tag{3.24}$$

ここで，回路に加わる入力電圧が $E\sin\omega t$ であることから，$v_C(t)$ も同じ角周波数 ω で変化するため，いま，$v_C(t) = V_m\sin(\omega t + \theta)$ と仮定すると，式(3.24)は次式のように導ける．

$$RC\omega V_m\cos(\omega t + \theta) + V_m\sin(\omega t + \theta) = E\sin\omega t$$

$$\sqrt{1 + (\omega RC)^2} \cdot V_m\sin\{\omega t + \theta + \tan^{-1}(\omega RC)\} = E\sin\omega t$$

$$\therefore\ V_m = \frac{E}{\sqrt{1 + (\omega RC)^2}},\quad \theta = -\tan^{-1}(\omega RC) \tag{3.25}$$

よって

$$v_C(t) = \frac{E}{\sqrt{1 + (\omega RC)^2}}\sin\{\omega t - \tan^{-1}(\omega RC)\} \tag{3.26}$$

となる．

━ コラム　素子の働き ━

本文中でも述べたように，インダクタ L に電流を流すと，図 **C3.1**(a)の向きに磁界が誘起される．磁界の大きさは電流に比例するため，電流が時間的に変化すると誘起される磁界の大きさも変化する．レンツの法則により，磁界の変化を妨げるように起電力が発生するため，電流が時間的に変化しているときはそれを妨げるように起電力が発生する．したがって，インダクタに突然電流を流そうとしてもすぐには流れず，突然電流を止めようとしてもすぐには電流は止まらない．また，磁界の変化を妨げるように起電力が発生するのに，なぜ式(3.14)の両辺の符号がどちらもプラスなのかと戸惑うかもしれないが，式(3.14)の電圧は誘導起電力でなく電流の流れに対する電圧降下なので，どちらもプラスになる．

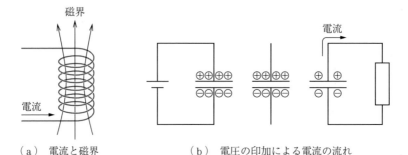

(a) 電流と磁界　　　　　(b) 電圧の印加による電流の流れ

図 **C3.1**　インダクタとキャパシタの働き

キャパシタ C は，エネルギーを蓄えることができる素子である．図(b)に示すように，キャパシタに電圧を印加すると電荷が蓄えられ，電圧を切っても保存される．電荷を蓄えたキャパシタに抵抗をつなぐと蓄えた電荷が電流として流れ，仕事をすることができる．

これらの性質について，詳しくは電磁気学で学ぶ．

図 3.12 に, $R=1\,\Omega$, $C=1\,\mathrm{F}$ の回路に $E=10\,\mathrm{V}$, $\omega=1\,\mathrm{rad/s}$ の正弦波電圧を $t=0$ で加えたときの $v_C(t)$ の時間応答を示す。題意の条件で，入力電圧 $v_i(t)$ に対して $v_C(t)$ の振幅は $1/\sqrt{2}$ 倍に，位相は $45°$ 遅れている $[\tan^{-1}(\omega CR)=\pi/4\,[\mathrm{rad}]]$。

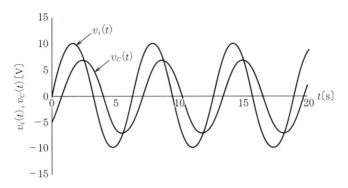

図 3.12 R-C 回路の正弦波応答 ($E=10\,\mathrm{V}$, $R=1\,\Omega$, $C=1\,\mathrm{F}$, $\omega=1\,\mathrm{rad/s}$)

章 末 問 題

【3.1】 問図 3.1 の回路について，$v_T(t)=V_m\sin(\omega t+\theta)$ のような式に整理したときの V_m, θ を求めよ。

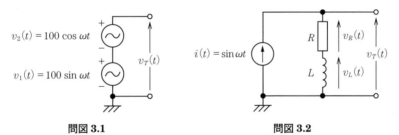

問図 3.1 　　　　　　　　　問図 3.2

【3.2】 問図 3.2 の回路について，$v_R(t)$, $v_L(t)$ を求めよ。さらに，$v_T(t)=V_m\sin(\omega t+\theta)$ としたときの V_m, θ を求めよ。

【3.3】 問図 3.3 の回路について，$i_R(t)$, $i_C(t)$ を求めよ。さらに，$i(t)=I_m\sin(\omega t+\theta)$ としたときの I_m, θ を求めよ。

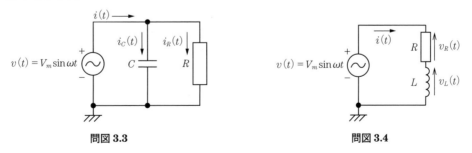

問図 3.3 　　　　　　　　　問図 3.4

【3.4】 問図 3.4 の回路について，$i(t)$ を求めよ。さらに，$v_R(t)$, $v_L(t)$ を求めよ。

4 交流回路の解析

　素子に加える電圧と電流の関係は，前章の表 3.1 に示したように，抵抗の場合は電流が電圧と比例関係（オームの法則）にあるが，コイルやコンデンサの場合は電流が電圧の積分または微分に比例する。したがって，R，L，C を含む回路の動作を解析しようとする場合，微積分方程式を解くことになり，煩雑な計算が必要となる（詳細については 10 章で勉強する）。

　本章では，もっと容易に計算することができるベクトル記号法について勉強する。

4.1　正弦波とベクトル（複素数表現）の類似性

前章の式(3.1)と同様の式であるが，いま一度，正弦波の式を見てみよう。

$$f(t) = r \cdot \sin\Theta = r \cdot \sin(\omega t + \theta) \tag{4.1}$$

式(4.1)は，加法定理を用いて，次式のように書き直すことができる。

$$f(t) = r\sin(\omega t + \theta) = r\sin\omega t \cdot \cos\theta + r\cos\omega t \cdot \sin\theta \equiv A \cdot (\sin\omega t) + B \cdot (\cos\omega t) \tag{4.2}$$

　式(4.2)より，$f(t)$ が時間的に変化するのは $\sin\omega t$，$\cos\omega t$ によるためで，$A = r\cos\theta$，$B = r\sin\theta$ は定数である。特に，$\theta = 0$ のとき，すなわち，$f(t) = r\sin\omega t$ のとき，これを「基準ベクトル」という（なぜこのようないい方をするのかは，4.4 節でわかることになる）。

　回路理論で扱う線形システムでは，原因（入力）と結果（出力）の周波数が同じであるという特徴（下記，コラム参照）があるため，入力される電源が式(4.2)の時間関数で表されるとき，出力として問題となる変数は二つで，r と θ，あるいは A と B である（ω や t は問題にならない）。二つの要素をもつ数を表すのにベクトルがあるが，回路理論では複素数が用いられる。正確には，複素数とベクトルは異なるものであるが，従来からの慣習で複素数による計算法をベクトル記号法と呼んでいる。正弦波をベクトル記号法で表すことについて説明していく。

　式(4.2)の関係を図で表すと，**図 4.1** のようになる。$\phi \equiv \omega t$ とすると，ϕ は図（d）に示すように時間 t に対して直線的に変化し，$\sin\phi$ は 2π ごとに同じ値を取る周期関数である。図

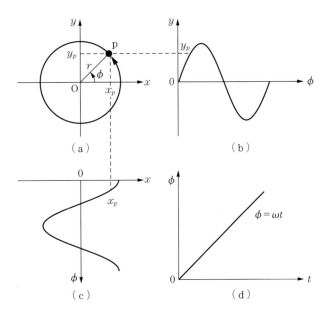

図 4.1 正弦波とベクトルの類似性（1）

（a）は xy 平面における半径 r の円を示している。原点 O の周りを正の x 軸から反時計まわりに回転していく向きを正に取ると，ϕ によって回転していく点 p の y 軸への射影（y_p）は図（b）に示すように sin 関数となり，x 軸への射影（x_p）は図（c）に示すように cos 関数となる。すなわち，点 p の座標 (x_p, y_p) は $\phi(=\omega t)$ を媒体変数として

$$x_p = r\cos\phi, \quad y_p = r\sin\phi \tag{4.3}$$

と表される。ϕ は単位時間当り ω の速さで回転していくが，$\cos\phi$ と $\sin\phi$ はつねに $\pi/2$ の位相差をもち，直交している。

図 4.2 は，x 軸を $(\sin\omega t)$ 軸，y 軸を $(\cos\omega t)$ 軸ととらえて表現した図で，式(4.2)より $(\sin\omega t)$ 軸の大きさを A，$(\cos\omega t)$ 軸の大きさを B として表している。このとき，r，θ と A，B の関係はつぎのようになっている。

$$A = r\cos\theta, \quad B = r\sin\theta \tag{4.4}$$

$$r = \sqrt{A^2 + B^2}, \quad \theta = \tan^{-1}\left(\frac{B}{A}\right) \tag{4.5}$$

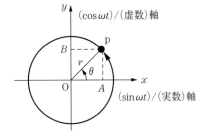

図 4.2 正弦波とベクトルの類似性（2）

ベクトル記号法では，式(4.2)を次式のように表す。

$$f(t) = A\cdot(\sin\omega t) + B\cdot(\cos\omega t) \implies A + jB \tag{4.6}$$

図 4.2 には，x 軸を実数軸，y 軸を虚数軸とした表現も併せて示されているが，複素数 $A+jB$ とその大きさ r と偏角 θ の関係は式(4.4)，(4.5)で表せる。

つぎに，時間微分や時間積分について調べてみよう。$A \cdot \sin \omega t$ を微分すると，次式となる。

$$\frac{d}{dt} A \cdot \sin \omega t = \omega A \cdot \cos \omega t, \quad \frac{d^2}{dt^2} A \cdot \sin \omega t = \omega A \cdot \frac{d}{dt} \cos \omega t = -\omega^2 A \cdot \sin \omega t \tag{4.7}$$

これをベクトル記号法で表すと

$$\left. \begin{array}{l} A \cdot \sin \omega t \implies A \\[6pt] \dfrac{d}{dt} A \cdot \sin \omega t = \omega A \cdot \cos \omega t \implies j\omega A \\[6pt] \dfrac{d^2}{dt^2} A \cdot \sin \omega t = -\omega^2 A \cdot \sin \omega t \implies -\omega^2 A \end{array} \right\} \tag{4.8}$$

となる。時間微分を 1 回するごとに，ベクトル記号法では $j\omega$ 倍されている。

同様に，$A \cdot \sin \omega t$ を時間積分すると，次式となる。

$$\int A \cdot \sin \omega t \, dt = -\frac{A}{\omega} \cdot \cos \omega t, \quad \iint A \cdot \sin \omega t \, dt dt = -\frac{A}{\omega} \int \cos \omega t \, dt = -\frac{A}{\omega^2} \cdot \sin \omega t \tag{4.9}$$

これをベクトル記号法で表すと

$$\left. \begin{array}{l} A \cdot \sin \omega t \implies A \\[6pt] \int A \cdot \sin \omega t \, dt = -\dfrac{A}{\omega} \cdot \cos \omega t \implies -j\dfrac{A}{\omega} \\[6pt] \iint A \cdot \sin \omega t \, dt dt = -\dfrac{A}{\omega} \int \cos \omega t \, dt = -\dfrac{A}{\omega^2} \cdot \sin \omega t \implies -\dfrac{A}{\omega^2} \end{array} \right\} \tag{4.10}$$

となる。時間積分を 1 回するごとに，ベクトル表記では $1/(j\omega)$ 倍されている。

コラム　線形システム

一つの"バネ"があり，これに重りを吊るすとバネが伸びる。これはフックの法則にかかわる例で，バネの伸びがもとに戻る（復元力が効く）範囲の重りであれば，"伸び"と重りの重さとは比例関係にある。このバネに，100 g の重りを吊るしたとき 1 cm 伸び，200 g の重りを吊るしたとき 2 cm 伸びたとすると，二つの重りを同時に吊るしたとき伸びが 3 cm になるならば，このバネは"線形システム"であるといえる。つまり，二つの原因による結果が個々の原因による結果の和で表せるとき，そのシステムは"線形システム"であるという。

もう一つ大切なことは，このバネに正弦波的な力を加えたとすると，伸び縮みの変化も同じ周波数で変化することである。線形システムでは，原因と結果の周波数は同じであるという性質がある。

課題 4.1 つぎの（三角）時間関数をベクトル記号法（記号演算）による表記に直せ，またはその逆を行え．

（1） $5\sin\omega t + 3\cos\omega t$ （2） $10\sin(\omega t + \pi/6)$ （3） $100\sin(\omega t + \pi/4)$
（4） $20 + j10$ （5） $30 - j40$ （6） $50 + j50$

4.2 回路解析の例

つぎの例題は，3章の章末問題【3.4】と同じものであるが，これをベクトル記号法によって解いてみよう．ベクトル記号法では，変数としての時間があらわに表記されないので，$i(t), v(t)$ などの時間関数を I, V などのように大文字で書くことが多く，本書でもこれを用いる．

【例題 4.1】 図 4.3 の回路について，ベクトル記号法を用いて，$i(t)$ を求めよ．さらに，$v_R(t), v_L(t)$ を求めよ．

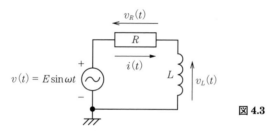

図 4.3

〈解答〉 まず，図 4.3 の回路に KVL を適用し，微分方程式を立てると次式を得る．

$$Ri(t) + L\frac{di(t)}{dt} = E\sin\omega t \tag{4.11}$$

これにベクトル記号法を適用すると，d/dt は $j\omega$，$E\sin\omega t$ は E とすればよいので，次式を得る．

$$RI + j\omega LI = E \tag{4.12}$$

したがって

$$(R + j\omega L)I = E \quad \therefore \quad I = \frac{E}{R + j\omega L} \tag{4.13}$$

同様に，V_R, V_L は次式で表される．

$$\therefore \quad V_R = RI = \frac{R}{R + j\omega L}E, \quad V_L = j\omega LI = \frac{j\omega L}{R + j\omega L}E \tag{4.14}$$

このとき，電流 I の大きさ $|I|$ と偏角 $\angle I$ は，式(4.13)より

$$\therefore \quad |I| = \frac{|E|}{|R + j\omega L|} = \frac{E}{\sqrt{R^2 + (\omega L)^2}}, \quad \angle I = \angle E - \angle(R + j\omega L) = -\tan^{-1}\left(\frac{\omega L}{R}\right) \tag{4.15}$$

と求められる。一般に，ベクトル解析では，複素数の形まで求められればよい。強いて時間関数に戻すのであれば，式(4.15)より，次式で表される。

$$i(t) = \frac{E}{\sqrt{R^2 + (\omega L)^2}} \sin\left\{\omega t - \tan^{-1}\left(\frac{\omega L}{R}\right)\right\} \tag{4.16}$$

【例題 4.2】 図 4.4 に示す R-C 回路に交流電圧源 $v(t) = E\cos\omega t$ が加えられたときのキャパシタの両端電圧 $v_C(t)$ を求めよ。

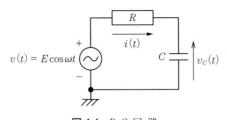

図 4.4 R-C 回 路

〈**解答**〉 まず，図 4.4 の回路に KVL を適用すると，次式を得る。

$$E\cos\omega t = Ri(t) + \frac{1}{C}\int i(t)dt \tag{4.17}$$

これにベクトル記号法を適用し $\left(\int dt \text{ は } 1/j\omega, E\cos\omega t \text{ は } jE\right)$，電流について求めると，次式を得る。

$$jE = RI + \frac{1}{j\omega C}I = \left(R + \frac{1}{j\omega C}\right)I \quad \therefore \quad I = \frac{jE}{R + \frac{1}{j\omega C}} = \frac{-\omega CE}{1 + j\omega CR} \tag{4.18}$$

また，求めたい V_C はつぎのように求めることができる。

$$\therefore \quad V_C = \frac{1}{j\omega C}I = \frac{1}{1 + j\omega CR} \cdot (jE) \tag{4.19}$$

【例題 4.2】は，3 章の【例題 3.2】と同じ回路で入力電圧を sin から cos とした問題であった。【例題 3.2】の出力電圧はベクトル記号法で $E/(1 + j\omega CR)$ と表され，これに j を掛けたものが式(4.19)である。つまり，【例題 4.2】の入力電圧も出力電圧の式も，【例題 3.2】の式に j を掛けたものである。回路に依存して入力電圧に対する出力電圧の大きさと位相が変化することを確認されたい。

いくつか見てきたように，ベクトル記号法では複素数を用いた演算により，計算が簡単になることがわかる。**表 4.1** に，回路素子のベクトル記号法による表現を示す。表中にある"**インピーダンス** (impedance)"は，抵抗 R と同じように電流を流しづらくさせる働きをするインダクタ L やキャパシタ C を表現したときの用語で，$j\omega L$, $1/j\omega C$ の単位は R と同じ〔Ω〕となる。

表 4.1 回路素子のベクトル記号法による表現

抵抗 R	インダクタ L	キャパシタ C
$i_R \rightarrow \;\; R$ $+ \;\; v_R \;\; -$	$i_L \rightarrow \;\; L$ $+ \;\; v_L \;\; -$	$i_C \rightarrow \;\; C$ $+ \;\; v_C \;\; -$

t 領域（微分・積分による演算法）		
$i_R(t) = \dfrac{v_R(t)}{R}$	$i_L(t) = \dfrac{1}{L}\int v_L(t)\,dt$	$i_C(t) = C \cdot \dfrac{dv_C(t)}{dt}$

ベクトル記号法		
$I_R = \dfrac{V_R}{R}$	$I_L = \dfrac{V_L}{j\omega L}$	$I_C = j\omega C \cdot V_C$

インピーダンス		
R	$j\omega L$	$\dfrac{1}{j\omega C}$ または $-\dfrac{j}{\omega C}$

課題 4.2 表 4.1 の t 領域の式（微分・積分による演算法）のほか，インダクタ L やキャパシタ C には，$v_L(t) = L \cdot \dfrac{di_L(t)}{dt}$，$v_C(t) = \dfrac{1}{C}\int i_C(t)\,dt$ のような式があった（表 3.1 参照）。これをベクトル記号法で表現したらどのような式になるかを示せ。

4.3 インピーダンス Z とアドミタンス Y

前節で，R, L, C のインピーダンスについて知った。いま，少し詳しく見ていこう。実際の回路では，R, L, C が多数，複雑につながった回路を取り扱うことが必要になる。この場合の解析を容易に扱う場合，1 章で合成抵抗を求めたときのように，合成インピーダンスを求めることが必要になる。

合成インピーダンスを表現する際，一般的に，文字 Z が用いられている（単位は〔Ω〕）。Z は複素数なので，実数部と虚数部が存在する。すなわち

$$Z \equiv \mathrm{Re}(Z) + j\mathrm{Im}(Z) = R + jX \tag{4.20}$$

式 (4.20) で $\mathrm{Re}(Z)$，$\mathrm{Im}(Z)$ は，Z のそれぞれ実数部 (real part)，虚数部 (imaginary part) を表す。また，実数部 R は抵抗（あるいは抵抗分）と呼ばれ，虚数部 X はリアクタンス（あるいはリアクタンス分）と呼ばれる。

図 4.5 のように，R と L または C を直列に接続したときの合成インピーダンス Z_a，Z_b は，それぞれ次式で表される。

$$Z_a = R + j\omega L \tag{4.21}$$

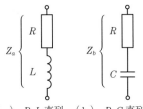

図4.5　R-LまたはR-Cの直列合成インピーダンス

$$Z_b = R - j\frac{1}{\omega C} \tag{4.22}$$

式(4.21), (4.22)に示すように，リアクタンス分Xは，正の場合と負の場合がある。正の場合のXを"誘導性リアクタンス"，負の場合のXを"容量性リアクタンス"と呼ぶ。

抵抗Rの逆数をコンダクタンスGと呼んだように，インピーダンスについてもその逆数が定義されており，アドミタンスY（単位は[S]）と呼ぶ。

$$Y = \frac{1}{Z} = G + jB \tag{4.23}$$

アドミタンスYも，当然，複素数となる。その実数部Gはコンダクタンスと呼び，虚数部Bはサセプタンスと呼ぶ。

図4.6のように，$G(=1/R)$とLまたはCを並列に接続したときの合成アドミタンスY_a, Y_bは，それぞれつぎのようになる。

$$Y_a = G - j\frac{1}{\omega L} \tag{4.24}$$

$$Y_b = G + j\omega C \tag{4.25}$$

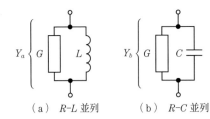

図4.6　R-LまたはR-Cの並列合成インピーダンス

【例題4.3】　Zが式(4.20)で与えられるとき，式(4.23)の$Y=G+jB$はどのようになるか，誘導せよ。

〈解答〉

$$Y = \frac{1}{Z} = \frac{1}{R+jX} = \frac{R-jX}{R^2+X^2} = G+jB \quad \therefore\quad G = \frac{R}{R^2+X^2},\quad B = \frac{-X}{R^2+X^2}$$

課題 4.3 図 4.7 の合成インピーダンス Z を求めよ。また，$R=1\,\Omega$，$L=1\,{\rm H}$，$C=1\,{\rm F}$ のときの，$\omega=0.1, 1, 10\,{\rm rad/s}$ における Z を求めよ。

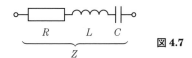

図 4.7

4.4 回路解析とベクトル図

図 4.8(a)の回路について，I, I_R, I_L を求めてみよう。交流電圧源は，大きさ V_e（実効値），角周波数 ω の正弦波であるとする。

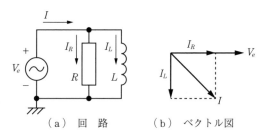

(a) 回　路　　(b) ベクトル図

図 4.8 R–L 並列回路とベクトル図

R, L ともに両端子間に掛かる電圧は V_e なので，I_R, I_L はそれぞれつぎのようになる。

$$I_R = \frac{V_e}{R} \tag{4.26}$$

$$I_L = \frac{V_e}{j\omega L} = -j\frac{V_e}{\omega L} \tag{4.27}$$

また，I は I_R と I_L の和になるので，次式となる。

$$I = I_R + I_L = \frac{V_e}{R} - j\frac{V_e}{\omega L} = YV_e \tag{4.28}$$

図 4.8(b)は式(4.26), (4.27)の関係を表すベクトル図を示している。交流電圧の V_e を基準ベクトルとして，V_e に対する I, I_R, I_L のベクトルを図示したものである。I_R は，式(4.26)にあるように実数なので，基準ベクトルと同じ向きで，その大きさは V_e の $1/R$ 倍となっている。一方，I_L は，式(4.27)にあるように $-j$ 軸上で，その大きさが V_e の $1/\omega L$ 倍となるように作図されている。これらの和である I は，図(b)のようにベクトルの和で示されている。また，式(4.28)から，I は V_e の Y 倍であるから，V_e の $\mathrm{Re}(Y)$ 倍の成分（V_e と同じ向きのベクトル）と，これに直交する $\mathrm{Im}(Y)$ 倍の成分からなり，Y の性質により決まる。

【例題 4.4】 図 4.9 の回路について，I, V_R, V_L を求め，V_e に対するベクトル図を作図してみよ。ただし，$V_e = 20$ V，$R = 2\,\Omega$，$L = 0.2$ H，$\omega = 10$ rad/s とする。

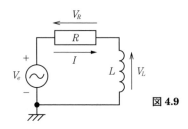

図 4.9

〈解答〉 回路図より，電流 I について次式が得られる。

$$V_e = RI + j\omega LI \quad \therefore\ I = \frac{V_e}{R + j\omega L} = \frac{20}{2 + j2} = 5(1 - j) \tag{4.29}$$

よって，V_R と V_L は次式となる。

$$V_R = RI = \frac{R}{R + j\omega L}V_e = 10(1 - j), \quad V_L = \frac{j\omega L}{R + j\omega L}V_e = 10(1 + j) \tag{4.30}$$

V_e を基準ベクトルとして，I, V_R, V_L のベクトル図を作図すると**図 4.10** のとおりとなる。

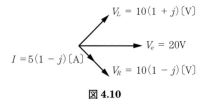

図 4.10

章 末 問 題

【4.1】 問図 4.1(a)，(b) の回路の合成インピーダンス Z_{ab} を求めよ。

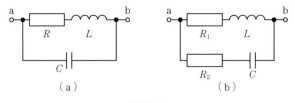

問図 4.1

【4.2】 問図 4.1(a)，(b) の回路の合成インピーダンス Z_{ab} に電圧 V を加えたとき，流れ込む電流 I が同位相となる条件を求めよ。

【4.3】 問図 4.2 の回路について I, I_R, I_C を求め，また V_e を基準ベクトルとして I, I_R, I_C のベクトル図を描け。$V_e = 10$ V，$R = 2\,\Omega$，$C = 0.5$ F，$\omega = 1$ rad/s とする。

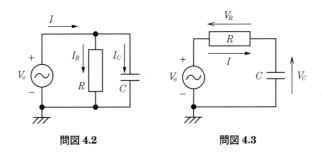

問図 4.2　　　　　　　　問図 4.3

【4.4】　問図 4.3 の回路について I, V_R, V_C を求め，また V_e を基準ベクトルとして I, V_R, V_C のベクトル図を描け。$V_e = 10\,\text{V}$，$R = 2\,\Omega$，$C = 0.5\,\text{F}$，$\omega = 1\,\text{rad/s}$ とする。

【4.5】　問図 4.4 の回路のように，電流源 I をつなげ，各素子の電圧降下を発生させた。V_R, V_L, V_C および V を求め，さらに I を基準ベクトルとして V_R, V_L, V_C, V のベクトル図を $\omega = 0.5, 1, 2\,\text{rad/s}$ の場合について描け。ただし，$I = 1\,\text{A}$，$R = 1\,\Omega$，$L = 1\,\text{H}$，$C = 1\,\text{F}$ とする。

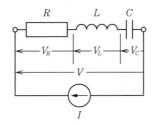

問図 4.4

5 回路網の解析

4章の交流回路解析において,複素数を用いた記号法により交流回路のインピーダンス,電圧・電流の大きさと位相を容易に表現できることを学んだ。交流回路の解析を行う際,回路の特性を知るうえで,周波数の変化に対してインピーダンス,電圧・電流の大きさと位相がどのように変化するかを知ることが重要となる。

本章では,交流回路網における周波数の変化に対する回路の特性解析を行う。また,抵抗,コイル,コンデンサからなるフィルタ回路の諸特性について学ぶ。

5.1 直列・並列回路

5.1.1 R–L 直列回路

図 5.1 に,R–L 直列回路を示す。この回路の合成インピーダンス Z は次式となる。

$$Z = R + j\omega L \tag{5.1}$$

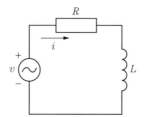

図 5.1 R–L 直列回路

前章では,ある角周波数 ω におけるインピーダンスの値を計算し,ベクトル図を示したが,ここでは角周波数 ω が変化する場合について考えてみる。角周波数 $\omega = 0$(直流)から,$\omega = \infty$ まで変化する場合,式(5.1)より実数部の R は一定値のまま変化しないが,虚数部のリアクタンス ωL の値は ω とともに増加することがわかる。これを複素平面上に示したものが,図 5.2 である。点線の矢印がそれぞれの角周波数におけるインピーダンス Z のベクトル図を表しており,その軌跡は実部の R を基点に垂直に伸びていく。図 5.1 の R–L 直列回路では,そのインピーダンス Z が角周波数の増加とともに大きくなると同時に,位相が 90° に近づいていくことが理解できる。$R \gg \omega L$ のときは合成インピーダンスを占める割合がほぼ

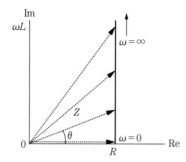

図 5.2 インピーダンス Z の軌跡

抵抗 R のみとなるため，位相は 0° であり，$R \ll \omega L$ のときは合成インピーダンス Z がほぼ $j\omega L$ とみなせるため，位相は 90° に漸近する。このとき，インピーダンス Z の位相は図 5.2 より式(5.2)となる。

$$\theta = \tan^{-1}\left(\frac{\omega L}{R}\right) \tag{5.2}$$

つぎに図 5.1 の合成アドミタンスについて考えてみる。式(5.1)からアドミタンスは式(5.3)となる。

$$Y = \frac{1}{Z} = \frac{1}{R + j\omega L} = \frac{R}{R^2 + (\omega L)^2} - j\frac{\omega L}{R^2 + (\omega L)^2} \tag{5.3}$$

式(5.3)を用いてアドミタンス軌跡を複素平面上にプロットするのは，インピーダンス Z のときのように容易ではないことから，つぎのように式を整理する。アドミタンス Y の実部（横軸）を x，虚部（縦軸）を y と置き，それぞれの 2 乗和を求めると式(5.6)が得られる。

$$x = \frac{R}{R^2 + (\omega L)^2} \tag{5.4}$$

$$y = -\frac{\omega L}{R^2 + (\omega L)^2} \tag{5.5}$$

$$x^2 + y^2 = \frac{1}{R^2 + (\omega L)^2} = \frac{x}{R} \tag{5.6}$$

式(5.6)をさらに整理することで，式(5.7)に示す円の方程式が得られる。

$$\left(x - \frac{1}{2R}\right)^2 + y^2 = \left(\frac{1}{2R}\right)^2 \tag{5.7}$$

式(5.3)よりアドミタンス Y の虚部はつねに負であるから，その軌跡は**図 5.3** に示すように，複素平面上で半円となる。$\omega = 0$ のとき，式(5.3)から Y は最大値 $1/R$ となり，ω を増加させると実部の値は減少していき，$\omega = \infty$ のときに Y は実部，虚部ともに 0 となることから，ω の増加に伴い Y の軌跡は時計まわりに回転していく。アドミタンス Y の実部をコンダクタンス G，虚部をサセプタンス B で表すと，式(5.3)からその位相は式(5.8)となる。

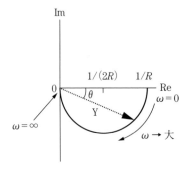

図5.3　アドミタンス Y の軌跡

$$\theta = \tan^{-1}\left(\frac{B}{G}\right) = \tan^{-1}\left(\frac{\frac{-\omega L}{R^2 + (\omega L)^2}}{\frac{R}{R^2 + (\omega L)^2}}\right) = -\tan^{-1}\left(\frac{\omega L}{R}\right) \tag{5.8}$$

ここで，インピーダンス Z とアドミタンス Y を極座標形式で表現し，比較してみると，式(5.9)，(5.10)より，インピーダンスとアドミタンスについて，その大きさは互いの逆数で，位相については符号のみ変化することがわかる。一般に，複素数平面上で原点を通らない直線の軌跡に対して，その逆数の軌跡は原点を通る円の軌跡となり，大きさは逆数，位相は符号が反転するため，インピーダンス Z とアドミタンス Y のどちらか一方の軌跡がわかれば他方の軌跡を推定することができる。

$$Z = \sqrt{R^2 + (\omega L)^2}\angle\theta_Z, \quad \theta_Z = \tan^{-1}\left(\frac{\omega L}{R}\right) \tag{5.9}$$

$$Y = \frac{1}{\sqrt{R^2 + (\omega L)^2}}\angle\theta_Y, \quad \theta_Y = -\tan^{-1}\left(\frac{\omega L}{R}\right) \tag{5.10}$$

5.1.2　R–C 直列回路

つぎに，**図 5.4** に示す R–C 直列回路について，同様にインピーダンス，アドミタンスの軌跡について考えてみる。

この回路のインピーダンス Z およびアドミタンス Y は

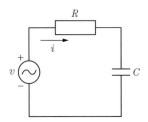

図5.4　R–C 直列回路

$$Z = R + \frac{1}{j\omega C} = R - j\frac{1}{\omega C} \tag{5.11}$$

$$Y = \frac{(\omega C)^2}{1+(\omega CR)^2}R + j\omega C\frac{1}{1+(\omega CR)^2} \tag{5.12}$$

であるから，複素平面上に Z の軌跡を描くと，**図 5.5** となる。

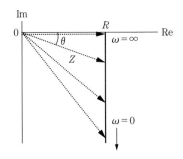
図 5.5 インピーダンス Z の軌跡

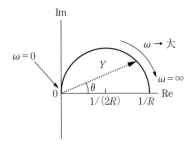
図 5.6 アドミタンス Y の軌跡

前節と同様に，インピーダンス Z の逆数の関係からアドミタンス Y の軌跡を類推すると，**図 5.6** が得られる。このように，R–L，または R–C からなる回路では，インピーダンスとアドミタンスの位相は周波数の変化に対して最大 90° 変化する。

課題 5.1 図 5.1 の回路について，インピーダンス Z とアドミタンス Y の値を求め，複素数平面上にプロットせよ。ただし，$R=0.5\,\Omega$，$L=2\,\mathrm{mH}$ とし，ω については 0, 100, 250, 750, 1 000 rad/s とする。

課題 5.2 式 (5.12) を導出せよ。

5.1.3 R–L 並列回路

図 5.7 に示す R–L 並列回路の合成インピーダンス Z と合成アドミタンス Y を求めると，式 (5.13)，(5.14) がそれぞれ得られる。この場合，アドミタンス Y の軌跡が直線的に変化することから，Y の軌跡から Z の軌跡が類推可能であり，アドミタンス Y の軌跡とインピーダンス Z の軌跡はそれぞれ**図 5.8**，**図 5.9** となる。

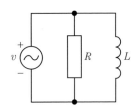
図 5.7 R–L 並列回路

46   5. 回路網の解析

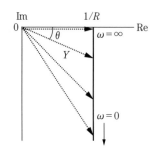

図 5.8 R–L 並列回路のアドミタンス軌跡

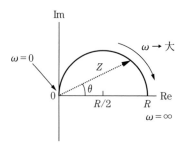

図 5.9 R–L 並列回路のインピーダンス軌跡

$$Z = R \mathbin{/\mkern-6mu/} j\omega L = \frac{j\omega LR}{R + j\omega L} \tag{5.13}$$

$$Y = \frac{1}{R} + \frac{1}{j\omega L} = \frac{1}{R} - j\frac{1}{\omega L} \tag{5.14}$$

課題 5.3 図 5.10 に示す R–C 並列回路のアドミタンス Y, インピーダンス Z を求め, それぞれの軌跡を描け。

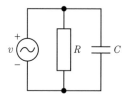

図 5.10 R–C 並列回路

5.2 直並列回路

5.2.1 直並列回路のインピーダンスとアドミタンス

5.1 節の R–L 回路, R–C 回路では, 周波数によってインピーダンスとアドミタンスの値が変化することを学んだ。一方, それらの回路を複数組み合わせた直並列回路では, 合成インピーダンスを周波数とは無関係に一定とすることも可能である。図 5.11 に示す直並列回路について, 電源から見た合成インピーダンスが周波数によらず一定となる条件を考えてみる。一定のインピーダンスを定数 K とした場合, この回路の合成インピーダンスは次式となる。

$$Z = (R + j\omega L) \mathbin{/\mkern-6mu/} \left(R + \frac{1}{j\omega C}\right) = \frac{R^2 + \dfrac{L}{C} + jR\left(\omega L - \dfrac{1}{\omega C}\right)}{2R + j\left(\omega L - \dfrac{1}{\omega C}\right)} = K \tag{5.15}$$

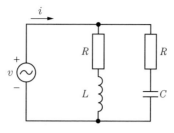

図 5.11 直並列回路

式(5.15)を整理し,実部と虚部がそれぞれ等しくなるための条件について考える。

$$R^2 + \frac{L}{C} + jR\left(\omega L - \frac{1}{\omega C}\right) = 2KR + jK\left(\omega L - \frac{1}{\omega C}\right) \tag{5.16}$$

式(5.16)より,虚部が等しくなる条件は $K=R$ である。したがって,実部が等しくなる条件は

$$R^2 + \frac{L}{C} = 2R^2 \tag{5.17}$$

以上より,$R^2 = L/C$ のとき,この回路の合成インピーダンス Z は周波数と無関係に一定で,その値は R となる。図 5.11 の回路で ω が増加した場合,R–L 回路のインピーダンスは大きくなり,R–C 回路のインピーダンスは小さくなるが,このインピーダンスの増減がちょうど打ち消し合っているため一定のインピーダンスを呈する。

5.2.2 移 相 器

前節で R–C 回路の特性について学んだが,R–C 回路を二つ組み合わせることによって,交流電源から出力される正弦波の位相を変えることができる。**図 5.12** に示す回路は位相推移器(移相器:phase shifter)と呼ばれ,入力電圧 v の大きさを変えずに位相を $0°\sim180°$ の範囲で変化することができる。端子 c および d の電圧をそれぞれ v_c, v_d とし,端子 c–d 間から電圧 v_{cd} を出力することを考えると

$$v_c = \frac{R_1}{R_1 + 1/(j\omega C_1)}v \tag{5.18}$$

$$v_d = \frac{1/(j\omega C_2)}{R_2 + 1/(j\omega C_2)}v \tag{5.19}$$

$$v_{cd} = v_c - v_d = \left\{\frac{R_1}{R_1 + 1/(j\omega C_1)} - \frac{1/(j\omega C_2)}{R_2 + 1/(j\omega C_2)}\right\}v \tag{5.20}$$

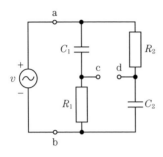

図 5.12　R–C 移相器

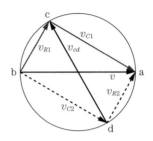

図 5.13　移相器のベクトル図

ここで，$R_1 = R_2 = R$, $C_1 = C_2 = C$ とすると，v_{cd} は

$$v_{cd} = v_c - v_d = \frac{R + j/(\omega C)}{R - j/(\omega C)} v = v \frac{\sqrt{R^2 + 1/(\omega C)^2} \angle \theta}{\sqrt{R^2 + 1/(\omega C)^2} \angle -\theta} = v \angle 2\theta \tag{5.21}$$

$$\theta = \tan^{-1}\left(\frac{1}{\omega CR}\right) \tag{5.22}$$

θ は $0°$〜$90°$ の範囲を取りうるから，C を可変することで電圧振幅を変えることなく，位相を入力電圧に対して $0°$〜$180°$ の範囲で変化できる。このときの各素子に生じる逆起電力をベクトル図で示すと，**図 5.13** となる。

課題 5.4　図 5.14 に示す回路はラグリード回路と呼ばれ，v_out の位相が ω の増加とともに $0°$ から遅れた後，再び $0°$ に戻る特性をもつ。以下の問いに答えよ。

（1）v_out を極座標形式で表せ。

（2）$R_1 = R_2 = 1\,\Omega$, $C = 1\,\text{mF}$, $v = 1\,\text{V}$ とした場合，$\omega = 10, 100, 1\,000, 10\,000\,\text{rad/s}$ について v_out の大きさと位相を計算せよ。

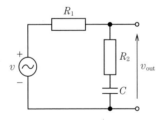

図 5.14　ラグリード回路

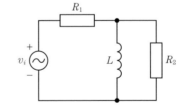

図 5.15　直並列回路

課題 5.5　図 5.15 に示す抵抗，コイルからなる直並列回路について，合成インピーダンス Z とアドミタンス Y の軌跡を描け。ただし，$R_1 = R_2 = 1\,\Omega$, $L = 1\,\text{H}$ とする。

課題 5.6　図 5.16 の回路について

（1）電源から見た合成アドミタンス Y を求めよ。

（2）電圧 v_i と電流 i が同位相となる ω を求めよ。

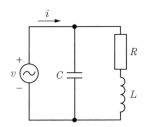

図 **5.16** 直並列回路

5.3 伝 達 特 性

これまで角周波数 ω の変化に対してインピーダンス，アドミタンスがどのような変化を示すか学んだが，ここでは，ある回路に電圧・電流を入力し，出力にどのような電圧・電流が出力されるのか学ぶ。このように，入力端子から出力端子へ電気信号が伝わる特性を**伝達特性**と呼び，特に周波数変化に対する伝達特性のことを**周波数特性**と呼ぶ。ここでは，種々の回路について，電圧・電流の大きさとその位相特性について明らかにする。

5.3.1 R–L 回路の伝達特性

図 **5.17** に示す R–L 回路について，入力電圧を v_i とし出力電圧 v_o をコイルの両端から取り出すことを考える。このとき，電圧の入出力の比は式 (5.23) で与えられる。式 (5.23) を，大きさと位相に分けて整理すると式 (5.24) を得る。

$$\frac{v_o}{v_i} = \frac{j\omega L}{R + j\omega L} = \frac{\omega L \angle 90°}{\sqrt{R^2 + (\omega L)^2} \angle \tan^{-1}(\omega L/R)}$$

$$= \frac{\omega L}{\sqrt{R^2 + (\omega L)^2}} \angle \left\{ 90° - \tan^{-1}\left(\frac{\omega L}{R}\right) \right\} \tag{5.23}$$

$$\left|\frac{v_o}{v_i}\right| = \frac{\omega L}{\sqrt{R^2 + (\omega L)^2}}, \quad \arg\left(\frac{v_o}{v_i}\right) \equiv \theta = 90° - \tan^{-1}\left(\frac{\omega L}{R}\right) \tag{5.24}$$

上式は ω の関数であるから，ω を 0 から ∞ まで変化させ入出力電圧比をグラフに示すと，図 **5.18** の特性となる。図より，低い周波数では伝達比が小さく，高い周波数では入力と出

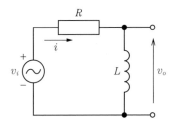

図 **5.17** R–L 直列回路

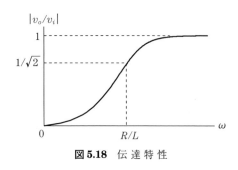

図5.18 伝達特性

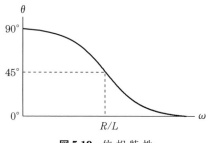

図5.19 位相特性

力が等しくなることがわかる。このように低周波を通しにくく，高周波を通過させやすい周波数特性をもつ回路を**高域通過フィルタ**（high pass filter，HPF）と呼び，特に信号の伝達比が $1/\sqrt{2}$ になる周波数のことを**遮断（角）周波数**（cutoff frequency）や，**半電力（角）周波数**などという。遮断周波数より低周波側は遮断域，高周波側は通過域とし，理想的なフィルタ回路では遮断域の伝達比は0で，信号を通さず，通過域の伝達比は1ですべての信号を通す特性が望ましいが，実際の回路では図5.18のように，通過域と遮断域にかけてなだらかに変化する特性となる。式(5.23)より遮断周波数について求めると，$|v_o/v_i|$ が $1/\sqrt{2}$ となる条件は，$R = \omega L$ のときであるから，遮断角周波数を ω_c とした場合，次式で与えられる。

$$\omega_c = \frac{R}{L} \tag{5.25}$$

つぎに，位相特性をグラフに示すと，**図5.19**に示すように，低周波側では位相が90°で高周波側では位相が0°に近づく特性となる。遮断周波数 ω_c では，$\tan^{-1}(1) = 45°$ となるため，$\theta = 45°$ を通る。

5.3.2 R–C回路の伝達特性

R–L回路と同様に，**図5.20**に示すR–C回路の伝達関数を求めると，式(5.26)が得られる。

$$\frac{v_o}{v_i} = \frac{\dfrac{1}{j\omega C}}{R + \dfrac{1}{j\omega C}} = \frac{1}{1 + j\omega CR} \tag{5.26}$$

コラム　$1/\sqrt{2}$ となる理由

なぜ電圧の振幅が $1/2$ ではなく $1/\sqrt{2}$ になる周波数を遮断周波数と定義するのか？　これは，遮断周波数において電力が $1/2$ となる周波数を遮断周波数と定義しているためである（遮断周波数が半電力周波数とも呼ばれる所以）。負荷抵抗 R に発生する電力は $P = V^2/R$ で求まるが，P が $1/2$ 倍になるとき，電圧は $1/\sqrt{2}$ 倍となる。遮断周波数を表すほかの呼び方として，カットオフと省略される場合や3 dB周波数などもある。

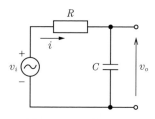

図 5.20 R–C 直列回路

大きさと位相はそれぞれ

$$\left|\frac{v_o}{v_i}\right| = \frac{1}{\sqrt{1^2 + (\omega CR)^2}}, \quad \arg\left(\frac{v_o}{v_i}\right) \equiv \theta = -\tan^{-1}(\omega CR) \tag{5.27}$$

式(5.27)の ω を変化し，入出力電圧比と位相の変化を示したのが，**図 5.21**，**図 5.22** である．今度は低い周波数を通しやすく，高い周波数を通しにくい性質があり，このような特性を**低域通過フィルタ**（low pass filter, LPF）と呼ぶ．遮断周波数 ω_c を求めると，$1 = \omega CR$ のときであるから

$$\omega_c = \frac{1}{CR} \tag{5.28}$$

となり，位相の値は $\theta = -45°$ となる．

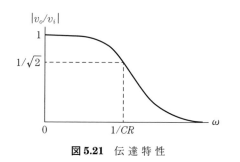

図 5.21 伝達特性　　　　　　　　　　**図 5.22** 位相特性

課題 5.7 図 5.23 の回路の伝達特性（電圧と位相）をグラフに示せ．

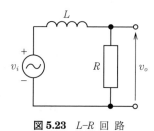

図 5.23 L–R 回路

課題 5.8 図 **5.24** の回路の伝達特性（電圧と位相）をグラフに示せ。

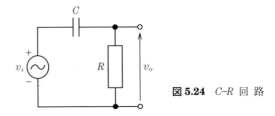

図 **5.24** C-R 回 路

5.3.3 実際のコイル，コンデンサの特性

ここまでコイル，コンデンサについては，理想的，すなわち内部抵抗による損失がないものとして扱ってきた。ここで，実際のコイルとコンデンサについて考えてみる。実際のコイルは導線を巻いたものであるから，インダクタンス L のほかに導体による抵抗 r をもっており，その等価回路は図 **5.25** で示される。このため，実際のコイルのインピーダンス Z_L は次式で表される。

$$Z_L = r + j\omega L \tag{5.29}$$

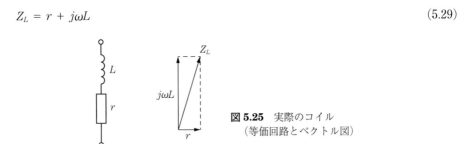

図 **5.25** 実際のコイル
（等価回路とベクトル図）

ここで，コイルとしての性能のよさを考えると，r が ωL に対して小さいことが望ましいので，コイルのよさを表す指標として **Q 値**（quality factor）をつぎのように定義する。

$$Q_L = \frac{\omega L}{r} \tag{5.30}$$

実際のコイルの Q 値は高くとも数百程度で，小型化するために細い線を用いると，内部抵抗の増加で Q 値が数十程度まで低下することがあるため，使用するときには注意が必要である。

つぎに，実際のコンデンサについて考える。実際のコンデンサは電極間に誘電体が挿入されており，誘電体のインピーダンスは ∞ ではないため，電圧を印加した場合にわずかな漏れ電流が生じる。これを等価回路で表現したのが図 **5.26** であり，キャパシタンス C と並列にコンダクタンス g が接続されている。このアドミタンス Y_C は，次式で表される。

$$Y_C = g + j\omega C \tag{5.31}$$

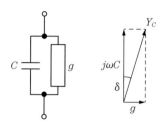

図 5.26 実際のコンデンサ
（等価回路とベクトル図）

コンデンサとしての性能のよさは g が ωC に対して小さいことであるから，コンデンサの Q 値をつぎのように定義する。

$$Q_C = \frac{\omega C}{g} \tag{5.32}$$

また，従来コンデンサに用いられる誘電体の損失を表すものとして，Y_C と $j\omega C$ とのなす角 δ を用いた $\tan\delta$ が使われており，$\tan\delta$ によりコンデンサのよさとする場合がある。この場合，図 5.26 より

$$\tan\delta = \frac{1}{Q_C} \tag{5.33}$$

となり，$\tan\delta$ は小さいほうが性能のよいコンデンサとなる。実際のコンデンサの Q 値は数百から数千の値をもち，コイルに比べると通常 1 桁以上 Q 値は高い。

5.4 共 振 回 路

5.4.1 R–L–C 直列共振回路

これまで R と L および R と C による回路解析を行ったが，R，L，C の 3 素子を用いた場合には非常に特徴的な特性を示す。**図 5.27** に示す R–L–C 直列回路について考えると，そのインピーダンス Z とアドミタンス Y は次式となる。

$$Z = R + j\omega L + \frac{1}{j\omega C} = R + j\left(\omega L - \frac{1}{\omega C}\right) \tag{5.34}$$

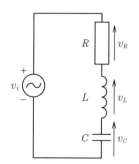

図 5.27 R–L–C 直列回路
（直列共振回路）

$$Y = \frac{1}{Z} = \frac{1}{R + j\left(\omega L - \frac{1}{\omega C}\right)} \tag{5.35}$$

R–L 直列回路，R–C 直列回路ではインピーダンス Z の虚部であるリアクタンスは正または負の値しか取りえなかったが，R–L–C 回路では式(5.34)より ω の値によって虚部が正負両方の値を取りうることがわかる。このインピーダンス軌跡とアドミタンス軌跡は，それぞれ**図 5.28**，**図 5.29** となる。リアクタンスが 0 となる点に着目すると，この点でインピーダンス Z の大きさは R のみで最小となり，アドミタンス Y は $1/R$ で最大となるため，この回路に最大の電流が流れる。リアクタンスが 0 となる ω の条件は，虚数部が 0 のときであるから，次式が得られる。

$$\omega L - \frac{1}{\omega C} = 0 \tag{5.36}$$

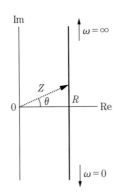
図 5.28 直列共振回路の
インピーダンス軌跡

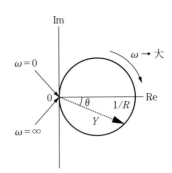
図 5.29 直列共振回路の
アドミタンス軌跡

この条件を満たす角周波数を ω_0 とした場合

$$\omega_0 = \frac{1}{\sqrt{LC}} \tag{5.37}$$

が得られ，このときの角周波数 ω_0 を**直列共振角周波数**と呼ぶ。

この条件を満たすとき，インピーダンス軌跡から明らかなようにコイルとコンデンサのリアクタンスは打ち消し合った状態であり，この回路は**共振状態**にあるという。共振時には電源から見た回路のインピーダンスは単に R のみとなる。この回路の R の両端電圧 v_R について伝達特性を求めると式(5.38)となり，その特性は**図 5.30** となる。R–L–C 回路は，ω_0 を中心に信号を通しやすいという選択性をもっていることがわかる。このような特性をもつ回路を**帯域通過フィルタ**（band pass filter，BPF）と呼ぶ。

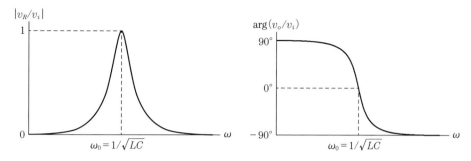

図 5.30 *R–L–C* 直列共振回路の伝達特性

$$\frac{v_R}{v_i} = \frac{R}{R + j\left(\omega L - \dfrac{1}{\omega C}\right)} = \frac{R}{\sqrt{R^2 + \left(\omega L - \dfrac{1}{\omega C}\right)^2}} \angle -\tan^{-1}\left(\frac{\omega L - \dfrac{1}{\omega C}}{R}\right) \tag{5.38}$$

R–L–C 共振回路についてより詳しく解析する。L と C の値を固定したまま R のみを変化させた場合の伝達特性を**図 5.31** に示す。図より R の値が小さくなると共振特性が鋭くなり，選択性が高くなるほか，位相変化もより急峻に変化する。このことから，共振回路の R の値によって選択の度合いが変化することがわかる。

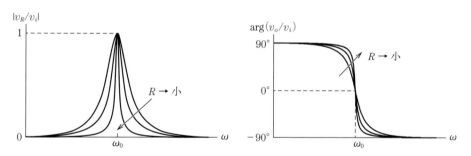

図 5.31 R の変化による伝達特性の違い

共振回路の選択性について考えるため，これまでと同様に伝達比が $1/\sqrt{2}$ となる点を遮断周波数とすると，この共振回路の遮断周波数は，**図 5.32** に示すように，ω_{b1} と ω_{b2} の二つが存在する。すなわち，$R = |\omega L - 1/(\omega C)|$ を満たすときであるから

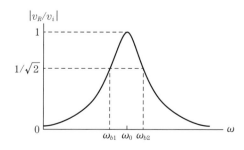

図 5.32 直列共振回路の帯域幅

$$\omega_{b1}L - \frac{1}{\omega_{b1}C} = -R \tag{5.39}$$

$$\omega_{b2}L - \frac{1}{\omega_{b2}C} = R \tag{5.40}$$

これを解くと

$$\omega_{b1} = \frac{-CR + \sqrt{(CR)^2 + 4LC}}{2LC} \tag{5.41a}$$

$$\omega_{b2} = \frac{CR + \sqrt{(CR)^2 + 4LC}}{2LC} \tag{5.41b}$$

ここで，帯域幅を $\omega_b = \omega_{b2} - \omega_{b1}$ とすれば

$$\omega_b = \frac{R}{L} \tag{5.42}$$

共振回路の選択度を ω_0/ω_b と定義すると

$$\frac{\omega_0}{\omega_b} = \frac{\omega_0}{\omega_{b2} - \omega_{b1}} = \frac{\omega_0 L}{R} = \frac{1}{\omega_0 CR} = Q \tag{5.43}$$

となることがわかる。つまり，R–L–C 共振回路の Q 値が選択度そのものを表している。

この共振回路は，帯域通過フィルタの特性のほかにもう一つ興味深い特性を示す。共振時に，この回路を流れる電流は $i=v/R$ であるから，コイル両端に生じる逆起電力 v_L は

$$v_L = j\omega_0 Li = j\frac{\omega_0 L}{R}v = jQv \tag{5.44}$$

同様に，コンデンサの両端電圧 v_C は

$$v_C = \frac{i}{j\omega_0 C} = -j\frac{1}{\omega_0 CR}v = -jQv \tag{5.45}$$

となり，入力電圧が Q 倍されて出力される。すなわち，Q は共振回路における電圧上昇比を表す。ただし，位相は入力電圧に対して $\pm 90°$ の差を生じる。共振時における v_R, v_L, v_C の関係をベクトル図で示すと，**図 5.33** となり，v_L と v_C は互いに打ち消し合うため，抵抗の両端に入力電圧 v が印加された状態となる。この共振回路の性質がラジオの受信機などで利用されており，共振周波数を所望の放送局の周波数に合わせることで不要な周波数帯の信号の除去と，アンテナで受信した微弱な信号の昇圧を行っている。

図 5.33 共振時における電圧の
ベクトル図

5.4.2 並列共振回路

つぎに，図 5.34 の回路図を考える。この回路は並列共振回路と呼ばれ，その合成アドミタンス Y は次式で与えられる。ただし，$G = 1/R$ とする。

$$Y = G + j\omega C + \frac{1}{j\omega L} = G + j\left(\omega C - \frac{1}{\omega L}\right) \tag{5.46}$$

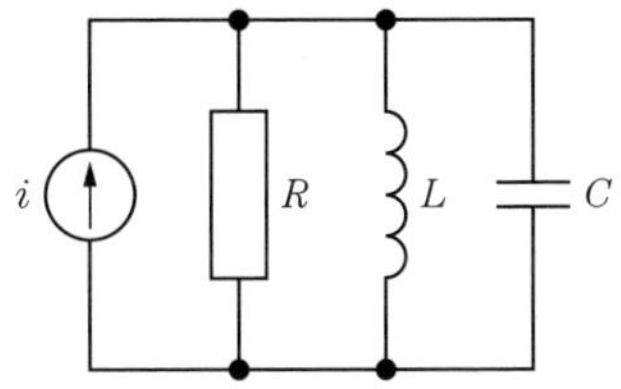

図 5.34 並列共振回路

共振時において，この回路のサセプタンスは 0 となるため，L と C からなる並列回路のインピーダンスは無限大で，アドミタンスはコンダクタンス G のみとなる。このときの周波数を並列共振周波数や反共振周波数と呼ぶ。

並列共振回路の共振時には，コンデンサとコイルに蓄えられた電気エネルギーと磁気エネルギーは交互に行き来しエネルギーが蓄えられるため，タンク回路とも呼ばれる。

〔課題 5.9〕 図 5.34 の並列共振回路のインピーダンス Z とアドミタンス Y の軌跡を描け。

5.5 周波数解析

ここまで種々の交流回路についてその伝達特性を明らかにしたが，その特性は連続的に変化する ω の関数であった。フィルタ回路の解析・設計において，その伝達特性をおおまかに知る方法があれば便利である。本節では，伝達特性を直線近似する手法について学ぶ。

フィルタ回路の特性として，通過域は減衰させず遮断域はできるだけ減衰させることが望ましいが，通過域の伝達利得は 1 に近い値であるのに対し，遮断域では 1 000 分の 1 以下の減衰量が求められることがある。このような特性をもつフィルタの周波数特性を方眼紙のグ

ラフに描いた場合，遮断域の特性を十分に表現することは困難である。そこで，数桁に及ぶ数値の変化を**デシベル**（dB）と呼ばれる対数表現を用いることで，全体の特性を表現可能になる。デシベルは回路における入力と出力の比や，送信電波と受信電波の比を表現するのに多用される。

電圧 v_1 と v_2 の比，または電流 i_1 と i_2 の比をデシベルで表すとき，次式で定義される。

$$A_v = 20 \log_{10}\left(\frac{v_2}{v_1}\right) \tag{5.47}$$

$$A_i = 20 \log_{10}\left(\frac{i_2}{i_1}\right) \tag{5.48}$$

また，比較対象が電力 P_1 と P_2 の場合は次式となる。

$$A_p = 10 \log_{10}\left(\frac{P_2}{P_1}\right) \tag{5.49}$$

電圧・電流の場合は物理量の比の常用対数に 20 を乗じたもの，電力の場合は常用対数に 10 を乗じたものであり，**表 5.1** に代表的なデシベル値と比の関係を示す。

図 5.20 の R–C 回路に改めて着目し，伝達関数をデシベルで表現して片対数グラフにしたものが**図 5.35** である。横軸は，角周波数 ω を遮断角周波数 ω_c で規格化している。遮断周波数より低い周波数域では 0 dB，遮断周波数から離れるに従って，-20 dB/decade で直線的に減衰していくことがわかる。これは，$R \gg 1/\omega C$ では ω が 10 倍となるごとに v_o が $1/10$，すなわち 20 dB ずつ小さくなるためである。図中の破線は $\omega = \omega_c$ を交点に，通過域を傾き 0 dB/decade の直線と，遮断域を傾き -20 dB/decade の直線で近似したもので，実際の特性の漸近線を表せることを示している。このように，周波数特性を直線で近似することを折れ線近似と呼ぶ。

コラム　電圧・電流では 20 log，電力では 10 log の理由

遮断周波数のコラムで触れたのと同じように，デシベルも本来は電力の比を表現するために導入されたものである。式(5.49)の電力を抵抗 R を使って表現すると，つぎに示す式のように書き換えられ，式(5.47)が得られることがわかる。

$$A_p = 10 \log_{10}\left(\frac{P_2}{P_1}\right) = 10 \log_{10}\left(\frac{v_2^2/R}{v_1^2/R}\right) = 20 \log_{10}\left(\frac{v_2}{v_1}\right)$$

本来は，比を表す単位として〔B〕（ベル）が利用されていたのであるが，例えば電力比の 2 倍は 0.3 B，4 倍は 0.6 B となって，われわれが扱いやすい比が小数値になるためかえって扱いにくくなってしまう。そこで，あらかじめ 10 倍しておくことで 2 倍は 3 dB，4 倍は 6 dB と表現するようにした。デシベル〔dB〕のデシはデシリットル〔dl〕のデシと同じで 10^{-1} を表す補助単位である。

表 5.1 デシベル値と電圧・電流・電力比

デシベル値〔dB〕	電圧比・電流比	電力比
40	100	10^4
20	10	10^2
0	1	1
−3	0.707	0.5
−6	0.5	0.25
−20	0.1	10^{-2}
−40	0.01	10^{-4}

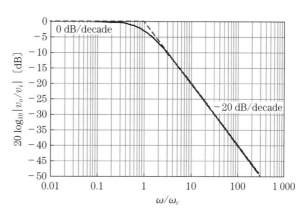

図 5.35 デシベル表現による伝達特性

章 末 問 題

【5.1】 問図 5.1 の回路について，v_R の大きさが最大値の $1/\sqrt{2}$ となるときの周波数帯域幅を求め，入出力電圧比を図示せよ。ただし，$R = 6.28\,\Omega$，$L = 2\,\mathrm{mH}$，$C = 0.1\,\mu\mathrm{F}$ とする。

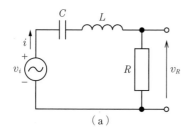 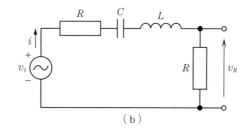

問図 5.1

【5.2】 抵抗とコンデンサで構成されたフィルタの周波数特性を測定した結果，問図 5.2 が得られた。
 （1） 遮断周波数 f_c を答えよ。
 （2） 抵抗の値が $10\,\mathrm{k\Omega}$ の場合，コンデンサ C の値を求めよ。

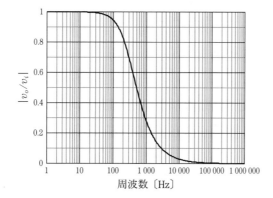

問図 5.2

【5.3】 問図 5.3 の回路について，（1）共振周波数 f_0，（2）Q 値，（3）帯域幅，（4）f_0 において R, L, C の両端に発生する電圧 v_R, v_L, v_C をそれぞれ求めよ。ただし，$v_i = 1$ V, $R = 0.1$ Ω, $L = 0.1$ mH, $C = 1$ μF とする。

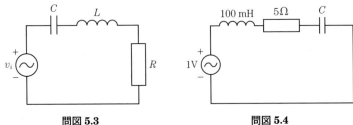

問図 5.3　　　　　　　　　問図 5.4

【5.4】 問図 5.4 の回路において，電源の周波数を変化させたところ共振時にコイルの両端には 314 V の電圧が生じた。共振周波数 f_0 を求めよ。

【5.5】 問図 5.5 の回路において，R をいかなる値にしても電流 i の値は変化しなかった。このとき容量性リアクタンス X_C の両端電圧と電流 i_C を求めよ。ただし，誘導性リアクタンス X_L は 10 Ω とする。

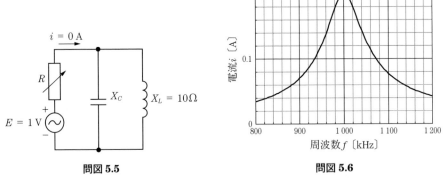

問図 5.5　　　　　　　　　問図 5.6

【5.6】 R–L–C 直列共振回路に 1 V の交流電圧を加えたとき，**問図 5.6** の電流特性が得られた。R, L, C の値を求めよ。

【5.7】 抵抗とコンデンサで構成されたフィルタの周波数特性を測定した結果，**問図 5.7** が得られた。
　（1）遮断周波数 f_c を答えよ。
　（2）抵抗の値が 10 kΩ の場合，コンデンサ C の値を求めよ。

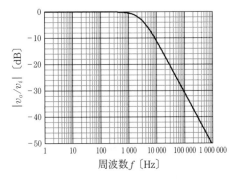

問図 5.7

【5.8】 インダクタンス 1.5 mH のコイルと可変コンデンサ C_v を用いて 400 kHz～1 MHz までの電波を受信するための同調回路を作りたい。C_v の最小値，最大値を求めよ。

【5.9】 共振周波数 1 MHz，Q 値が 100 の R-L-C 直列共振回路がある。中心周波数を 0.5 MHz，帯域幅を 25 kHz にするためにコイルと抵抗を回路に直列に挿入する場合に必要となる素子値を求めよ。ただし，もとの共振回路の抵抗値は 10 Ω とする。

【5.10】 問図 5.8 の端子 Ch より右側の回路はオシロスコープの入力回路を表しており，抵抗 R_i と容量 C_i の並列接続で示される。オシロスコープでは，入力レベルを拡大するために 10 対 1 プローブを用いる方法が採られているが，入力周波数が高くなると，入力インピーダンスが低くなり正しい電圧が測れなくなってしまう。そこで，10 対 1 プローブでは，分圧のための抵抗 R_a に対して容量 C_a を並列に接続した構成が採られている。$R_i = 1$ MΩ，$C_i = 20$ pF としたとき，周波数に関係なく，分圧比 (v_i/v_1) を 10 対 1 とするためには C_a をいくらにすればよいか。

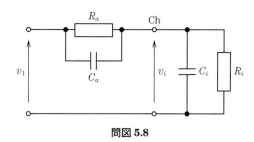

問図 5.8

6 交流電力

　直流電圧源から負荷抵抗に供給できる電力については，2.3節で勉強した。交流回路では，交流電圧源 V に抵抗，コイル，コンデンサからなる負荷インピーダンス Z をつなげた場合，交流電圧源から取り出せる（交流）電力はどのようになるであろうか。

　本章では，ベクトル記号法を用いて交流電力を求めることについて勉強する。

6.1　時間領域での電力の計算

　図 **6.1** のように，あるインピーダンス Z に電圧 $v(t)$ を加えたとき，電流 $i(t)$ が位相差 ϕ をもって流れたとする。

$$v(t) = V_m \sin(\omega t + \theta) \tag{6.1}$$

$$i(t) = I_m \sin(\omega t + \theta + \phi) = I_m \cos\phi \cdot \sin(\omega t + \theta) + I_m \sin\phi \cdot \cos(\omega t + \theta) \tag{6.2}$$

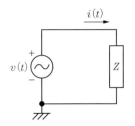

図 6.1　交流電力の計算

　ここで，$i(t)$ は，最右辺の式で示すように，二つの項に分解して表すことができる。第1項目は $v(t)$ と同相（同位相）成分の項であり，第2項目は直交（位相差 $\pi/2$）成分の項である。

　この場合，瞬時電力 $p(t)$ を考えると

$$\begin{aligned} p(t) &= v(t)i(t) = V_m I_m \cos\phi \cdot \sin^2(\omega t + \theta) + V_m I_m \sin\phi \cdot \sin(\omega t + \theta) \cdot \cos(\omega t + \theta) \\ &= \frac{V_m I_m}{2} \cos\phi \cdot \{1 - \cos 2(\omega t + \theta)\} + \frac{V_m I_m}{2} \sin\phi \cdot \sin 2(\omega t + \theta) \\ &= V_e I_e \cos\phi \cdot \{1 - \cos 2(\omega t + \theta)\} + V_e I_e \sin\phi \cdot \sin 2(\omega t + \theta) \end{aligned} \tag{6.3}$$

瞬時電力 $p(t)$ を時間間隔 T で平均値 P_e を求めると（ただし，T は電源電圧波形の一周期

の時間），$\omega = 2\pi/T$ であることより，次式を得る．すなわち

$$P_e = \frac{1}{T}\int_{t_0}^{t_0+T} p(t)dt = V_e I_e \cos\phi \tag{6.4}$$

上式で与えられる P_e は**実効電力**（effective power）と呼ばれる．

一方，電圧，電流の実効値の積 $V_e I_e$ は見掛け上の電力を表し，**皮相電力**（apparent power）P_a と呼ばれ，また式(6.3)の直交成分は平均すると 0 になるので，$V_e I_e \sin\phi$ を**無効電力**（reactive power）P_j と呼んでいる．

実効電力 P_e の単位を W とするのに対して，無効電力 P_j は Var（バール）（volt-ampere reactive power），皮相電力 P_a は VA（volt-ampere）を単位として，それぞれを区別している．

単に，電力というときは実効電力を意味する場合が多い．また，皮相電力，実効電力，無効電力の間には，つぎのような関係がある．

$$(V_e I_e)^2 = (V_e I_e \cos\phi)^2 + (V_e I_e \sin\phi)^2$$
$$(皮相電力)^2 = (実効電力)^2 + (無効電力)^2 \tag{6.5}$$

また，$\cos\phi$ は**力率**（power factor）と呼ばれ，よく用いられる定数であり，電力会社では力率を 1 に近づけるようシステムを構築している．

【例題 6.1】 式(6.1)の電圧を抵抗 R に加えたときの，R で消費される実効電力について考えよ．

〈解答〉 式(6.1)で与えられた電圧は，次式のように書き直すことができる．

$$v(t) = V_m \sin(\omega t + \theta) = V_m \cos\theta \sin\omega t + V_m \sin\theta \cos\omega t \equiv V_r \sin\omega t + V_j \cos\omega t \tag{6.6}$$

よって，抵抗に流れる電流 $i(t)$ は次式となる．

$$i(t) = \frac{V_r}{R}\cdot\sin\omega t + \frac{V_j}{R}\cdot\cos\omega t \tag{6.7}$$

よって，瞬時電力 $p(t)$ は

$$p(t) = v(t)i(t) = \frac{V_r^2}{R}\cdot\frac{1-\cos(2\omega t)}{2} + \frac{V_r V_j}{R}\cdot\sin(2\omega t) + \frac{V_j^2}{R}\cdot\frac{1+\cos(2\omega t)}{2} \tag{6.8}$$

したがって，実効電力 P_e は次式のように求められる．

$$P_e = \frac{1}{T}\int_0^T p(t)dt$$
$$= \frac{V_r^2}{2RT}\cdot\int_0^T \{1 - \cos(2\omega t)\}dt + \frac{V_r V_j}{RT}\cdot\int_0^T \sin(2\omega t)dt + \frac{V_j^2}{2RT}\cdot\int_0^T \{1 + \cos(2\omega t)\}dt$$
$$= \frac{V_r^2}{2R} + \frac{V_j^2}{2R} \equiv \frac{1}{R}\cdot(V_{r,e}^2 + V_{j,e}^2) \quad \therefore\ V_{r,e} \equiv \frac{V_r}{\sqrt{2}},\ V_{j,e} \equiv \frac{V_j}{\sqrt{2}}\ ;実効値 \tag{6.9}$$

つまり，この場合の P_e は抵抗 R で消費される電力を意味することになるが，この消費電力は sin 波の振幅 V_r による電力と cos 波の振幅 V_j による電力の和によることがわかる．

課題 6.1 式(6.3)の $p(t)$ から式(6.4)の最右辺の結果を誘導せよ．

課題 6.2 $R = 20\,\Omega$ の抵抗に実効値 $100\,\text{V}$ の正弦波電圧を加えたとき，抵抗で消費される実効電力 $P_{e,s}$ [W] はいくらか．また，加えた電圧が余弦波であるとしたら，$P_{e,c}$ [W] はいくらか．

課題 6.3 実効値がそれぞれ $100\,\text{V}$ である sin 波電圧源と cos 波電圧源を直列につなぎ，$R = 20\,\Omega$ の抵抗に加えた．このとき抵抗で消費される実効電力 P_e [W] はいくらか．

6.2 記号演算による電力の計算

ベクトル記号法（複素数）によって電力を求めることを考えてみよう．

4.1 節で勉強した記号法によれば，式(6.1)で表した電圧は，式(6.9)を参考にして $V_{r,e}$（$V_{j,e}$）を $\sin \omega t$（$\cos \omega t$）の振幅（実効値）とすると，次式のように記述できる．

$$v(t) = V_r \sin \omega t + V_j \cos \omega t \iff V = V_{r,e} + jV_{j,e}$$

$$\text{ただし，} V_{r,e} = \frac{V_r}{\sqrt{2}},\ V_{j,e} = \frac{V_j}{\sqrt{2}} \tag{6.10}$$

同様に，式(6.2)で表した電流も，次式のように $\sin \omega t$ と $\cos \omega t$ の項に分解できる．

$$i(t) = I_r \sin \omega t + I_j \cos \omega t \iff I = I_{r,e} + jI_{j,e}$$

$$\text{ただし，} I_{r,e} = \frac{I_r}{\sqrt{2}},\ I_{j,e} = \frac{I_j}{\sqrt{2}} \tag{6.11}$$

記号法による計算では，電力 P を $\overline{V}I$ によって求めることが定義されている．
これによれば，電力 P は次式となる．

$$P = \overline{V}I = (V_{r,e} - jV_{j,e})(I_{r,e} + jI_{j,e}) = (V_{r,e}I_{r,e} + V_{j,e}I_{j,e}) + j(V_{r,e}I_{j,e} - V_{j,e}I_{r,e})$$
$$\equiv P_e + jP_j \tag{6.12}$$

この電力 P は**複素電力**または**ベクトル電力**と呼ばれ，その実数部 P_e が**実効電力**，虚数部 P_j が**無効電力**を表していることになる．

式(6.12)より $\overline{P} = P_e - jP_j$ であることから，P_e は次式によっても求められる．

$$P_e = \frac{\overline{V}I + V\overline{I}}{2} = \frac{P + \overline{P}}{2} \tag{6.13}$$

前節の【例題 6.1】では，負荷が抵抗 R であったから，$I_{r,e} = V_{r,e}/R$，$I_{j,e} = V_{j,e}/R$ であることを考慮すると，実効電力 P_e，無効電力 P_j は，次式のように求めることができる．

$$P_e = V_{r,e}I_{r,e} + V_{j,e}I_{j,e} = \frac{V_{r,e}^2}{R} + \frac{V_{j,e}^2}{R},\quad P_j = V_{r,e}I_{j,e} - V_{j,e}I_{r,e} = \frac{V_{r,e}V_{j,e}}{R} - \frac{V_{j,e}V_{r,e}}{R} = 0$$
$$\tag{6.14}$$

上式より，P_e は電圧，電流の sin 成分あるいは cos 成分どうしの振幅（実効値）の積の和となる．また，$P_j = 0$ となり，【例題 6.1】の答えと合致していることが確認できる．ちなみ

に，単に，VとIを掛けただけでは，異なる値になってしまうことがわかるであろう．

図 **6.2** は，複素電力 P と実効電力 P_e，無効電力 P_j の関係を示したものである．複素電力 P の大きさ $|P|$ は

$$|P| = \sqrt{P_e^2 + P_j^2} = P_a \tag{6.15}$$

と，皮相電力 P_a を意味し，式(6.5)の関係が得られる．また，力率 $\cos\phi$ は

$$\cos\phi = \frac{P_e}{P_a} \tag{6.16}$$

となることもわかる．

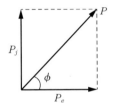

図 **6.2** 複素電力 P，実効電力 P_e，無効電力 P_j の関係

【例題 6.2】 図 **6.3** の回路について，皮相電力 P_a，実効電力 P_e，無効電力 P_j，力率 $\cos\phi$ を求めよ．ただし，$\omega = 1$ rad/s とする．

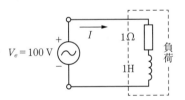

図 **6.3**

〈解答〉 電源から右側を見た全アドミタンス Y は

$$Y = \frac{1}{1+j} = 0.5(1-j) \text{ [S]}$$

よって

$$P = YV\overline{V} = 5\,000(1-j)$$

$$\therefore\ P_a = |P| = 5\sqrt{2} \text{ kVA},\ P_e = 5 \text{ kW},\ P_j = -5 \text{ kVar},\ \cos\phi = \frac{1}{\sqrt{2}} \cong 0.7$$

[ϕ が正（負）のとき，進み（遅れ）力率と呼ぶ．図 6.3：遅れ力率 0.7 の負荷をもつ回路]

6.3 電力にかかわる2・3の話題

6.3.1 電力の計測

交流電力の計測は，専用の測定器などのほか，三つの電圧計あるいは電流計を用いても実施できる．

図 **6.4** は，3 電流計法による電力測定系の構成を示している。負荷インピーダンス Z で消費される実効電力 P_e を求めるとき，既知の抵抗 R とその内部抵抗が十分小さい三つの電流計 A_1, A_2, A_3 を図のように接続する。このとき，各電流計に流れる電流には KCL よりつぎの関係があることがわかる。

$$I_1 = I_2 + I_3 \tag{6.17}$$

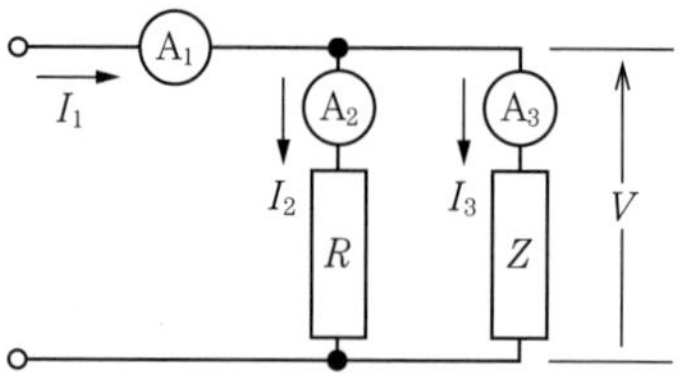

図 6.4 3 電流計法

また

$$I_1 \bar{I}_1 = (I_2 + I_3)(\bar{I}_2 + \bar{I}_3) = I_2 \bar{I}_2 + I_2 \bar{I}_3 + I_3 \bar{I}_2 + I_3 \bar{I}_3$$

$$\therefore \quad |I_1|^2 - |I_2|^2 - |I_3|^2 = I_2 \bar{I}_3 + I_3 \bar{I}_2$$

$$V = RI_2 \quad \therefore \quad I_2 = \frac{V}{R} \tag{6.18}$$

であること，および式 (6.13) の関係から，電流計の測定値によって実効電力 P_e を求めることができる。

$$|I_1|^2 - |I_2|^2 - |I_3|^2 = \frac{V\bar{I}_3 + I_3 \overline{V}}{R} = \frac{2P_e}{R}$$

$$\therefore \quad P_e = \frac{R(|I_1|^2 - |I_2|^2 - |I_3|^2)}{2} \tag{6.19}$$

6.3.2 インピーダンス整合

図 **6.5** は，内部インピーダンス Z_s をもつ電源 E_s に負荷インピーダンス Z_L をつないだ回路である。この回路で Z_L に供給される実効電力 P_e を最大にしようとした場合，Z_L をどのように定めればよいであろうか。

図 6.5 より

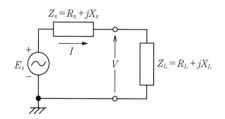

図 6.5 最大実効電力の計算

$$I = \frac{E_s}{Z_L + Z_s}, \quad V = Z_L I = \frac{Z_L}{Z_L + Z_s} E_s \implies P = I\overline{V} = P_e + jP_j$$

$$P = I\overline{V} = \frac{1}{Z_L + Z_s} \cdot \frac{\overline{Z_L}}{\overline{Z_L} + \overline{Z_s}} \cdot E_s \overline{E_s} = \frac{R_L - jX_L}{(R_L + R_s)^2 + (X_L + X_s)^2} |E_s|^2$$

$$\therefore \quad P_e = \frac{R_L}{(R_L + R_s)^2 + (X_L + X_s)^2} |E_s|^2 \tag{6.20}$$

ここで，式(6.20)では，$Z_s = R_s + jX_s$ と $Z_L = R_L + jX_L$ とした。

P_e は R_L と X_L の2変数をもつ関数であるが，R_L および X_L の取りうる数の範囲は，$0 \leq R_L$，$-\infty \leq X_L \leq \infty$ である。

いま，P_e を最大にすることが目的であるから，X_L の影響については分母のみにあるので

$$X_L + X_s = 0 \quad \therefore \quad X_L = -X_s \tag{6.21}$$

とすればよいことがわかる。このとき，P_e は R_L の関数となるので

$$P_e = \frac{R_L}{(R_L + R_s)^2} |E_s|^2$$

$$\frac{dP_e}{dR_L} = \frac{(R_L + R_s)^2 - 2R_L(R_L + R_s)}{(R_L + R_s)^4} |E_s|^2 = \frac{R_s - R_L}{(R_L + R_s)^3} |E_s|^2 = 0$$

$$\therefore \quad R_L = R_s \tag{6.22}$$

よって，Z_L の実効電力 P_e を最大とするのは

$$Z_L = R_s - jX_s \tag{6.23}$$

のときで，この条件を満たすとき**インピーダンス整合**を満たしているという。

このとき，P_e の最大値 $P_{e,\max}$ は，次式のように求められる。

$$P_{e,\max} = \frac{|E_s|^2}{4R_s} \tag{6.24}$$

いま，**図 6.6** のような内部抵抗 R_s をもつ電源から負荷抵抗 R_L（$\neq R_s$）に最大電力を供給することについて考える。

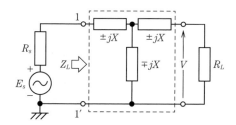

図 6.6 リアクティブ・インバータによるインピーダンス整合

図に示すように，破線内のリアクタンス素子のみによる回路（リアクティブ・インバータ）を介して，端子 1-1′ より右側を見たインピーダンス Z_L が $Z_L = R_s$ となれば，インピーダン

ス整合条件を満たすことになる。このとき，リアクタンス素子では電力損失が発生しないため，終端負荷 R_L に最大電力を供給できることになる。

図6.6より，Z_L を求めると

$$Z_L = \pm jX + \frac{\mp jX(R_L \pm jX)}{\mp jX + R_L \pm jX} = \pm jX + \frac{\mp jXR_L + X^2}{R_L} = \frac{X^2}{R_L} \tag{6.25}$$

となるので，$Z_L = R_s$ より

$$X = \sqrt{R_s R_L} \tag{6.26}$$

となるようなリアクタンス X に設定すればよいことがわかる。

［課題 6.4］ 図6.6で R_s が $Z_s = R_s + jX_s$，かつ，負荷抵抗 R_L（$\neq R_s$）である場合，R_L の電力を最大にするためには，破線内の回路はどのような構成とすればよいか，考えてみよ。

6.3.3 力率改善

力率 $\cos\phi$ は，実効電力と皮相電力の比によって定義されていることを6.2節で学んだ。また，式(6.15)で，皮相電力は実効電力と無効電力の2乗和の平方根によって表されることを知った。

力率改善とは，力率を1に近づけるように働きかける用語として使われる言葉であるが，特に電力系統では重要視される。

図 6.7 は，電圧源 V によって電力を供給したときのインピーダンス Z における（複素）電力 P を考察するための簡単化した回路図である。このとき，$P(=P_e + jP_j)$ は

$$P = I\overline{V} = I I \overline{Z} = \overline{Z}|I|^2 \tag{6.27}$$

となるから，P_e と P_j は Z によって決まることがわかる。

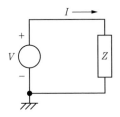

図 6.7 インピーダンス Z における複素電力

$Z = R$ ならば $P_j = 0$ であり，$P_a = P_e$ より，$\cos\phi = 1$ となる。すなわち，電圧源から供給された電力がすべて実効電力として消費されることがわかる。一方，$Z = jX$ ならば $P_e = 0$（つまり，$P_a = P_j$）となるから，$\cos\phi = 0$ となる。この場合，電圧源から供給された電力がすべて無効電力となり，エネルギーとして蓄えられていることになる。

したがって，$\cos\phi < 1/\sqrt{2}$ とは，$\text{Re}(Z)$ で消費される電力 P_e より $\text{Im}(Z)$ で蓄えられる電力

P_j のほうが大きい負荷 Z がつながっていることを意味する。

無効電力が異なる二つの回路で，同じ実効電力を取り出そうとしたとき，$P_a = P_e/\cos\phi$ であるから，無効電力が大きい回路ではより大きな P_a が必要になる。つまり，同じ仕事をさせるのに，より大きな設備を必要とすることになり，特に大電力を扱う電力系統では $\cos\phi$ を 1 に近づける技術が必要とされる。

【例題 6.3】 図 **6.8** のように，電源電圧 200 V に，遅れ力率 0.6，消費電力 5 kW の負荷が接続されている回路がある。これに並列にコンデンサ C を接続して全体の力率を 0.9（遅れ）に改善することを考えた。必要な C の皮相電力はいくらか。

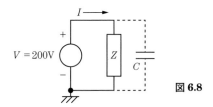

図 **6.8**

〈解答〉　まず，C が接続される前の電力は

$$P = \overline{V}I = \frac{\overline{V}V}{Z} = \frac{|V|^2}{Z} = |V|^2 \frac{1}{R+jX} = \frac{R-jX}{R^2+X^2}|V|^2 = P_e + jP_j$$

$X>0$ では，$P_e>0$，$P_j<0$ となり，P, P_e, P_j の関係は図 **6.9** のようになる。

ここで，$P_a = |P| = \sqrt{P_e^2 + P_j^2}$，$P_e = P_a \cos\phi$，$P_j = P_a \sin\phi$ である。

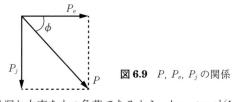

図 **6.9**　P, P_e, P_j の関係

題意より，この回路は遅れ力率をもつ負荷であるから，$\phi = -\tan^{-1}(X/R) < 0$ となる。また，$P_e = 5$ kW，$\cos\phi = 0.6$ より

$$P_e = 5 \text{ kW} = 200 \times I_e \cos\phi = 200 \times I_e \times 0.6 \quad \therefore\ I_e = \frac{5\,000}{120} \cong 41.7 \text{ A}$$

よって，$\sin\phi = -\sqrt{1-\cos^2\phi} = -0.8$ より

$\therefore\ P_j \cong 200 \times 41.7 \times (-0.8) = -6\,666$ Var

コンデンサ C を接続した場合，C の皮相電力を P_j' とすると，全体の複素電力 P は

$$P' = P_e + j(P_j + P_j') \quad \therefore\ P_j' > 0$$

であり，この場合の力率 $\cos\phi'$ は

$$\cos\phi' = \frac{P_e}{\sqrt{P_e^2 + (P_j + P_j')^2}} = 0.9 \quad \therefore\ \left(\frac{P_e}{0.9}\right)^2(1-0.9^2) = (P_j + P_j')^2$$

改善しても，遅れ力率 $(P_j + P_j') < 0$ であるから

$$-\left(\frac{P_e}{0.9}\right)\sqrt{1-0.9^2} = (P_j + P_j')$$

よって

$$P_j' = -P_j - \left(\frac{P_e}{0.9}\right)\sqrt{1-0.9^2} \cong 6\,666 - \frac{5\,000}{0.9} \times 0.436 = 4\,244 \text{ VA}$$

章末問題

【6.1】 問図 6.1 の回路について，P_e, P_j, P_a および力率 $\cos\phi$ を求めよ。ただし，$\omega = 1 \text{ rad/s}$ とする。

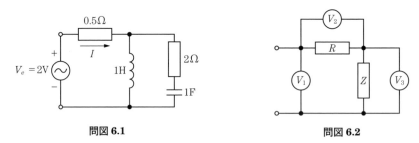

問図 6.1　　　　　　　　　　　問図 6.2

【6.2】 問図 6.2 の回路は，既知の抵抗 R と三つの電圧計により Z の実効電力 P_e を計測する構成を示している。どのように電圧計の指示値 $|V_i|$ ($i=1,2,3$) から P_e が求められるのかを示せ。

【6.3】 問図 6.3 は，内部インピーダンス Z_s，電源 E_s に負荷インピーダンス Z_L ($=R_L+jX_L$) をつないだ回路である。この回路で Z_L に供給される実効電力 P_e を最大にしたい。つぎの Z_L の状態に対して P_e が最大 $P_{e,\max}$ となるための Z_L およびそのときの $P_{e,\max}$ を求めよ。

（1） Z_L ($=R_L+jX_L$) を任意に変化できるとしたときの $P_{e,\max}$ とする Z_L の値と $P_{e,\max}$ を求めよ。

（2） Z_L が可変抵抗 R_L ($X_L=0$) のときの $P_{e,\max}$ とする R_L の値と $P_{e,\max}$ を求めよ。

（3） $X_L/R_L=k$ (k：一定) で Z_L が変化するときの Z_L の値と $P_{e,\max}$ を求めよ。

（4） $E_s=100$ V，$Z_s=12+j16$ Ω とした場合，上記の（1）～（3）の $P_{e,\max}$ とそのときの Z_L の値を求めよ。ただし，（3）については $k=4$ とする。

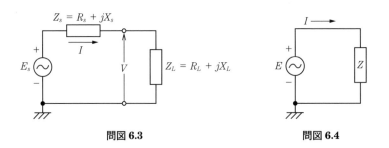

問図 6.3　　　　　　　　　　　問図 6.4

【6.4】 問図 6.4 のように，未知の負荷 Z ($=R+jX$) に $E=200$ V の電圧を加えたところ，大きさ 40 A の電流 I が流れ，実効電力 P_e が 4.8 kW であったという。Z を求めよ。ただし，Z は遅れ力率を発生する負荷であるとする。また，このときの無効電力 P_j，皮相電力 P_a，力率 $\cos\phi$ も求めよ。

7 線形解析の法則・原理

線形回路とは入力量と出力量が比例関係となる回路のことであり、例えば抵抗は、印加する電圧と流れる電流の関係はオームの法則に従い、電圧値と電流値には比例関係があるため線形回路素子である。同様にコイル、コンデンサの電圧・電流特性もそれぞれのインピーダンスに比例するため線形素子である。一方、電子回路で用いられるダイオード、トランジスタなどの半導体素子は非線形回路素子に分類される。

本章では、線形回路の回路解析を行ううえで有用となる種々の法則と原理について学ぶ。

7.1 重ね合わせの理

図 7.1 のように、複数の電源をもつ回路を考える。2 章のキルヒホッフの法則では、回路に存在するすべての電源を同時に考慮して閉路方程式を解くことにより、各部の電圧および電流を求めた。しかし、線形回路のみで構成された回路であれば、同時にすべての電源を考慮しなくとも、個々の電源のみが存在する回路について電圧および電流を求め、それらの値の総和から複数の電源を同時に考慮した場合と同一の解析結果が得られる。これを**重ね合わせの理**という。このような考え方は、すでに閉電流解析のループ電流から各枝路の電流を求める際に使っているが、ここではすべての電源を個別に分けて考えていく。重ね合わせの理を使った回路解析で注意する点は、電源の取扱い方である。ある一つの電源に着目したとき、考慮しないその他の電源について、**電圧源**は内部インピーダンスが 0 のため**短絡**、**電流源**は内部インピーダンスが無限大であるため**開放**とする。

重ね合わせの理を用いた具体例を以下の例題で示す。

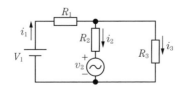

図 7.1 複数の電源をもつ回路

【例題 7.1】 図 7.1 の回路の各部の電流を重ね合わせの理を用いて算出せよ。

〈**解答**〉 この回路には直流電圧源と交流電圧源の二つの電圧源が存在するため，**図 7.2** に示す二つの回路を考え，各部の電圧・電流をそれぞれ求めた後に結果を加算すればよい。図 7.2（a），（b）における各部の電流をそれぞれ I_1', I_2', I_3', i_1'', i_2'', i_3'' とした場合，i_1, i_2, i_3 は次式となる。

$$i_1 = I_1' + i_1'' \tag{7.1}$$

$$i_2 = I_2' + i_2'' \tag{7.2}$$

$$i_3 = I_3' + i_3'' \tag{7.3}$$

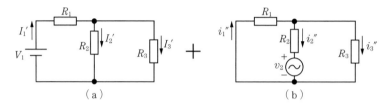

図 7.2 重ね合わせの理による解法

図 7.2（a）について各部の電流は

$$I_1' = \frac{V_1}{R_1 + R_2 /\!/ R_3} = \frac{V_1}{R_1 + \dfrac{R_2 R_3}{R_2 + R_3}} = \frac{(R_2 + R_3)V_1}{R_1 R_2 + R_2 R_3 + R_3 R_1} \tag{7.4}$$

$$I_2' = \frac{R_3}{R_2 + R_3} I_1' = \frac{R_3 V_1}{R_1 R_2 + R_2 R_3 + R_3 R_1} \tag{7.5}$$

$$I_3' = \frac{R_2}{R_2 + R_3} I_1' = \frac{R_2 V_1}{R_1 R_2 + R_2 R_3 + R_3 R_1} \tag{7.6}$$

図 7.2（b）についても同様に電流を求めると

$$i_2'' = \frac{-v_2}{R_2 + R_1 /\!/ R_3} = \frac{-v_2}{R_2 + \dfrac{R_1 R_3}{R_1 + R_3}} = \frac{-(R_1 + R_3)v_2}{R_1 R_2 + R_2 R_3 + R_3 R_1} \tag{7.7}$$

$$i_1'' = \frac{R_3}{R_1 + R_3} i_2'' = \frac{-R_3 v_2}{R_1 R_2 + R_2 R_3 + R_3 R_1} \tag{7.8}$$

$$i_3'' = \frac{-R_1}{R_1 + R_3} i_2'' = \frac{R_1 v_2}{R_1 R_2 + R_2 R_3 + R_3 R_1} \tag{7.9}$$

が得られる。したがって，図 7.1 の各部を流れる電流は次式となる。

$$i_1 = I_1' + i_1'' = \frac{(R_2 + R_3)V_1 - R_3 v_2}{R_1 R_2 + R_2 R_3 + R_3 R_1} \tag{7.10}$$

$$i_2 = I_2' + i_2'' = \frac{R_3 V_1 - (R_1 + R_3)v_2}{R_1 R_2 + R_2 R_3 + R_3 R_1} \tag{7.11}$$

$$i_3 = I_3' + i_3'' = \frac{R_2 V_1 + R_1 v_2}{R_1 R_2 + R_2 R_3 + R_3 R_1} \tag{7.12}$$

課題 7.1 図 7.3 の回路の V_{R2} と I_{R3} を，重ね合わせの理を用いて求めよ．

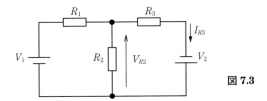

図 7.3

課題 7.2 図 7.1 の回路について，重ね合わせの理以外の方法で i_1, i_2, i_3 を求め，式 (7.10)〜(7.12) の結果と一致することを確認せよ．

課題 7.3 図 7.1 の回路について，抵抗をすべて $1\,\Omega$ とし，$V_1 = 6\,\mathrm{V}$，$v_2 = 3\sin\omega t\,[\mathrm{V}]$ のとき，i_1〜i_3 の波形を，縦軸：電流 i，横軸：時刻 t として描け．

つぎに，電圧源と電流源をもつ回路について重ね合わせの理を用いて回路解析を行う．

図 7.4 に示す直流電流源と直流電圧源からなる回路について，重ね合わせの理を用いると，図 7.5 のように回路を分けることができる．

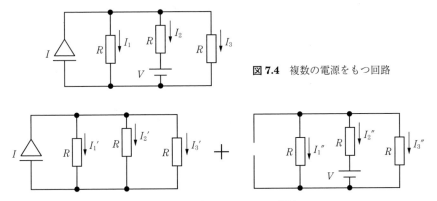

図 7.4　複数の電源をもつ回路

図 7.5　重ね合わせの理による解法

電流源のみの回路について各部の電流を求めると，三つの抵抗値はすべて等しいため

$$I_1' = I_2' = I_3' = \frac{I}{3} \tag{7.13}$$

電圧源のみの回路について各部の電流を求めると

$$I_1'' = \frac{V}{3R} \tag{7.14}$$

$$I_2'' = -\frac{V}{1.5R} \tag{7.15}$$

$$I_3'' = \frac{V}{3R} \tag{7.16}$$

であるから，重ね合わせの理より式(7.17)～(7.19)となる。

$$I_1 = I_1' + I_1'' = \frac{1}{3}\left(I + \frac{V}{R}\right) \tag{7.17}$$

$$I_2 = I_2' + I_2'' = \frac{1}{3}\left(I - \frac{2V}{R}\right) \tag{7.18}$$

$$I_3 = I_3' + I_3'' = \frac{1}{3}\left(I + \frac{V}{R}\right) \tag{7.19}$$

課題 7.4 図 7.6 の回路について，重ね合わせの理を用いて V_{R2} と I_{R3} を求めよ。

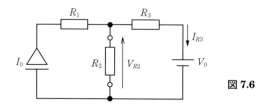

図 7.6

7.2 電源の等価変換と鳳・テブナンの定理

7.2.1 電源の等価変換

これまでに直流電圧源・電流源，交流電圧源・電流源を扱った。通常，われわれの身の周りにある電源の多くは公称電圧値が規定されており，例えば乾電池であれば 1.5 V，商用電源，いわゆる家庭のコンセントには実効値 100 V の電圧が配電されており，これらは電圧源に分類される。一方，太陽電池は負荷が重い場合には，電流源の特性を有している。両者の電源は一見するとまったく異なる特性を有しているように思われるが，実際にはこれらの等価回路は同一で，相互に変換可能である。

図 7.7(a)に示す電圧源と図(b)に示す電流源が等価となる条件を考えてみる。この電源は両者ともに等しい内部インピーダンス Z を有している。この二つの回路が等価であるためには，電源の出力に負荷抵抗を接続したときに印加される電圧または，流れる電流が等しくなければならない。そこで，**図 7.8** に示すように，図 7.7 の回路に負荷インピーダンス Z_L を接続し，それぞれの回路の電圧 v_L，電流 i_L を求めると，式(7.20)，(7.21)の関係を得る。

$$v_L = \frac{Z_L}{Z + Z_L} v_0 = \frac{ZZ_L}{Z + Z_L} i_0 \tag{7.20}$$

$$i_L = \frac{v_0}{Z + Z_L} = \frac{Z}{Z + Z_L} i_0 \tag{7.21}$$

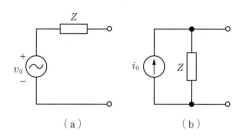

図 7.7 電源の等価変換

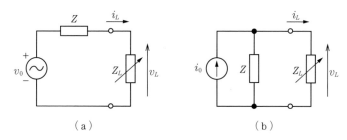

図 7.8 図 7.7 の回路に負荷インピーダンス Z_L をつなげた場合の電圧 v_L と電流 i_L

式(7.20),(7.21)に着目すると

$$v_0 = Zi_0 \quad \text{または,} \quad i_0 = \frac{v_0}{Z} \tag{7.22}$$

のとき,v_L,i_L が等しくなり,電圧源と電流源が等価となることが示された。式(7.22)の関係は,電源の内部インピーダンスが等しければ電圧源 v_0 と電流源 i_0 が互いにオームの法則で変換可能なことを表している。

以上より,理想電圧源と直列に内部インピーダンスをもつ電源は,理想電流源と並列に内部インピーダンスをもつ電源と等価変換可能であり,その関係はオームの法則に従うことがわかる。

課題 7.5 図 7.9 の回路について,電源の等価変換を繰り返し用いて電流 i を求めよ。

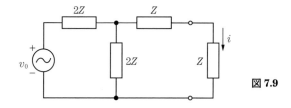

図 7.9

7.2.2 鳳・テブナンの定理

重ね合わせの理と電源の等価変換を理解すると,線形回路において,ある回路内に存在す

るすべての電源とすべてのインピーダンスをそれぞれ一つに合成しうることが想像できる。いい換えると，ある回路網内部の任意の2点からその回路を見た場合，回路網内にあるすべての電源と，すべてのインピーダンスをそれぞれ一つに合成した簡単な等価回路として表現可能であるといえる。

例えば，**図7.10**(a)に示すような電源とインピーダンスを複数もつ内部の接続がわからない回路（このような回路をブラックボックス，暗箱と呼ぶ）があるとする。この回路の任意の2端子間から信号を取り出すことを考えた場合，その2端子間から回路側を見た合成インピーダンス Z_T と開放端電圧 v_T がわかれば，ブラックボックスを図7.10(b)の等価回路として扱うことができる。これを**鳳・テブナンの定理**と呼ぶ。

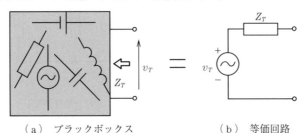

（a） ブラックボックス　　　　（b） 等価回路

（v_T は直流・交流両方を含んでいてもかまわないが，便宜上，交流電源の記号とした。）

図7.10　鳳・テブナンの定理

【例題 7.2】　図7.11に示した回路を用いて鳳・テブナンの定理について考えよ。

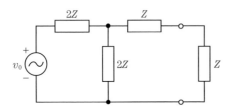

図7.11　鳳・テブナンの定理の例題

コラム　鳳・テブナンの定理の応用

すでに実際の電圧源は理想電圧源と内部抵抗の直列接続で表現できることは学んだが，例えば電源装置について考えてみると，鳳・テブナンの定理が容易に理解できる。直流電源は100Vの交流電圧から任意の直流電圧を作り出し出力しているが，これを実現するためには，内部に交流電圧を降圧するための変成器（トランス），交流を直流に変換する整流回路，直流電圧を安定化するための制御回路などの複雑な構成をしている。しかし，われわれは内部の回路がどのようになっているか特に気にすることなく，単純に電圧源と直列に内部抵抗があるものとして扱っている。本来であれば電源内部の回路図は複雑であるが，鳳・テブナンの定理が成り立つことから回路図上で電源を表すとき簡単な回路で表現し，回路の解析・設計に役立てている。

〈解答〉 端子から左側の回路に鳳・テブナンの定理を用いて回路を簡単にするためには，いったん端子で回路を切り離し，開放端電圧と端子から左側の回路を見た合成インピーダンスがわかればよい．負荷 Z を切り離した回路図は図 7.12 となり，開放端電圧 v_T と端子から左側を見た合成インピーダンス Z_T はそれぞれ

$$v_T = \frac{v_0}{2} \tag{7.23}$$

$$Z_T = Z + 2Z \mathbin{/\mkern-6mu/} 2Z = 2Z \tag{7.24}$$

と求まる．したがって，図 7.11 の回路は図 7.13 と等価となる．

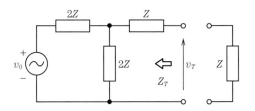

図 7.12　開放端電圧と開放端から見た合成インピーダンス

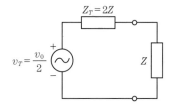

図 7.13　鳳・テブナンの定理から得られた等価回路

課題 7.6　図 7.12 の回路を電源の等価変換により簡単にした結果が，鳳・テブナンの定理で求めた等価回路と等しくなることを確認せよ．

課題 7.7　図 7.14 の回路について，端子から電源側を見た回路を鳳・テブナンの定理により等価変換せよ．このとき，抵抗 R_4 に生じる電圧 v_4 を求めよ．

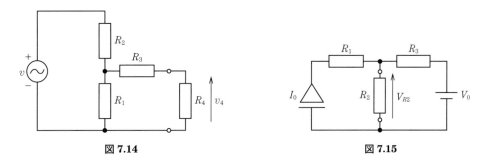

図 7.14　　　　　　　　　図 7.15

課題 7.8　図 7.15 の回路について，抵抗 R_2 の両端の端子から見た回路に鳳・テブナンの定理を用いて簡単にし，V_{R2} を求めよ．

7.3　節 電 圧 解 析

2 章で閉路内の電流を求める方法として，閉電流解析を学んだ．この方法は閉ループを見つけ出し，各ループの電流値を変数とした KVL の式を用いて連立方程式を解く手法であった．

これに対し，各素子の節点における電圧を変数として KCL の式を立て連立方程式を解く

手法が**節電圧解析**である。閉電流解析では閉路と電流を用いたが，節電圧解析では節点と電圧を用いて計算するため，双対の関係である。閉電流解析ではすべての電源を電圧源，すべての素子をインピーダンスで表現したが，節電圧解析ではすべての電源を電流源，すべての素子をアドミタンスとして表現し，解く。以下に，節電圧解析の手順を示す。

① すべての電源を定電流源で表現する。
② すべての回路素子をアドミタンスで表現する。
③ 一つの節点を基準点とし，その電位を 0 V とする。
④ ほかの節点の電圧を未知数とし，節電圧方程式を立てる。

つぎの例題で，節電圧解析の例を示す。

【例題 7.3】 図 7.16 の回路を例に，節電圧解析により電圧 V_a, V_b を求めよ。

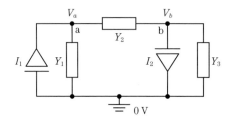

図 7.16　節電圧解析の例題

〈解答〉 すでに手順①，②，③の条件を満たしていることから，節点 a, b における KCL の式を立てると次式が得られる（左辺は流入する電流，右辺は流出する電流を正とした）。

$$I_1 = Y_1 V_a + Y_2(V_a - V_b) \tag{7.25}$$

$$-I_2 = Y_2(V_b - V_a) + Y_3 V_b \tag{7.26}$$

これを整理して行列式で表現したものが式(7.27)である。

$$\begin{pmatrix} Y_1 + Y_2 & -Y_2 \\ -Y_2 & Y_2 + Y_3 \end{pmatrix} \begin{pmatrix} V_a \\ V_b \end{pmatrix} = \begin{pmatrix} I_1 \\ -I_2 \end{pmatrix} \tag{7.27}$$

したがって

── コラム　閉電流解析と節電圧解析の使われ方 ──

ここまで閉電流解析と節電圧解析を学んだが，どちらを用いて計算すればよいであろうか。閉電流解析は回路図を見て閉ループを見つければよいため，人が解く場合には一目でわかりやすい。一方，素子数が数万個を超えるような集積回路の場合，その回路全体の電圧・電流を人が求めるのは現実的ではないため，計算機を用いた回路シミュレータによって回路解析を行うわけであるが，通常の回路シミュレータは回路素子の端子どうしが接続されているという情報をもとに計算を行っており，閉ループを見つけ出す必要はないため，節電圧解析を用いたほうが都合がよい。

$$V_a = \frac{\begin{vmatrix} I_1 & -Y_2 \\ -I_2 & Y_2 + Y_3 \end{vmatrix}}{\begin{vmatrix} Y_1 + Y_2 & -Y_2 \\ -Y_2 & Y_2 + Y_3 \end{vmatrix}} = \frac{Y_2(I_1 - I_2) + Y_3 I_1}{Y_1 Y_2 + Y_2 Y_3 + Y_3 Y_1} \tag{7.28}$$

$$V_b = \frac{\begin{vmatrix} Y_1 + Y_2 & I_1 \\ -Y_2 & -I_2 \end{vmatrix}}{\begin{vmatrix} Y_1 + Y_2 & -Y_2 \\ -Y_2 & Y_2 + Y_3 \end{vmatrix}} = \frac{Y_2(I_1 - I_2) - Y_1 I_2}{Y_1 Y_2 + Y_2 Y_3 + Y_3 Y_1} \tag{7.29}$$

閉電流解析と同様に,節電圧解析も機械的に連立方程式を立式することが可能である。式 (7.27) のアドミタンス行列と図 7.16 を見比べるとわかるように,i 行 i 列には節点 i に接続されているアドミタンスの総和,i 行 j 列には節点 i と節点 j に接続されているアドミタンスに負号をつけたものとなる。また,電圧行列は i 行に節点 i の電位,電流行列は i 行に節点 i につながる電流源の値が入る(符号は流れ込む向きが正)。

課題 7.9 図 7.17 の回路の V_a, V_b を求めよ。

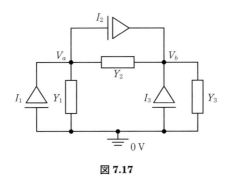

図 7.17

7.4 ノートンの定理

ある回路網について,その任意の 2 端子から回路を見たとき,その回路は電圧源とインピーダンスの直列接続で表現できることを鳳・テブナンの定理で学んだ。電圧源と電流源は等価変換可能であるから,これを電流源とアドミタンス(またはインピーダンス)の並列接続で表すことも当然可能であり,これを**ノートンの定理**と呼ぶ。ノートンの定理では,内部電源を電流源で表すため,**図 7.18**(a)に示すように,2 端子間の短絡電流 i_N と開放端から見たアドミタンス Y_N(またはインピーダンス Z_N)がわかれば,図(b)の等価回路として回路を表現できる。

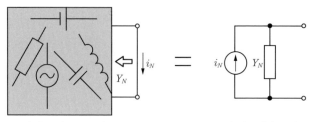

（a） ブラックボックス　　　　　（b） 等価回路

（i_N は直流・交流両方を含んでいてもかまわないが，便宜上，交流電源の記号とした。）

図 **7.18**　ノートンの定理

【例題 **7.4**】 図 **7.19** の回路について，端子から左側の回路にノートンの定理を用いて示せ。

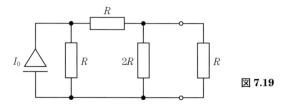

図 **7.19**

〈解答〉 2 端子間の短絡電流 I_N は図 **7.20** より

$$I_N = \frac{I_0}{2} \tag{7.30}$$

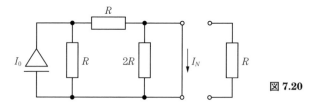

図 **7.20**

また，開放端から見たアドミタンス Y_N は

$$Y_N = \frac{1}{2R \mathbin{/\mkern-6mu/} (R+R)} = \frac{1}{R} \tag{7.31}$$

であるから，図 **7.21** がノートンの定理を用いて回路を簡単にした結果となる。また，アドミタンスの逆数がインピーダンスであるから，図 7.21 の回路は図 **7.22** のようにも描ける。これは，図 7.19 の回路を鳳・テブナンの定理で簡単にしたのち，電圧源と電流源を等価変換した結果と同一である。

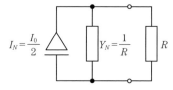

図 **7.21**　アドミタンスで表現

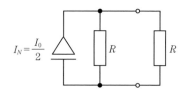

図 **7.22**　インピーダンスで表現

課題 7.10 図 7.19 の回路を，端子から左側部分に鳳・テブナンの定理を用いて電圧源と抵抗で表現せよ．また，電源の等価変換を用いた結果がノートンの定理の結果と一致することを示せ．

章　末　問　題

【7.1】 問図 7.1 の回路について，電圧 v_{OUT} を求めよ．

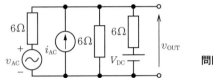

問図 7.1

【7.2】 問図 7.1 の回路について，v_{OUT} の波形をグラフ上に描け．ただし，$v_{\text{AC}} = 6\sin\omega t$ 〔V〕，$i_{\text{AC}} = 0.5\sin\omega t$ 〔A〕，$V_{\text{DC}} = 3\,\text{V}$ とする．

【7.3】 鳳・テブナンの定理を用いて，問図 7.2 の回路を端子 a–a′ から見たときの等価回路を示せ．

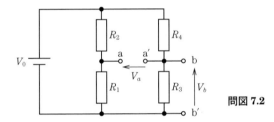

問図 7.2

【7.4】 鳳・テブナンの定理を用いて，問図 7.2 の回路を端子 b–b′ から見たときの等価回路を示せ．

【7.5】 問図 7.3 の V_a, V_b, V_c の電位を求めよ．

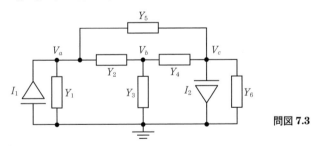

問図 7.3

【7.6】 ノートンの定理を用いて，問図 7.2 の回路を端子 a–a′ から見たときの等価回路を示せ．

【7.7】 ノートンの定理を用いて，問図 7.2 の回路を端子 b–b′ から見たときの等価回路を示せ．

8 種々の回路例

本章では,これまでに学んだ回路理論を用いて,種々の実用的な回路について用途の説明や特性解析を行う。また,特別な形状の回路について解析手法や等価変換・等価回路について学ぶ。

8.1 交流ブリッジ

図 8.1 に示すような電源と四辺のインピーダンスからなる回路をブリッジ回路と呼び,周波数測定や,未知のインピーダンスを高精度に計測するためによく用いられる。ブリッジ回路で各種計測を行う場合,接続した検流計 G に電流が流れない状態で使用することが基本となり,検流計 G に電流が流れていない状態を**平衡状態**と呼ぶ。平衡時は検流計の両端の電位差が 0 となるときであるから

$$\frac{Z_3}{Z_1 + Z_3} v = \frac{Z_4}{Z_2 + Z_4} v \tag{8.1}$$

となる。この式を整理すると,平衡条件として次式を得る。

$$Z_1 Z_4 = Z_2 Z_3 \tag{8.2}$$

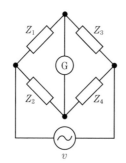

図 8.1 ブリッジ回路

ブリッジ回路の対向する辺のインピーダンス積どうしが等しければ,平衡条件を満たす。未知のインピーダンス Z_1 の値を測定する場合,既知のインピーダンス $Z_2 \sim Z_4$ を調整し,ブリッジ回路が平衡したときの $Z_2 \sim Z_4$ の値を式(8.2)に代入することで Z_1 が求まる。このと

き,電流の値を読み取るのではなく,検流計 G に電流が流れないことさえ検出すればよいため,検流計の精度によらずインピーダンスが計測できる(測定精度は既知のインピーダンスの精度によって決まるが,この点については電気計測に関わる書籍を参照されたい)。

具体的なブリッジ回路の例について,以降で説明する。

8.1.1 ホイートストンブリッジ

最も簡単なブリッジ回路として,直流抵抗の測定に用いられるホイートストンブリッジを図 8.2 に示す。標準抵抗器などの高精度な抵抗を R_2, R_3, R_4 に使用し,それらの抵抗値は既知とする。ここで,R_2 を調整し平衡状態にすることで,未知の抵抗 R_x は次式で求めることができる。

$$R_x = \frac{R_2 R_3}{R_4} \tag{8.3}$$

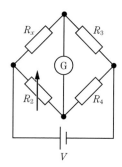

図 8.2 ホイートストンブリッジ

8.1.2 ウィーンブリッジ

図 8.3 に示す回路はウィーンブリッジと呼ばれ,抵抗とコンデンサの値から電源の周波数を測定できる。四辺のインピーダンス $Z_1 \sim Z_4$ は,それぞれ次式となる。

$$Z_1 = R_1, \ Z_2 = R_2, \ Z_3 = R_3 + \frac{1}{j\omega C_3}, \ Z_4 = R_4 \mathbin{/\mkern-5mu/} \frac{1}{j\omega C_4} \tag{8.4}$$

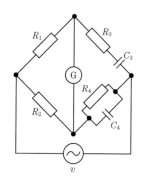

図 8.3 ウィーンブリッジ

式(8.4)から実部と虚部について，それぞれ平衡条件を求めると式(8.5), (8.6)を得る。

$$\omega^2 = \frac{1}{R_3 R_4 C_3 C_4} \tag{8.5}$$

$$\frac{R_1}{R_2} = \frac{C_4}{C_3} + \frac{R_3}{R_4} \tag{8.6}$$

課題 8.1 式(8.5), (8.6)を導出せよ。

課題 8.2 図 8.4 の回路はマクスウェルブリッジと呼ばれ，未知のインピーダンス測定に用いられるブリッジ回路である。平衡条件から，未知のコイルのインピーダンス（インダクタンス L_x, 内部抵抗 R_x）を求める式を導出せよ。

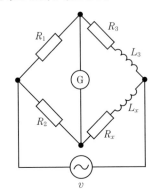

図 8.4 マクスウェルブリッジ

8.2 特別な形をした回路の全インピーダンス

8.2.1 対称形回路

回路解析において最も基本的な解法は，オームの法則，キルヒホッフの法則に従って回路方程式を解くことである。しかし，回路形状によっては，その対称性を利用してより簡単な形に変形して解くことが可能になる。例えば，**図 8.5**(a)に示す回路の端子 A-B 間の合成インピーダンスについて考えてみる。この回路は前節で学んだブリッジ回路そのものであるが，この回路の全インピーダンスを求めるためには，電源 v を接続したとき流れる電流 i からオームの法則で算出できるため，図(b)の回路を考えればよい。

この回路について，A-C-B の電流経路と A-D-B の電流経路では回路が対称のため，それぞれの経路を流れる電流値は等しい。このため，Z_3 がいかなる値でも点 C と点 D の電位は等しくなり，Z_3 には電流が流れない。すなわち，Z_3 を開放とした場合〔**図 8.6**(a)〕も短絡とした場合〔図(b)〕も同一の合成インピーダンスとなる。このことから，**等電位点どうしはその間を短絡しても開放しても不変である**ことがわかる。この性質を利用すると回路形状

8.2 特別な形をした回路の全インピーダンス　85

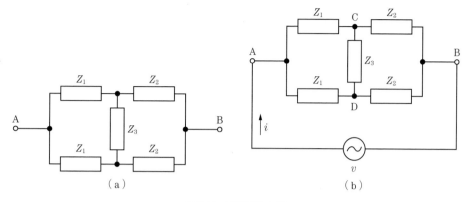

図 8.5　対称回路の例

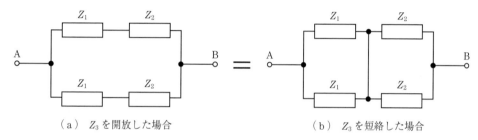

（a）Z_3 を開放した場合　　　　　　　　（b）Z_3 を短絡した場合

図 8.6　対称回路の変形

によっては解析が容易になる．図 8.6 のインピーダンス Z_3 を短絡した場合と開放したときのインピーダンスはそれぞれ次式となり，当然等しくなる．

$$R_{AB,\,\text{open}} = (Z_1 + Z_2) \mathbin{/\!/} (Z_1 + Z_2) = \frac{Z_1 + Z_2}{2} \tag{8.7}$$

$$R_{AB,\,\text{short}} = (Z_1 \mathbin{/\!/} Z_1) + (Z_2 \mathbin{/\!/} Z_2) = \frac{Z_1 + Z_2}{2} \tag{8.8}$$

つぎに，**図 8.7** の回路について，点 c–g 間の合成インピーダンス Z_{all} を求めてみる．この回路も対称形状であるから，点 a, e, i の 3 点は同電位であり，短絡しても合成インピーダンスは変わらない．このため，**図 8.8**（a）の回路と等価で端子 a–e–i で回路を二つに分割できる〔図（b）〕．分割した回路の c–e 間と e–g 間のインピーダンスは等しいから，c–e 間の合成インピーダンスを 2 倍したものが Z_{all} となる．ここでさらに，c–e 間の回路に着目すると，c–e を結ぶ直線で回路を折り返した対称形をしているため，図（c）の c′–e′ 間のインピーダンスが並列に接続されていることがわかる．c′–e′ 間のインピーダンスを $Z_{c'e'}$ と置けば，Z_{all} は次式で求まる．

$$Z_{\text{all}} = 2Z_{ce} = 2\frac{Z_{ce'}}{2} = Z + Z \mathbin{/\!/} Z = 1.5Z \tag{8.9}$$

86   8. 種々の回路例

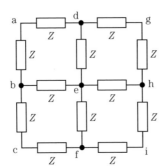

図 8.7　対称回路

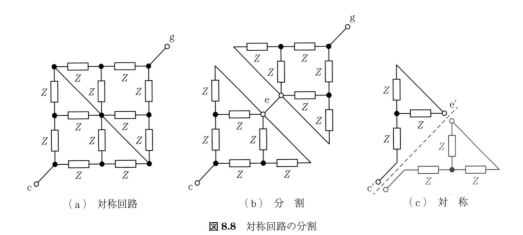

（a）対称回路　　　　（b）分　割　　　　（c）対　称

図 8.8　対称回路の分割

課題 8.3　図 8.7 の回路図について，点 b-h 間の合成インピーダンス Z_{all} を求めよ。

8.2.2　無 限 回 路

図 8.9 に示す右方向に無限に続く回路は，はしご形回路やラダー回路と呼ばれるもので，端子 AB から見た合成インピーダンス Z_x について考えてみる。この回路はインピーダンス Z が逆 L 字型に繰り返し続いていることから，繰返しの 1 構成を切り離してみる。すると，図 8.10（a）に示すように，切り離した回路はやはり無限に続くため，切り離した先の A′–B′ 間から見たインピーダンスも Z_x となる。したがって，図 8.10（a）の回路は図（b）のように

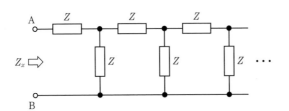

図 8.9　はしご形回路

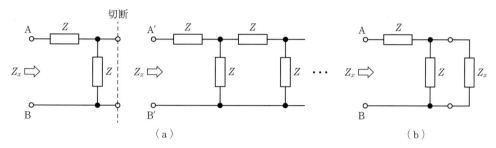

図 8.10　はしご形回路の変形

書き換えることができるため，A–B 間のインピーダンスは次式となる。

$$Z_x = Z + Z \mathbin{/\!/} Z_x \tag{8.10}$$

この式を整理すると，Z_x の二次関数であるから，Z_x は次式に示す値となる。

$$Z_x = \frac{(1 \pm \sqrt{5})Z}{2} \tag{8.11}$$

自然回路において，インピーダンス Z の実部 $\mathrm{Re}(Z_x)$ は 0 以上であるから

$$Z_x = \frac{(1 + \sqrt{5})Z}{2} \tag{8.12}$$

が解となる。

8.2.3　Y–Δ 変換，Δ–Y 変換

図 8.11(a)，(b)に示す 3 素子からなる Δ 形の回路と Y 形の回路は等価で相互に変換可能である。相互の変換を Y–Δ 変換，Δ–Y 変換と呼び，この変換を用いると回路解析が容易になる場合がある。また，本書では扱わないが，3 相交流で多用する。

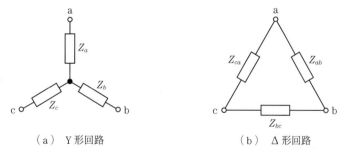

(a)　Y 形回路　　　　　(b)　Δ 形回路

図 8.11　Y 形回路，Δ 形回路

Δ 形回路と Y 形回路が等価であるためには，端子 a–b 間，b–c 間，c–a 間のインピーダンス Z_{AB}，Z_{BC}，Z_{CA} が両回路で等しくなればよいから，次式でそれぞれのインピーダンスの関係が導出される。

8. 種々の回路例

$$Z_{AB} = Z_{ab} \mathbin{/\mkern-6mu/} (Z_{bc} + Z_{ca}) = \frac{Z_{ab}Z_{bc} + Z_{ab}Z_{ca}}{Z_{ab} + Z_{bc} + Z_{ca}} = Z_a + Z_b \tag{8.13a}$$

$$Z_{BC} = Z_{bc} \mathbin{/\mkern-6mu/} (Z_{ca} + Z_{ab}) = \frac{Z_{bc}Z_{ca} + Z_{bc}Z_{ab}}{Z_{ab} + Z_{bc} + Z_{ca}} = Z_b + Z_c \tag{8.13b}$$

$$Z_{CA} = Z_{bc} \mathbin{/\mkern-6mu/} (Z_{ca} + Z_{ab}) = \frac{Z_{ca}Z_{ab} + Z_{ca}Z_{bc}}{Z_{ab} + Z_{bc} + Z_{ca}} = Z_c + Z_a \tag{8.13c}$$

上式を整理すると，次式が得られる。

$$Z_a = \frac{Z_{ca}Z_{ab}}{Z_{ab} + Z_{bc} + Z_{ca}},\quad Z_b = \frac{Z_{ab}Z_{bc}}{Z_{ab} + Z_{bc} + Z_{ca}},\quad Z_c = \frac{Z_{bc}Z_{ca}}{Z_{ab} + Z_{bc} + Z_{ca}} \tag{8.14a}$$

$$Z_{ab} = Z_a + Z_b + \frac{Z_aZ_b}{Z_c},\quad Z_{bc} = Z_b + Z_c + \frac{Z_bZ_c}{Z_a},\quad Z_{ca} = Z_c + Z_a + \frac{Z_cZ_a}{Z_b} \tag{8.14b}$$

表 8.1 にインピーダンス Z とアドミタンス Y の Y–Δ 変換, Δ–Y 変換表を示す。

表 8.1 Y–Δ 変換, Δ–Y 変換

	Y形	Δ形	Y形	Δ形
Y → Δ		$Z_{ab} = Z_a + Z_b + \dfrac{Z_aZ_b}{Z_c}$ $Z_{bc} = Z_b + Z_c + \dfrac{Z_bZ_c}{Z_a}$ $Z_{ca} = Z_c + Z_a + \dfrac{Z_cZ_a}{Z_b}$		$Y_{ab} = \dfrac{Y_aY_b}{Y_a + Y_b + Y_c}$ $Y_{bc} = \dfrac{Y_bY_c}{Y_a + Y_b + Y_c}$ $Y_{ca} = \dfrac{Y_cY_a}{Y_a + Y_b + Y_c}$
Δ → Y		$Z_a = \dfrac{Z_{ca}Z_{ab}}{Z_{ab} + Z_{bc} + Z_{ca}}$ $Z_b = \dfrac{Z_{ab}Z_{bc}}{Z_{ab} + Z_{bc} + Z_{ca}}$ $Z_c = \dfrac{Z_{bc}Z_{ca}}{Z_{ab} + Z_{bc} + Z_{ca}}$		$Y_a = Y_{ab} + Y_{ca} + \dfrac{Y_{ab}Y_{ca}}{Y_{bc}}$ $Y_b = Y_{bc} + Y_{ab} + \dfrac{Y_{bc}Y_{ab}}{Y_{ca}}$ $Y_c = Y_{ca} + Y_{bc} + \dfrac{Y_{ca}Y_{bc}}{Y_{ab}}$

課題 8.4 表 8.1 の Y–Δ 変換, Δ–Y 変換を導出せよ。

課題 8.5 図 8.12 の回路を Δ–Y 変換し, Y 形回路の各素子のインピーダンスを求めよ。

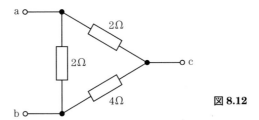

図 8.12

課題 8.6 図 8.13 の回路を Δ-Y 変換し，Δ 形回路の各素子のインピーダンスを求めよ。

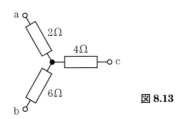

図 8.13

8.3 零　回　路

　R–L–C 共振回路の項にて共振回路は共振周波数の信号を通過させるバンドパスフィルタであることを学んだが，その逆にある周波数のみ遮断する回路も構成できる。**図 8.14**，**図 8.15** に示す回路はそれぞれ共振周波数のみを遮断する特性をもっており，トラップ回路，帯域遮断フィルタ，零（出力）回路などと呼ばれる。これらはある特定の周波数のみ遮断する特性をもっていることから，無線通信における不要な電波のみを選択的に除去したり，電源のハムノイズ除去などに用いられる。

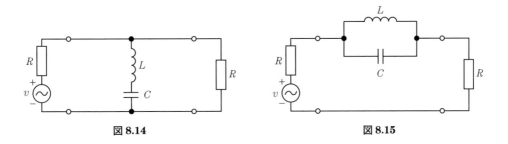

図 8.14　　　　　　　　　　　図 8.15

　図 8.14 の回路では，$\omega_0 = 1/\sqrt{LC}$ なる周波数で L–C 直列回路のインピーダンスが 0 となるため負荷抵抗には電流が流れ込まない。また，図 8.15 の回路では，L–C 並列回路のインピーダンスが無限大となるため遮断される。

　また，共振を利用せずとも，**図 8.16** に示すように，抵抗 R とコンデンサ C からなる回路でも零出力回路は実現できる。この場合，二つの T 形回路を通過した信号の大きさが等し

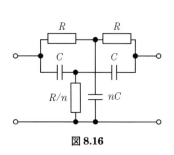

図 8.16

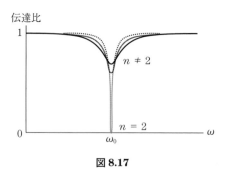

図 8.17

く，位相が反転するよう素子値を選ぶことで二つの経路の信号が打ち消し合って，信号は出力されない。この回路では，$n=2$ のときに $\omega_0 = 1/(RC)$ で零回路となる。ここで n を変えたときの様子を**図 8.17** に示す。

> **課題 8.7** 図 8.16 の回路について遮断周波数を導出せよ。
> **課題 8.8** 図 8.18 は零回路である。遮断周波数を導出せよ。

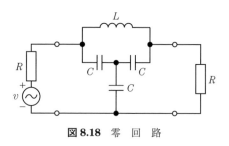

図 8.18 零 回 路

章 末 問 題

【8.1】 問図 8.1 の回路の平衡条件を求めよ。

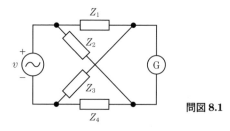

問図 8.1

【8.2】 問図 8.2 の回路は図 8.4 の回路と同様にマクスウェルブリッジと呼ばれ，未知コイルのインダクタンス L_x と内部抵抗 R_x を計測するのに用いられる回路である。平衡条件から L_x と R_x を求めよ。

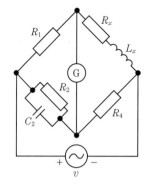
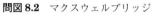

問図 8.2 マクスウェルブリッジ

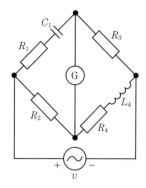

問図 8.3 ヘイブリッジ

【8.3】 問図 8.3 のヘイブリッジ回路の平衡条件を求めよ。

【8.4】 問図 8.4 の回路について a–b 間の合成抵抗を求めよ。すべての素子の抵抗値を $4\,\Omega$ とする。

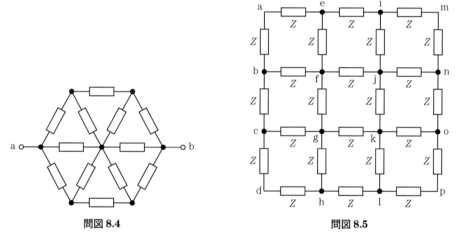

問図 8.4   問図 8.5

【8.5】 問図 8.5 の回路の端子 d–m 間の合成インピーダンスを求めよ。

【8.6】 問図 8.6 に示す無限に続く回路の合成抵抗を求めよ。

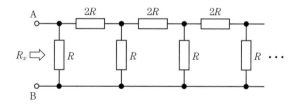

問図 8.6

【8.7】 問図 8.7 に示す無限に続く回路の合成インピーダンスを求めよ。

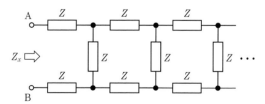

問図 8.7

【8.8】 問図 **8.8** の回路の a–b 間の合成インピーダンスを求めよ。

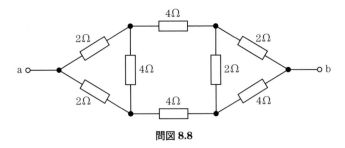

問図 **8.8**

【8.9】 問図 **8.9** のアンダーソンブリッジ回路の平衡条件を求めよ。

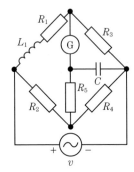

問図 **8.9** アンダーソンブリッジ

9 二端子対（2ポート）回路

　オームの法則とキルヒッホッフの法則に基づいて回路を解いていけば回路の応答を求めることができるが，回路規模が大きくなった場合には，もっとシステマテックに必要とする答えを導くことが望まれる。

　このような目的に合致した解析法として，2ポート回路による解析法がある。入力と出力の二つの端子（ポート）に着目し，入出力間の関係として，① 入出力端子の電圧，電流に着目する方法（例えば，Fパラメータ），② 入出力インピーダンスに着目する方法（例えば，影像パラメータ），③ 入出力端子に加わる信号を波として扱う方法（Sパラメータ；11章で扱う）などがある。

　本章では，主として ①，② を中心に2ポート回路の概念を知るとともに，その利用法について勉強する。

9.1 2ポートの概念，Yマトリクス

　2ポート回路（網）は，**図9.1**に示すように，入力端子と出力端子の電圧，電流に着目して，その回路の特性を表現する方法で，四角のボックスの中が見えない（ブラックボックス）構造で表現される。

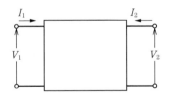

図9.1 2ポート回路

　かりに，左側の端子を入力とすると，電圧，電流はV_1, I_1となり，出力端子の電圧，電流はV_2, I_2となる。何もつながっていないのに電圧や電流が存在するように仮定して式を立てるのは違和感をもつかもしれないが，これは中学のときにわからないものをx, yとして連立方程式を立てて解いたことと同様の手法である（後に，電源や回路素子がつながったとき，電圧や電流が定まることになる）。

　この$V_1, I_1, V_2, I_2,$ 計四つの変数から二つを用いてほかの二つを表現するのが，上記 ① の

方法であり，四つの中から二つを選ぶ組合せの数は $_4C_2$ であるから6通りあることになる。

まず，四つの中から V_1 と V_2 を（独立変数に）選んで，これを用いて I_1 と I_2 を（従属変数として）表現するとしよう。すなわち，$y_{11}, y_{12}, y_{21}, y_{22}$ を係数（要素）として，次式で四つの変数の関係を表現する。

$$\begin{matrix} I_1 = y_{11}V_1 + y_{12}V_2 \\ I_2 = y_{21}V_1 + y_{22}V_2 \end{matrix} \quad \text{または行列を用いて，} \quad \begin{bmatrix} I_1 \\ I_2 \end{bmatrix} = \begin{bmatrix} y_{11} & y_{12} \\ y_{21} & y_{22} \end{bmatrix} \begin{bmatrix} V_1 \\ V_2 \end{bmatrix} \tag{9.1}$$

行列で表した式(9.1)を見ると明らかなように，（電流）＝（アドミタンス）×（電圧）の関係になっており，係数行列のすべての要素（$y_{11} \sim y_{22}$）はアドミタンス（単位〔S〕）となっている。このことから，式(9.1)の係数行列を Y マトリクスと呼んでいる。

いくつかの例について Y マトリクスを求めてみよう。

基本的に，Y マトリクスを求める場合，節電圧解析に基づいて式を立てるとよい。**図 9.2** の π 形回路について，Y マトリクスを求めてみよう。まず，図中の点0を基準にして，そこからほかの点（図9.2では点1，2の二つ）の電位を定め，各点に流入する電流についてKCLの式を立ててみよう。

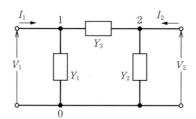

図 9.2 π 形回路

いまの場合，点1，2の電位はそれぞれ入力端子，出力端子の電位と同じであるから，V_1，V_2 となる。したがって，点1，2について，それぞれKCLの式を立てると，次式となる。

$$I_1 = Y_1 V_1 + Y_3(V_1 - V_2) = (Y_1 + Y_3)V_1 - Y_3 V_2$$
$$I_2 = Y_3(V_2 - V_1) + Y_2 V_2 = -Y_3 V_1 + (Y_2 + Y_3)V_2$$

$$\text{または，} \quad \begin{bmatrix} I_1 \\ I_2 \end{bmatrix} = \begin{bmatrix} Y_1 + Y_3 & -Y_3 \\ -Y_3 & Y_2 + Y_3 \end{bmatrix} \begin{bmatrix} V_1 \\ V_2 \end{bmatrix} \tag{9.2}$$

したがって，図9.2の回路の Y マトリクスは次式のようになる。

$$(Y) = \begin{bmatrix} Y_1 + Y_3 & -Y_3 \\ -Y_3 & Y_2 + Y_3 \end{bmatrix} \tag{9.3}$$

図 9.3 の共通帰線をもたない（入出力端子の低電位側が同電位でない）回路について，Y マトリクスを求めてみよう。

点0に対して点1，2，3の各電位を U_1, U_2, U_3 とすると，各点についてKCLとして次式が成り立つ。

$$I_1 = Y_{13}(U_1 - U_3) + Y_{12}(U_1 - U_2)$$
$$I_2 = Y_{12}(U_2 - U_1) + Y_{02}U_2 \tag{9.4}$$
$$I_3 = Y_{13}(U_3 - U_1) + Y_{03}U_3$$

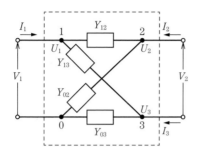

図9.3 共通帰線をもたない回路

ここで，図9.3より，$U_1 = V_1$，$U_2 - U_3 = V_2$，$I_3 = -I_2$ であるから，この関係を式(9.4)に入れて U_3 を消去すると次式を得る。

$$\begin{bmatrix} I_1 \\ I_2 \end{bmatrix} = \frac{1}{Y_{12} + Y_{13} + Y_{02} + Y_{03}} \begin{bmatrix} (Y_{12} + Y_{13})(Y_{02} + Y_{03}) & -(Y_{12}Y_{03} - Y_{02}Y_{13}) \\ -(Y_{12}Y_{03} - Y_{02}Y_{13}) & (Y_{12} + Y_{02})(Y_{13} + Y_{03}) \end{bmatrix} \begin{bmatrix} V_1 \\ V_2 \end{bmatrix} \tag{9.5}$$

Yマトリクスの等価回路表現　Yマトリクスは，入出力端子の電圧，電流に着目して式(9.1)のように表現された。この式を等価回路として図によって表現すると，**図9.4**のように表せる。

$$I_1 = y_{11}V_1 + y_{12}V_2$$
$$I_2 = y_{21}V_1 + y_{22}V_2 \tag{9.1}再掲$$

図の入力側を見ると，入力端子に流れ込む電流 I_1 は入力端にあるアドミタンス y_{11} を流れる電流 $y_{11}V_1$ と制御電流源 $y_{12}V_2$ の和に等しいことを表し，式(9.1)再掲の上側の式を図的に示している。出力側も，式(9.1)再掲の下側の式を表していることを確認してほしい。

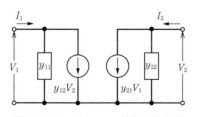
図9.4 Yマトリクスの等価回路表現

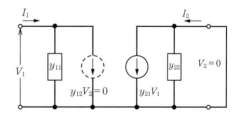
図9.5 Yマトリクスの要素(y_{11}, y_{21})の求め方

Yマトリクスの要素は，つぎのようにして求めることができる。

まず，**図9.5**のように，出力端子を短絡し，$V_2 = 0$ としたことを考えてみよう。このとき，上の式(9.1)は $V_2 = 0$ より $I_1 = y_{11}V_1$，$I_2 = y_{21}V_1$ となる。つまり，入力側の回路は y_{11} だけとな

る。出力側の電流源 $y_{21}V_1$ の電流はすべて出力の短絡した線に流れることになる〔抵抗値 $1/y_{22}$ より短絡線（$0\,\Omega$）のほうが抵抗値が低いので，電流源の電流は短絡線のほうに流れてしまう〕。

$$y_{11} \equiv \left.\frac{I_1}{V_1}\right|_{V_2=0} \text{；出力短絡時の入力アドミタンス}$$

$$y_{21} \equiv \left.\frac{I_2}{V_1}\right|_{V_2=0} \text{；出力短絡時の伝達アドミタンス}$$

を表している。同様に，入力端子を短絡し，$V_1=0$ とすると

$$y_{22} \equiv \left.\frac{I_2}{V_2}\right|_{V_1=0} \text{；入力短絡時の出力アドミタンス}$$

$$y_{12} \equiv \left.\frac{I_1}{V_2}\right|_{V_1=0} \text{；入力短絡時の逆伝達アドミタンス}$$

9.2 Z マトリクス，F マトリクス

図9.1では，二つの電流(I_1, I_2)ともブラックボックスに流れ込む向きに矢印が取られているが，これはYマトリクスを定義する際の約束であり，二つの電流を流れ込む向きのもとで定義されたマトリクスとしては，**図9.6** に示すように，YのほかにZ（V_1, V_2 を I_1, I_2 で表現），H（V_1, I_2 を I_1, V_2 で表現），G（I_1, V_2 を V_1, I_2 で表現）など，計四つのマトリクスがある。

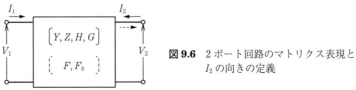

図9.6 2ポート回路のマトリクス表現と I_2 の向きの定義

また，図9.6には，I_2の向きが破線で示された外向きで定義されたマトリクスも存在する。これは，F（V_1, I_1 を V_2, I_2 で表現）と F_b（V_2, I_2 を V_1, I_1 で表現）の二つで，これで6通りすべてのマトリクスが現れたことになる。

9.2.1 Z マトリクス

Z マトリクスは，2ポート（以下，2–P と書くことにする）回路を次式のように表すものである。

$$\begin{bmatrix} V_1 \\ V_2 \end{bmatrix} = \begin{bmatrix} z_{11} & z_{12} \\ z_{21} & z_{22} \end{bmatrix} \begin{bmatrix} I_1 \\ I_2 \end{bmatrix} \tag{9.6}$$

また，Zマトリクス(Z)は，式(9.1)と式(9.6)の関係より，逆行列となっていることがわかる。すなわち

$$(Z) \equiv \begin{bmatrix} z_{11} & z_{12} \\ z_{21} & z_{22} \end{bmatrix} = \begin{bmatrix} y_{11} & y_{12} \\ y_{21} & y_{22} \end{bmatrix}^{-1} \quad または, \quad (Y) \equiv \begin{bmatrix} y_{11} & y_{12} \\ y_{21} & y_{22} \end{bmatrix} = \begin{bmatrix} z_{11} & z_{12} \\ z_{21} & z_{22} \end{bmatrix}^{-1}$$
(9.7)

式(9.7)を見ると明らかなように，Zマトリクスのすべての要素（z_{11}〜z_{22}）はインピーダンス（単位〔Ω〕）となっていることがわかる。

ここでも，いくつかの回路についてZマトリクスを求めてみよう。

基本的に，Zマトリクスの場合，閉電流解析に基づいて式を立てるとよい。**図 9.7** のＴ形回路について，Zマトリクスを求めてみよう。

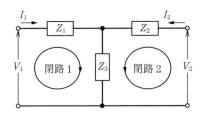

図 9.7 Ｔ 形 回 路

入力端子，出力端子には，それぞれI_1, I_2が流れ込んでいるので，KCLによりZ_3にはI_1+I_2が上から下に向かって流れていることになる。

したがって，閉路1および2について，それぞれKVLの式を立てると，次式となる。

$$V_1 = Z_1 I_1 + Z_3(I_1 + I_2) = (Z_1 + Z_3)I_1 + Z_3 I_2$$
$$V_2 = Z_2 I_2 + Z_3(I_1 + I_2) = Z_3 I_1 + (Z_2 + Z_3)I_2$$

$$または, \quad \begin{bmatrix} V_1 \\ V_2 \end{bmatrix} = \begin{bmatrix} Z_1 + Z_3 & Z_3 \\ Z_3 & Z_2 + Z_3 \end{bmatrix} \begin{bmatrix} I_1 \\ I_2 \end{bmatrix}$$
(9.8)

したがって，図9.7の回路のZマトリクスは次式のようになる。

$$(Z) = \begin{bmatrix} Z_1 + Z_3 & Z_3 \\ Z_3 & Z_2 + Z_3 \end{bmatrix}$$
(9.9)

図 9.8 のπ形回路についても，Zマトリクスを求めてみよう。

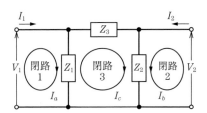

図 9.8 π 形 回 路

まず,この回路には図中に示したように三つの閉路がある。それぞれの閉路に閉電流 I_a, I_b, I_c を仮定すると,閉路1で Z_1 には $I_a - I_c$ の電流が流れ,その逆起電力 $Z_1(I_a - I_c)$ が V_1 と等しいことになる。また,閉路2では,Z_2 に $I_b + I_c$ が流れ,これによる逆起電力 $Z_2(I_b + I_c)$ が V_2 と等しいことがわかる。さらに,閉路3では,閉路内に電源はないので,$Z_1 \sim Z_3$ の三つの逆起電力を加えたら0となる。これらのことを式で表すと,次式になる。

閉路 1 : $V_1 = Z_1(I_a - I_c)$

閉路 2 : $V_2 = Z_2(I_b + I_c)$

閉路 3 : $0 = Z_1(I_c - I_a) + Z_3 I_c + Z_2(I_c + I_b)$

ここで,$I_a = I_1$, $I_b = I_2$ であることより,上の三つの式より I_c を消去すると,次式を得る。

$$V_1 = \frac{Z_1(Z_2 + Z_3)}{Z_1 + Z_2 + Z_3} I_1 + \frac{Z_1 Z_2}{Z_1 + Z_2 + Z_3} I_2, \quad V_2 = \frac{Z_1 Z_2}{Z_1 + Z_2 + Z_3} I_1 + \frac{Z_2(Z_1 + Z_3)}{Z_1 + Z_2 + Z_3} I_2 \tag{9.10}$$

よって,π 形回路の Z マトリクスは

$$(Z) = \begin{bmatrix} \dfrac{Z_1(Z_2 + Z_3)}{Z_1 + Z_2 + Z_3} & \dfrac{Z_1 Z_2}{Z_1 + Z_2 + Z_3} \\ \dfrac{Z_1 Z_2}{Z_1 + Z_2 + Z_3} & \dfrac{Z_2(Z_1 + Z_3)}{Z_1 + Z_2 + Z_3} \end{bmatrix} \tag{9.11}$$

となる。これが,式(9.3)で与えられた Y マトリクスの逆行列となっていることを各自で確認してほしい。

課題 9.1 式(9.6)で表される Z マトリクスを等価回路で表現したら,どのようになるか考えよ。

9.2.2 F マトリクス

F マトリクスは,図 **9.9** に表すように,I_2 の向きが外向きで定義されたマトリクスで,入力端子の電圧,電流 V_1, I_1 を出力端子の電圧,電流 V_2, I_2 で表現するもので,2-P 回路で最も重要な回路表現の一つである。

$$\begin{bmatrix} V_1 \\ I_1 \end{bmatrix} = \begin{bmatrix} A & B \\ C & D \end{bmatrix} \begin{bmatrix} V_2 \\ I_2 \end{bmatrix} \tag{9.12}$$

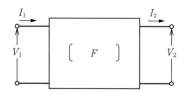

図 **9.9** F マトリクス

F マトリクスの要素は，A, B, C, D で表され，つぎのような意味をもつ。

$$A = \left.\frac{V_1}{V_2}\right|_{I_2=0} \quad : 出力端開放時の逆方向電圧利得$$

$$B = \left.\frac{V_1}{I_2}\right|_{V_2=0} \quad : 出力端短絡時の相互インピーダンス$$

$$C = \left.\frac{I_1}{V_2}\right|_{I_2=0} \quad : 出力端開放時の相互アドミタンス$$

$$D = \left.\frac{I_1}{I_2}\right|_{V_2=0} \quad : 出力端短絡時の逆方向電流利得$$

F マトリクスの最大の特徴は，多段接続された回路全体の特性を新たな F マトリクスとして容易にまとめることができることにある。

図 9.10 の分路回路を見ると，$V_1 = V_2$, $I_1 = YV_2 + I_2$ であるから，分路回路の F マトリクス (F) は次式となる。

$$\begin{bmatrix} V_1 \\ I_1 \end{bmatrix} = \begin{bmatrix} 1 & 0 \\ Y & 1 \end{bmatrix} \begin{bmatrix} V_2 \\ I_2 \end{bmatrix} \quad よって，\quad (F) = \begin{bmatrix} 1 & 0 \\ Y & 1 \end{bmatrix} \tag{9.13}$$

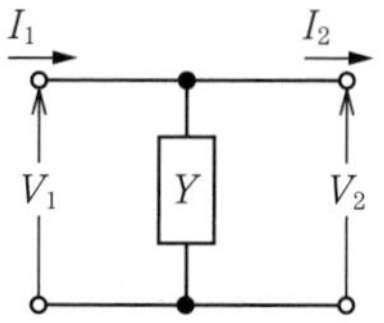

図 9.10 分路回路の F マトリクス 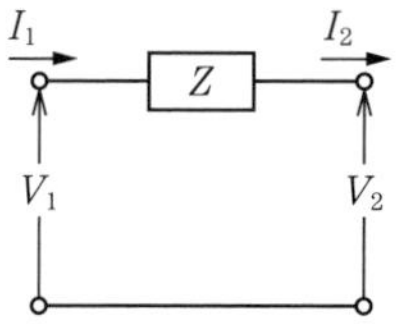 **図 9.11** 直路回路の F マトリクス

同様に，**図 9.11** の直路回路は，$I_1 = I_2$, $V_1 = ZI_2 + V_2$ であるから，この回路の F マトリクス (F) は次式となる。

$$\begin{bmatrix} V_1 \\ I_1 \end{bmatrix} = \begin{bmatrix} 1 & Z \\ 0 & 1 \end{bmatrix} \begin{bmatrix} V_2 \\ I_2 \end{bmatrix} \quad よって，\quad (F) = \begin{bmatrix} 1 & Z \\ 0 & 1 \end{bmatrix} \tag{9.14}$$

いま，**図 9.12** のように，分路回路と直路回路を**縦続接続**（cascade connection）して π 形回路 $[(F_1)-(F_2)-(F_3)]$ を構成したときの，回路全体の F マトリクス (F_T) を求めみよう。

左端の分路回路の出力端子は中央の直路回路の入力端子とつながり，その直路回路の出力端子は右端の分路回路の入力端子と接続されているので，$V_2' = V_1'$, $I_2' = I_1'$, $V_2'' = V_1'''$, $I_2'' = I_1''$ となっている。よって

$$\begin{bmatrix} V_1 \\ I_1 \end{bmatrix} = (F_1)(F_2)(F_3) \begin{bmatrix} V_2 \\ I_2 \end{bmatrix} = (F_T) \begin{bmatrix} V_2 \\ I_2 \end{bmatrix} \tag{9.15}$$

$$(F_T) = \begin{bmatrix} 1 & 0 \\ Y_1 & 1 \end{bmatrix} \begin{bmatrix} 1 & Z_2 \\ 0 & 1 \end{bmatrix} \begin{bmatrix} 1 & 0 \\ Y_3 & 1 \end{bmatrix} = \begin{bmatrix} 1 + Z_2 Y_3 & Z_2 \\ Y_1 + Y_3 + Z_2 Y_1 Y_3 & 1 + Z_2 Y_1 \end{bmatrix} \tag{9.16}$$

100   9. 二端子対（2ポート）回路

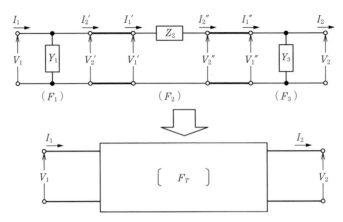

図 9.12 π 形回路の F マトリクス

9.2.3 諸マトリクスの性質とほかのマトリクスについて

2-P 回路が受動素子（R, L, C, M：相互インダクタンス。M については 9.5 節で学ぶ。）で

コラム　2-P 回路の接続とそのマトリクス表現

図 **C9.1**（a）に示すように，縦続接続した 2-P 全体の F マトリクス（F_T）は個々の F マトリクスをその順番に並べて乗算した合成マトリクスで与えられる（図 9.12 参照）。つまり

$$(F_T) = (T_1) \times (F_2)$$

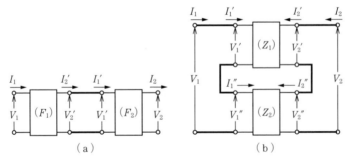

図 C9.1

図（b）は Z マトリクスで表された 2-P 回路を直列接続した 2-P 全体の Z マトリクスを考えたもので，入出力電圧は $V_1 = V_1' + V_1''$，$V_2 = V_2' + V_2''$，また電流について $I_1 = I_1'$, $I_2 = I_2'$ なのは明確であるが，さらに $I_1' = I_1''$, $I_1' = I_1''$ となっていれば（2-P によってはならない場合がある），次式となる。

$$\begin{bmatrix} V_1 \\ V_2 \end{bmatrix} = \begin{bmatrix} V_1' + V_1'' \\ V_2' + V_2'' \end{bmatrix} = [(Z_1) + (Z_2)] \begin{bmatrix} I_1 \\ I_2 \end{bmatrix}$$

$$= (Z_T) \begin{bmatrix} I_1 \\ I_2 \end{bmatrix}$$

作られている場合，四つの要素の中，独立な要素は多くとも三つであるという性質がある（ほかの一つは三つから導ける）。Y, Z マトリクスでは，$y_{12}=y_{21}$，$z_{12}=z_{21}$ のような関係をもち，F マトリクスでは，$AD-BC=1$ のような関係をもつことが知られている。

2-P 回路のマトリクスには Y, Z, F のほかに，H, G, F_b などのマトリクスがある。多く利用されるものは F, Y, Z マトリクスであるが，H マトリクスはバイポーラトランジスタなどの等価回路表現に用いられ，重要な 2-P 回路の一つとなっている。

課題 9.2 H マトリクスは $V_1=h_{11}I_1+h_{12}V_2$，$I_2=h_{21}I_1+h_{22}V_2$ で与えられる。H マトリクスを等価回路で表現したら，どのようになるか考えてみよ。

9.3 2ポート回路による諸パラメータの導出

図 **9.13** は，一般的な 2-P 回路の構成を表している。入力端子の左側には内部抵抗 R_S をもつ電源 V_S が接続されており，右端には終端負荷 R_L が接続されている。

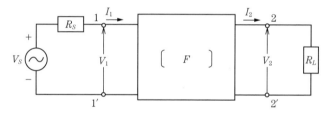

図 9.13 一般的な 2-P 回路の構成

このような構成は，例えば電話機などを思い浮かべてもらえるとわかると思うが，話し手（送話器）の情報が信号源として回路網（この図では F マトリクスで表された 2-P 回路）を通じて，相手方の受話器（負荷 R_L）に伝わるときの構成と同じである。

図 9.13 より，次式が成り立つ。

・1-1′ より左側：$V_S = R_S I_1 + V_1$ （1-1′ より左側部分の KVL） (9.17)

・1-1′ 〜 2-2′ 間：$V_1 = AV_2 + BI_2$，$I_1 = CV_2 + DI_2$ （2-P の関係を F マトリクスで表現）
(9.18)

・2-2′ より右側：$V_2 = R_L I_2$ （R_L の部分のオームの法則） (9.19)

このような回路で重要視されることの一つは，回路網に加わった信号がどのくらい負荷に伝わったのかであり，それを知るための諸パラメータとしては，つぎのようなものがある。

電圧利得：$A_v \equiv \dfrac{V_2}{V_1}$ (9.20)

9. 二端子対（2ポート）回路

電流利得：$A_i \equiv \dfrac{I_2}{I_1}$ (9.21)

電力利得：$A_p \equiv A_v \cdot A_i$ (9.22)

これに準ずるパラメータとして，入力インピーダンスZ_i，出力インピーダンスZ_oがある。

入力インピーダンス：$Z_i \equiv \dfrac{V_1}{I_1}$ (9.23)

出力インピーダンス：$Z_o \equiv \dfrac{V_2}{-I_2}\bigg|_{V_S=0}$ (9.24)

式(9.20)～(9.24)で定義される諸パラメータは，図9.13に示されるように，2-P回路の前後に電源や抵抗などが接続された条件下で求めることが必要になる。ここで，Z_oの定義式を見ると，ほかのものと異なり，複雑な書き方がされているが，これはV_Sを0として出力端子から2-P回路側を見たインピーダンスを求めるとの意味である（分母の$-I_2$はI_2と逆向きの2-Pに流れ込む電流を意味していることに注意してほしい）。

式(9.17)～(9.19)を用いて，諸パラメータを求めてみる。

式(9.19)を式(9.18)に代入し，整理すると，つぎのように導ける。

電圧利得：$A_v \equiv \dfrac{V_2}{V_1} = \dfrac{R_L}{AR_L + B}$ (9.25)

電流利得：$A_i \equiv \dfrac{I_2}{I_1} = \dfrac{1}{CR_L + D}$ (9.26)

電力利得：$A_p \equiv A_v A_i \left(=\dfrac{V_2 I_2}{V_1 I_1}\right) = \dfrac{R_L}{(AR_L + B)(CR_L + D)}$ (9.27)

さらに

入力インピーダンス：$Z_i \equiv \dfrac{V_1}{I_1} = \dfrac{AR_L + B}{CR_L + D}$ (9.28)

また，$V_S = 0$ と置いた式(9.17)と式(9.18)より

出力インピーダンス：$Z_o \equiv \dfrac{V_2}{-I_2}\bigg|_{V_S=0} = \dfrac{B + DR_S}{A + CR_S}$ (9.29)

課題9.3 図9.13で，2-2'より左側を鳳・テブナンの等価回路で表現したら，電圧源V_Hおよびこれに直列接続されたインピーダンスZ_Hはどのように表せるか。

課題9.4 入出力端子でインピーダンス整合が満たされている場合（$R_S = Z_i$, $Z_o = R_L$）の電力利得はどのように表せるか求めてみよ。

9.4 影像パラメータ

影像パラメータは，入出力インピーダンスに着目して 2-P 回路の特性を表現する方法である。

図 **9.14** の 2-P 回路は，出力端子に R_L が接続されたときの入力インピーダンス Z_{i1} が R_S に等しく，また入力端子に抵抗 R_S が接続されたときの出力インピーダンス Z_{i2} が R_L と等しくなるように作られているとする。

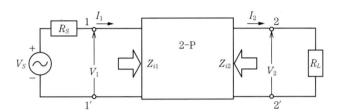

図 **9.14** 影像インピーダンス

このとき，Z_{i1}, Z_{i2} は**影像インピーダンス**（image impedance）と呼ばれ，入力端子または出力端子の前後のインピーダンスが等しい，インピーダンス整合状態にあることになる。このような構成は，インピーダンス整合，すなわち最大有能電力を伝送できることから，通信系システムを扱う分野で重要視されている。

したがって，$R_S = Z_{i1}$, $R_L = Z_{i2}$ とは，式 (9.28), (9.29) より，つぎの連立方程式を満たすものである。

$$Z_{i1} = \frac{AZ_{i2} + B}{CZ_{i2} + D}, \quad Z_{i2} = \frac{B + DZ_{i1}}{A + CZ_{i1}} \tag{9.30}$$

上式を解くと，Z_{i1}, Z_{i2} は次式のように求められる。

$$Z_{i1} = \sqrt{\frac{AB}{CD}}, \quad Z_{i2} = \sqrt{\frac{BD}{AC}} \tag{9.31}$$

影像パラメータでは，図 **9.15** に示すように，上記の影像インピーダンス Z_{i1}, Z_{i2} に加えて

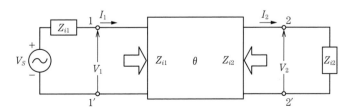

図 **9.15** 影像パラメータ

電圧および電流の比 V_1/V_2, I_1/I_2 に着目する。

$$\frac{V_1}{V_2} = e^{\theta_1}, \quad \frac{I_1}{I_2} = e^{\theta_2} \tag{9.32}$$

と置くと，$R_S = Z_{i1}$, $R_L = Z_{i2}$ であることを考慮し，式(9.31)を式(9.25)および式(9.26)に代入して次式を得る。

$$e^{\theta_1} = \sqrt{\frac{A}{D}} \left(\sqrt{AD} + \sqrt{BC}\right) \tag{9.33}$$

$$e^{\theta_2} = \sqrt{\frac{D}{A}} \left(\sqrt{AD} + \sqrt{BC}\right) \tag{9.34}$$

影像パラメータでは，Z_{i1}, Z_{i2}, θ_1, θ_2 の四つを要素とするが，自然回路を対象とする場合，独立な要素は三つであったため，$\theta = (\theta_1 + \theta_2)/2$ として，Z_{i1}, Z_{i2}, θ の三つを用いて利用することが多い。

ここで，θ は**伝達定数**（transfer constant）または**双曲線角**（hyperbolic angle）と呼ばれ，式(9.32)より次式となる。

$$\theta = \frac{1}{2} \ln \frac{V_1 I_1}{V_2 I_2} \quad \text{または，} \quad \frac{V_2 I_2}{V_1 I_1} = e^{-2\theta} \tag{9.35}$$

また，$V_1 = Z_{i1} I_1$, $V_2 = Z_{i2} I_2$ の関係があることより，F マトリクスを用いて θ を表現すると，次式を得る。

$$\theta = \ln(\sqrt{AD} + \sqrt{BC}) \quad \text{または，} \quad e^{\theta} = \sqrt{AD} + \sqrt{BC} \tag{9.36}$$

自然回路網の場合，$AD - BC = 1$ であったから，$e^{-\theta} = \sqrt{AD} - \sqrt{BC}$ となる。これらより

$$\cosh \theta = \frac{e^{\theta} + e^{-\theta}}{2} = \sqrt{AD}, \; \sinh \theta = \frac{e^{\theta} - e^{-\theta}}{2} = \sqrt{BC}, \; \tanh \theta = \sqrt{\frac{BC}{AD}} \tag{9.37}$$

式(9.31)，(9.37)より影像パラメータによる基本方程式を表すと

$$\left.\begin{array}{l} A = \sqrt{\dfrac{Z_{i1}}{Z_{i2}}} \cdot \cosh \theta, \; B = \sqrt{Z_{i1} Z_{i2}} \cdot \sinh \theta, \\[2mm] C = \dfrac{1}{\sqrt{Z_{i1} Z_{i2}}} \cdot \sinh \theta, \; D = \sqrt{\dfrac{Z_{i2}}{Z_{i1}}} \cdot \cosh \theta \end{array}\right\} \tag{9.38}$$

の関係が導けることから，つぎのようになる。

$$V_1 = \sqrt{\frac{Z_{i1}}{Z_{i2}}} \cdot \cosh \theta \cdot V_2 + \sqrt{Z_{i1} Z_{i2}} \cdot \sinh \theta \cdot I_2 \tag{9.39}$$

$$I_1 = \frac{1}{\sqrt{Z_{i1} Z_{i2}}} \cdot \sinh \theta \cdot V_2 + \sqrt{\frac{Z_{i2}}{Z_{i1}}} \cdot \cosh \theta \cdot I_2 \tag{9.40}$$

課題 9.5 図 9.16 のように，影像パラメータで表される 2-P 回路が縦続接続されている。2-2′ 端子で $Z_{i2}' = Z_{i1}''$（インピーダンス整合）であるとき，$Z_{i1} = Z_{i1}'$, $Z_{i2} = Z_{i2}''$ となり，また，$\theta = \theta' + \theta''$ となることを示せ。

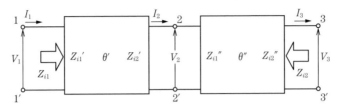

図 9.16 2-P 回路（影像パラメータ）の縦続接続

課題 9.5 にあるように，多くの 2-P 回路網が縦続接続されており，それぞれの接続端子でインピーダンス整合条件を満たすように回路網を作っておけば，伝達定数に着目してシステムが構築できることがわかる。電話などの有線通信では，影像パラメータに着目されて通信網が構築されている。

9.5 相互誘導回路

9.5.1 相互誘導現象と 2 ポート回路表現

図 9.17 は，相互誘導現象に関する図を示している。1-1′ 側（一次側と呼ぶ）のコイル L_1（自己インダクタンスも L_1 とする）に電流 I_1 を流すと，これにより磁束 ϕ_1 が発生する。

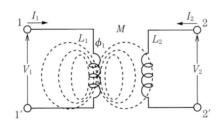

図 9.17 相 互 誘 導

話しを簡単にするため，発生した磁束 ϕ_1 が L_1 のみを鎖交する磁束 ϕ_{11} とコイル L_2 に鎖交する磁束 ϕ_{21} の二つによって表せるとすると，$\phi_1 = \phi_{11} + \phi_{21}$ であるが，L_1 の両端電圧 V_1 は次式で与えられる。

$$V_1 = \frac{d\phi_{11}}{dt} = L_1 \frac{dI_1}{dt} \tag{9.41}$$

一方，L_1 の近くにあり，磁束 ϕ_{21} と鎖交したコイル L_2 には誘導起電力 V_{21} が発生する。

一次側から 2-2′ 側（二次側と呼ぶ）に伝わったこの誘導起電力 V_{21} は，**相互インダクタンス**を M とすると，次式で示される。

$$V_{21} = \frac{d\phi_{21}}{dt} = M\frac{dI_1}{dt} \tag{9.42}$$

上記では，一次側の電流 I_1 だけが流れるとして話しをしたが，I_1 と I_2 が同時に存在するときについて考えてみよう。

I_1 によって L_1 で発生した磁束は $\phi_1 = \phi_{11} + \phi_{21}$ であるが，同時に，I_2 によっても L_2 で磁束 $\phi_2 = \phi_{22} + \phi_{12}$ が発生することになる。ただし，磁束 ϕ_{22} は I_2 により発生した磁束のうち L_2 のみと鎖交する磁束で，磁束 ϕ_{12} は L_1 に鎖交する磁束を意味する。

したがって，L_1 には ϕ_{11} と ϕ_{12} の二つが鎖交し，これにより L_1 の両端電圧 V_1 が作られることになる。すなわち，一次側では次式が成り立つ。

$$V_1 = \frac{d}{dt}(\phi_{11} \pm \phi_{12}) = L_1\frac{dI_1}{dt} \pm M\frac{dI_2}{dt} \tag{9.43}$$

上式で，M の符号として"$\pm$"があるが，"$+$"は L_1 で作られた磁束 ϕ_{11} と L_2 で作られた磁束 ϕ_{12} が同方向（つまり磁束を増やす方向）となっている場合であり，"$-$"は ϕ_{11} と ϕ_{12} が逆方向（つまり磁束を減らす方向）となっている場合を意味する。同様に，二次側では次式が成り立つ。

$$V_2 = \frac{d}{dt}(\phi_{22} \pm \phi_{21}) = L_2\frac{dI_2}{dt} \pm M\frac{dI_1}{dt} \tag{9.44}$$

一次側から二次側へ及ぼす影響と二次側から一次側へ及ぼす影響は同じになるため，相互インダクタンス M は同じになる。また，M は正負どちらの値も取りうることに注意すべきである。

いま，回路に流れる電流が正弦波であるならば，ベクトル記号法（d/dt を $j\omega$ で書き直せばよい）が適用できるので，このとき，式(9.43)，(9.44)は次式のように書くことができる。

$$\left.\begin{array}{l} V_1 = j\omega L_1 I_1 \pm j\omega M I_2 \\ V_2 = j\omega L_2 I_2 \pm j\omega M I_1 \end{array}\right\} \tag{9.45}$$

課題 9.6 M の符号"$\pm$"は，なにに依存して定まるか，考察せよ。

9.5.2 ドットの規約と T 形等価回路

実際に，相互誘導素子を含む回路を解析しようとする場合，M の符号を調べることは面倒なことが理解できる。

図 9.18 は，ドットの規約（ルール）を示すもので，●印で示した点にそれぞれ電流が流れ込む場合，$+M$ で式を立てると約束している（磁束が増加する向きに電流を流したとき，その高電位点のほうに●印をつけるよう，表現している）。

9.5 相互誘導回路

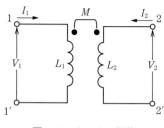

図 9.18 ドットの規約

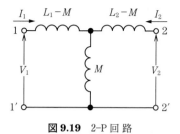

図 9.19 2-P 回路

図 9.18 の場合，一，二次側とも高電位点 $(1, 2)$ に電流 I_1, I_2 が流れ込んでいるので，次式となる。

$$\left.\begin{array}{l} V_1 = j\omega L_1 I_1 + j\omega M I_2 \\ V_2 = j\omega L_2 I_2 + j\omega M I_1 \end{array}\right\} \quad (9.46)$$

また，上式を

$$\left.\begin{array}{l} V_1 = j\omega(L_1 - M)I_1 + j\omega M(I_1 + I_2) \\ V_2 = j\omega(L_2 - M)I_2 + j\omega M(I_1 + I_2) \end{array}\right\} \quad (9.47)$$

のように書き直すと，**図 9.19** のように，三つのインダクタンスよりなる 2-P 回路として表現することもできる。

式 (9.47) を変形して，F マトリクスを求めると，次式となる。

$$(F) = \begin{bmatrix} L_1/M & j\omega(L_1 L_2 - M^2)/M \\ 1/j\omega M & L_2/M \end{bmatrix} \quad (9.48)$$

いま，図 9.19 の 2-2' 間を短絡したときの 1-1' から見た入力インピーダンス Z_{in} を求めると，次式のように求められる。

$$Z_{in} = j\omega L_1 + \frac{\omega^2 M^2}{j\omega L_2} = j\omega \frac{L_1 L_2 - M^2}{L_2} = j\omega L_1 (1 - k^2) \quad \text{ただし，} k = \frac{M}{\sqrt{L_1 L_2}} \quad (9.49)$$

ここで，k は結合係数と呼ばれる。また，式 (9.49) で Z_{in} が負になることはありえないから，k は必ず 1 より小さいこととなる。すなわち，$k < 1$ である。

【例題 9.1】 **図 9.20** のように，相互インダクタンス M をもつ二つのコイルを直列接続した場合の合成インダクタンス L_T を求めよ。

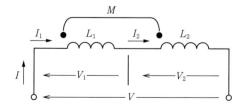

図 9.20 直列回路の合成インダクタンス

〈解答〉 図9.20より，L_1, L_2 の部分については式(9.46)が成り立つことがわかる。また，$V = V_1 + V_2$, $I = I_1 = I_2$ であるから，

$$V = j\omega(L_1 + L_2 + 2M)I$$

より

$$\therefore \quad L_T = L_1 + L_2 + 2M$$

課題 9.7 図9.21のように，相互インダクタンス M をもつ二つのコイルを並列接続した場合の合成インダクタンス L_T を求めよ。

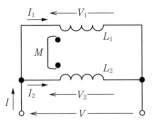

図 9.21 並列回路の合成インダクタンス

9.5.3 理想変成器を含む等価回路

図9.22は，図9.18に示した相互誘導回路の等価回路の別表現（密結合変成器を含む等価回路）を示している。

$L_1 > L_2$ として，L_1' をつぎのように決める。

$$L_1' = \frac{M^2}{L_2} = k^2 L_1 \tag{9.50}$$

— コラム 理想変成器 —

図 **C9.2** の理想変成器部分では，次式が成り立つ。

$$V_1 = \frac{V_2}{n}, \quad I_1 = nI_2 \implies V_1 I_1 = V_2 I_2$$

ここで，n は一次側と二次側の巻数比 $n = N_2/N_1$ であり，理想変成器では一次側に供給された電力 ($V_1 I_1$) が損失なく二次側に伝達されることを意味している。また，二次側では $V_2 = RI_2$ が成り立つので，一次側から見た入力インピーダンス Z_{in} は

$$Z_{in} = \frac{V_1}{I_1} = \frac{R}{n^2}$$

となる。つまり，Z_{in} は $n > 1$ なら R より低インピーダンスに，また $n < 1$ なら高インピーダンスに変換できる。

音響機器などでは，増幅器とスピーカのインピーダンスを整合させるために利用されている。

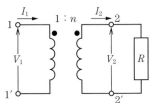

図 **C9.2** 理想変成器

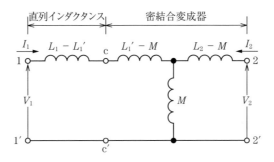

図 9.22　密結合変成器を含む等価回路

このように L_1' を定めると，**密結合変成器** (unity coupled transformer, UCT) 部分の F マトリクスはつぎのように従属分解できる．

$$(F) = \begin{bmatrix} L_1'/M & 0 \\ 1/j\omega M & L_2/M \end{bmatrix} = \begin{bmatrix} 1 & 0 \\ 1/j\omega L_1' & 1 \end{bmatrix} \begin{bmatrix} 1/n & 0 \\ 0 & n \end{bmatrix} \tag{9.51}$$

式 (9.51) の第 2 項は**理想変成器** (ideal transformer, IT) であり，n はつぎのように導ける．

$$n = \frac{M}{L_1'} = \frac{L_2}{M} = \frac{1}{k}\sqrt{\frac{L_2}{L_1}} = \frac{1}{k} \cdot \frac{N_2}{N_1} \tag{9.52}$$

ここで，N_1, N_2 はそれぞれコイル L_1, L_2 の巻数であり，式 (9.51) を用いて全体の等価回路を描くと，**図 9.23** のようになる．

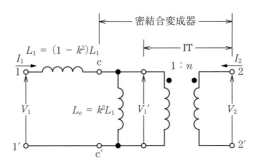

図 9.23　理想変成器を含む等価回路

図 9.23 は，図 9.19 に示した相互誘導回路の等価回路の別表現（理想変成器を含む等価回路）を示している．

章 末 問 題

【9.1】 問図 9.1(a), (b)に示す回路の Y マトリクスを求めよ。

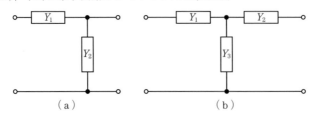

問図 9.1

【9.2】 問図 9.2(a), (b)の Y マトリクス, F マトリクスを求めよ。

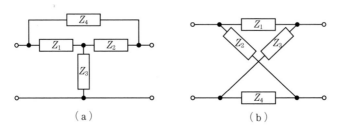

問図 9.2

【9.3】 問図 9.3 の 2-P 回路について, (Y), (Z), (F) を用いて, つぎの各量を求めよ。
 (1) V_2/I_1 (2) I_L/I_1 (3) I_L/V_1 (4) V_2/V_1 (5) V_2/V_S

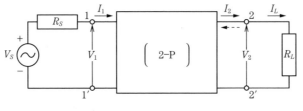

問図 9.3

【9.4】 問図 9.4 に示すような並列 T 形回路の電圧伝送関数 V_2/V_1 を求めよ。さらに, $V_2=0$ となる角周波数 ω_0 を求めよ。また, ω_0 近傍の周波数で $|V_2/V_1|$ の特性の傾斜が最も急峻となるためには n をいくらにすればよいか考えよ。ただし, n は整数とする。

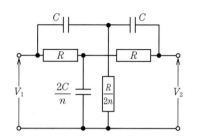

問図 9.4

【9.5】 問図 9.5 に示す回路の 1-1′ 端子について周波数 f の正弦波電圧 E を加えたとき，E から右側を見たインピーダンス Z_{in} はどのように表せるかを求めよ。

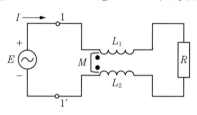

問図 9.5

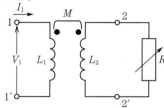

問図 9.6

【9.6】 問図 9.6 に示す相互誘導回路をもつ回路の 1-1′ 端子から右側を見たインピーダンス Z を求めよ。また，R を変化させた場合，Z の実数部 $\mathrm{Re}(Z)$ および虚数部 $\mathrm{Im}(Z)$ はどのような変化するか，横軸に R を取り，その概形を描け。

【9.7】 問図 9.7 はケリーフォスターブリッジ（Carey-Foster bridge）回路と呼ばれる回路を示している。この回路の平衡条件を求めよ。

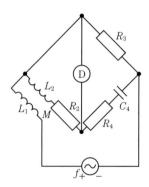

問図 9.7 ケリーフォスターブリッジ（D：検出器）

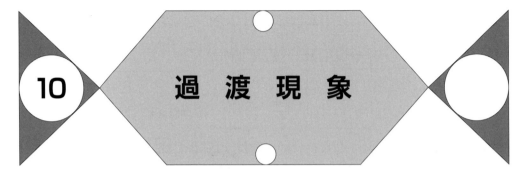

10 過渡現象

回路理論に出てくる素子は，抵抗，コイル，コンデンサである（R, L, C に半導体を加えれば電子機器の 95 ％以上を占めるといってもいい過ぎにはならないであろう）。素子に加える電圧と電流の関係は，抵抗の場合，オームの法則で示された。コイル，コンデンサについては，電流（または電圧）が電圧（または電流）の微分または積分に比例するということであった。したがって，正弦波 $\sin \omega t$ に対して微分に比例する応答は $\omega \cos \omega t$ に比例し，積分に比例する応答なら $-1/\omega \cdot \cos \omega t$ に比例した応答となる。

回路理論では，正弦波に限定した解析に対して微分を行う代わりに $j\omega$ 倍，積分を行う代わりに $1/j\omega$ 倍して，複素数を導入した計算をすれば簡単に計算できることを学んだ。

では，正弦波以外の入力に対する応答はどのようになるのであろうか。

本章では，一般的な微積分方程式による解法を学び，その解析をより簡単に求めることができるラプラス変換を用いた解法について勉強する。

10.1 微分方程式とその解法

図 **10.1** に示すように，抵抗 R とコンデンサ C に電池 E とスイッチ SW が直列接続された回路がある。

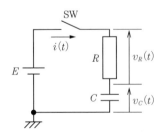

図 **10.1**　R–C 回路の応答（1）

SW を閉じると閉路ができ，時間 t の関数として電流 $i(t)$ が流れることになる。

このとき，KVL より

$$E = v_R(t) + v_C(t) \tag{10.1}$$

でなければならない。また，v_R はオームの法則より

$$v_R(t) = R \cdot i(t) \tag{10.2}$$

であり，$v_C(t)$ はコンデンサの充電されている電荷 $q(t)$ と静電容量 C との間につぎのような関係がある。

$$q(t) = C \cdot v_C(t) \quad \text{または，} \quad v_C(t) = \frac{q(t)}{C} \tag{10.3}$$

また，電荷 $q(t)$ と電流 $i(t)$ との間にはつぎのような関係がある。

$$q(t) = \int_0^t i(t)dt + q_0 \quad \text{または，} \quad i(t) = \frac{dq(t)}{dt} \tag{10.4}$$

式(10.4)の最初の式は $q(t)$ と $i(t)$ の関係を積分形式で表したもので，積分定数 q_0 は $t=0$ のときの電荷を意味することから**初期値**と呼ぶことが多い。後ろの式は微分形式であり，電荷の時間変化が電流であることを表している。この微分形式の表現は，式(10.3)より $q(t) = C \cdot v_C(t)$ であり，静電容量 C を定数とするとつぎのようにも書くことができる。

$$i(t) = \frac{dq(t)}{dt} = \frac{dC}{dt}v_C(t) + C\frac{dv_C(t)}{dt} = C\frac{dv_C(t)}{dt} \quad \because \frac{dC}{dt} = 0 \tag{10.5}$$

式(10.1)に式(10.2)と式(10.5)を代入して，$v_C(t)$ について式を立てるとつぎのような線形微分方程式が導ける。

$$RC\frac{dv_C(t)}{dt} + v_C(t) = E \tag{10.6}$$

この微分方程式の解は，**過渡解**（transient solution）と**定常解**（steady-state solution）の二つよりなることが知られており，過渡解と定常解をそれぞれ $v_{C,t}(t)$ と $v_{C,s}(t)$ で表せば，一般解 $v_C(t)$ は次式で与えられる。

$$v_C(t) = v_{C,t}(t) + v_{C,s}(t) \tag{10.7}$$

この式を式(10.6)に代入すると

$$RC\frac{dv_{C,t}(t)}{dt} + v_{C,t}(t) = 0 \tag{10.8}$$

$$RC\frac{dv_{C,s}(t)}{dt} + v_{C,s}(t) = E \tag{10.9}$$

すなわち，過渡解 $v_{C,t}(t)$ は入力 $E=0$ のときの解であり，定常解 $v_{C,s}(t)$ は入力 E に依存した解であることを意味している。

〔**1**〕 **過渡解 $v_{C,t}(t)$：入力が 0 のときの解**　　式(10.8)を満足する解として，$v_{C,t}(t) = Ke^{At}$（K は，$K \neq 0$ なる係数）を仮定してみよう。

そうすると，$dv_{C,t}(t)/dt = AKe^{At}$ であるから，これらを式(10.8)に代入して整理すると次式のように書くことができる。

$$(ARC + 1)Ke^{At} = 0 \tag{10.10}$$

上式で $e^{At} \neq 0$ なので，式(10.10)が成り立つためには

$$A = -\frac{1}{RC} \tag{10.11}$$

でなければならず，したがって，$v_{C,t}(t)$ は次式のような時間関数をもつものでなければならない。

$$\therefore \quad v_{C,t} = Ke^{-\frac{1}{RC}t} \tag{10.12}$$

上式で，係数 K は不明のままであるが，これはのちに初期条件により定まることになる。

〔2〕 **定常解 $v_{C,s}(t)$：入力に依存した解**（特殊解と呼ぶこともある）　式(10.9)を満足する解であるが，いまの場合，入力が直流 E なので，時間がしばらく経つと時間変化がなくなることが予想される（つまり，$dE/dt=0$ なので，過渡的な変化が収まった先では $dv_{C,s}(t)/dt=0$ となる）。

よって，式(10.9)は次式となる。

$$\therefore \quad v_{C,s}(t) = E \tag{10.13}$$

以上のことから，式(10.6)の一般解 $v_C(t)$ は

$$\therefore \quad v_C(t) = v_{C,t}(t) + v_{C,s}(t) = E + Ke^{-\frac{1}{RC}t} \tag{10.14}$$

いま，スイッチを閉じた瞬間，コンデンサには電荷 q_0 がなかった（すなわち，$q_0=0$）とすると，式(10.3)よりコンデンサの両端電圧 v_C は 0 でなければならない。つまり，式(10.14)は $t=0$ で $v_C(0)=0$ なので

$$v_C(0) = E + Ke^{-\frac{1}{RC} \times 0} = 0 \quad \text{つまり}, \quad K = -E \tag{10.15}$$

したがって

$$v_C(t) = E\left(1 - e^{-\frac{1}{RC}t}\right) \tag{10.16}$$

上式から，$v_C(t)$ の時間変化は RC の大きさに依存することがわかる。t が RC に比べて大きくなるほど，指数関数項の大きさは小さくなるので，$v_C(t)$ の大きさは E に近づいていくことがわかる。RC は**時定数**（time constant）と呼ばれ，秒（〔s〕）の単位をもつ。

ちなみに，$t=0$ で $v_C(0)=0$ であるから，この瞬間，$v_R(0)=E$ であることがわかる。また，回路内を流れる電流 $i(t)$ はオームの法則より $i(t) = \{E - v_C(t)\}/R$ と表せるから，スイッチを閉じた瞬間に流れる電流は $i(0) = E/R$ であることがわかる。

図10.2は，スイッチオン時（$t=0$）からの時間経過に対する $v_C(t)$ および $i(t)$ の変化を示している。

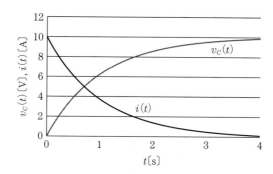

図 10.2 R-C 回路の時間応答（$E = 10\,\text{V},\ R = 1\,\Omega,\ C = 1\,\text{F}$）

【例題 10.1】 図 10.3 に示すように，図 10.1 中の電源が交流電圧源 $v_i(t) = E\sin\omega t$ であった場合について，スイッチオン後の応答 $v_C(t)$ を求めよ。

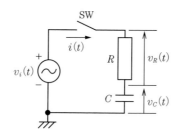

図 10.3 R-C 回路の応答（2）

〈解答〉 解くべき微分方程式は，式(10.6)の E（直流電圧）を $v_i(t) = E\sin\omega t$ とすればよいから，次式となる。

$$RC\frac{dv_C(t)}{dt} + v_C(t) = E\sin\omega t \tag{10.17}$$

この微分方程式の一般解も過渡解と定常解の和となるが，過渡解 $v_{C,t}(t)$ は右辺 = 0 のときの解なので，答えはすでに式(10.12)で求められている。したがって，求めるものは定常解 $v_{C,s}(t)$ であり，式(10.9)に相当する式は次式となる。

$$RC\frac{dv_{C,s}(t)}{dt} + v_{C,s}(t) = E\sin\omega t \tag{10.18}$$

さて，入力が $v_i(t) = E\sin\omega t$ の場合，$dv_i(t)/dt \propto \cos\omega t$ であり，時間とともにその大きさが絶えず変化することがわかる。しかし，その変化は加えた交流電圧の角周波数で変化するため

$$v_{C,s}(t) = V_m\sin(\omega t + \theta) \tag{10.19}$$

と想定すればよいことになる（任意の時刻における正弦波電圧の値は ω が決まれば，V_m，θ，t により定まる）。よって，式(10.19)を式(10.18)に代入すると次式となる。

$$RC\omega V_m\cos(\omega t + \theta) + V_m\sin(\omega t + \theta) = E\sin\omega t$$

$$\implies V_m\sqrt{1 + (\omega RC)^2}\sin\{\omega t + \theta + \tan^{-1}(\omega RC)\} = E\sin\omega t$$

$$\therefore\ V_m = E/\sqrt{1 + (\omega RC)^2},\ \theta = -\tan^{-1}(\omega RC) \tag{10.20}$$

以上のことから，一般解 $v_C(t)$ は

$$\therefore \quad v_C(t) = v_{C,t}(t) + v_{C,s}(t) = Ke^{-\frac{1}{RC}t} + \frac{E}{\sqrt{1+(\omega CR)^2}} \sin\{\omega t - \tan^{-1}(\omega CR)\} \quad (10.21)$$

また，$t=0$ で $v_C(0)=0$ とすると，$K = \dfrac{E}{\sqrt{1+(\omega CR)^2}} \sin\{\tan^{-1}(\omega CR)\}$ より

$$\therefore \quad v_C(t) = \frac{E}{\sqrt{1+(\omega CR)^2}} \Big[\sin\{\omega t - \tan^{-1}(\omega CR)\} + \sin\{\tan^{-1}(\omega CR)\}e^{-\frac{1}{RC}t}\Big] \quad (10.22)$$

図 10.4 に，$R=1\,\Omega$，$C=1\,\mathrm{F}$ の回路に $E=10\,\mathrm{V}$，$\omega=1\,\mathrm{rad/s}$ の正弦波電圧を $t=0$ で加えたときの $v_C(t)$ の時間応答を示す．スイッチオン後の過渡現象を経て，定常状態に至っているようすが現れていることに注目してほしい．定常状態では式(10.22)の指数関数の項が消滅し，$\omega CR=1$ より入力電圧 $v_i(t)$ に対して $v_C(t)$ の振幅は $E/\sqrt{2}$ に，位相は 45°遅れている（$\tan^{-1}(1)=\pi/4$〔rad〕）ことがわかる．この結果は，ベクトル記号法による結果と同じであることを確認してほしい．

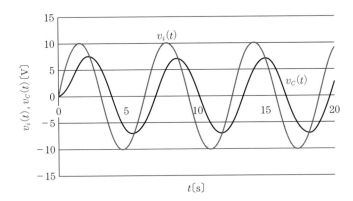

図 10.4 R-C 回路の正弦波応答（$E=10\,\mathrm{V}$，$R=1\,\Omega$，$C=1\,\mathrm{F}$，$\omega=1\,\mathrm{rad/s}$）

10.2 ラプラス変換

前節では，微分方程式を力任せに解く手順について勉強した．非常に煩雑な解き方であり，もっと簡単に解く方法が求められていたところ，Oliver Heaviside により，いまでいうラプラス変換による線形微分方程式を解く方法が創案された．本節では，（数学的な厳密性は多少欠けるが）工学的応用の側面からラプラス変換について勉強する．

10.2.1 ラプラス変換の定義

時間関数 $f(t)$ に e^{-st} を掛け，t についてつぎの積分を行い，新たな変数 s の関数 $F(s)$ を作り出す．このときの操作をラプラス変換という．

$$F(s) = \int_0^\infty f(t)e^{-st}dt \tag{10.23}$$

ラプラス変換（および逆ラプラス変換）をつぎのような書き方で表現することも多く見受けられる（[ ]を省略して書く場合もある）。

$$\mathcal{L}[f(t)] = F(s)：ラプラス変換, \quad f(t) = \mathcal{L}^{-1}[F(s)]：逆ラプラス変換 \tag{10.24}$$

記述の仕方は種々あるが，ここでは，変換，逆変換を $\mathcal{L}[\ ]$，$\mathcal{L}^{-1}[\ ]$，または「⇌」のような記号で表現する。なお，時間関数を $f(t)$ や $v(t)$，$i(t)$ のように小文字で書き，ラプラス変換された s 関数を $F(s)$，$V(s)$，$I(s)$ のように大文字で記述することが一般に用いられている。

変数 s は一般に複素変数であり，ラプラス演算子あるいはラプラス変数と呼ぶ。

$$s = \sigma + j\omega \tag{10.25}$$

また，ラプラス変換で扱う時間関数 $f(t)$ は，t の定義域が $t \geq 0$ の関数であり，$t<0$ で $f(t)=0$ とする。$t<0$ で $f(t)=0$ とする関数を**因果関数**と呼んでいるが，過渡現象を含めた一般の物理現象は**原因**（入力）が加わる前から**結果**（出力）が現れないことから，このような条件の関数が用いられる。すなわち，$t=0$ とは，あるイベントが生じた時刻を指していることになる。また，$f(t)$ は $\int_0^\infty |f(t)e^{-\sigma t}|dt$ が有限値である（必要条件）とする。

10.2.2 ラプラス変換の例

〔1〕 指数減衰波

$$f(t) = e^{-at} \rightleftharpoons \int_0^\infty f(t)e^{-st}dt = \int_0^\infty e^{-(s+a)t}dt = \left[\frac{-1}{s+a}e^{-(s+a)t}\right]_0^\infty = \frac{1}{s+a} \tag{10.26}$$

〔2〕 デルタ関数

$$\int_{-\infty}^\infty \delta(t)dt = 1,\ \delta(t) = 0 \quad (t \neq 0) \rightleftharpoons \int_0^\infty \delta(t)e^{-st}dt = \int_{0-\varepsilon}^{0+\varepsilon} \delta(t)e^{-s0}dt = 1 \tag{10.27}$$

デルタ関数 $\delta(t)$ は，**図 10.5** に示すように，底辺の大きさが ε で高さが $1/\varepsilon$ のパルス波形があるとき，ε を限りなく 0 に近づけていくと，その高さは ∞ となるが，面積は 1 のままである図中の矢印で表現されるような波形である。式で表すと，式(10.27)の左にある二つの式で表現されることになる特殊な関数である。

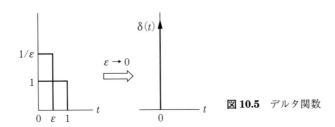

図10.5 デルタ関数

〔3〕 ステップ関数

$$u_s(t) = \begin{cases} 1 & t>0 \\ 0 & t<0 \end{cases} \rightleftharpoons \int_0^\infty u_s(t)e^{-st}dt = \int_0^\infty e^{-st}dt = \left[\frac{1}{-s}e^{-st}\right]_0^\infty = \frac{1}{s} \quad (10.28)$$

（〔1〕で，a を 0 に近づけていったときの極限からも求まる。）

〔4〕 **cos 関 数**　オイラーの公式から $\cos\omega t = (e^{j\omega t}+e^{-j\omega t})/2$ であるから，式(10.26)を利用して

$$\cos\omega t \rightleftharpoons \frac{1}{2}\left(\frac{1}{s-j\omega}+\frac{1}{s+j\omega}\right) = \frac{s}{s^2+\omega^2} \quad (10.29)$$

〔5〕 **減衰振動波 $e^{-at}\cos\omega t$**　オイラーの公式から $e^{-at}\cos\omega t = \{e^{-(a-j\omega)t}+e^{-(a+j\omega)t}\}/2$ より

$$e^{-at}\cos\omega t$$
$$\rightleftharpoons \frac{1}{2}\left(\frac{1}{s+a-j\omega}+\frac{1}{s+a+j\omega}\right) = \frac{s+a}{(s+a)^2+\omega^2} \quad (10.30)$$

課題10.1 つぎの時間関数のラプラス変換を求めよ。
(1) $\sin\omega t$　　(2) $e^{-at}\sin\omega t$

10.2.3 時間関数の微分，積分のラプラス変換

ラプラス変換の例では，いくつかの時間関数のラプラス変換について見てきた。

ここでは，時間関数 $f(t)$ の微分，積分を行った関数についてラプラス変換を行ったときの結果を考えてみよう。つまり，$\int_0^\infty f(t)e^{-st}dt = F(s)$ であるときの $df(t)/dt$ と $\int_0^t f(t)dt$ のラプラス変換を求めてみよう。

〔1〕 **微 分 則**

$$\int_0^\infty \frac{df(t)}{dt}e^{-st}dt = \left[f(t)e^{-st}\right]_0^\infty + s\int_0^\infty f(t)e^{-st}dt = -f(0)+sF(s) \quad (10.31)$$

[2] 積分則

$$\int_0^\infty \int_0^t f(t)dt \cdot e^{-st}dt = \left[\int_0^t f(t)dt \cdot \frac{-1}{s}e^{-st}\right]_0^\infty + \frac{1}{s}\int_0^\infty f(t)e^{-st}dt = \frac{1}{s}F(s) \quad (10.32)$$

(上記の計算では，高校の数学で習った部分積分を利用している。)

このほか，ラプラス変換に関して，いくつかの有用な法則，定理を紹介する（より詳細については，ラプラス変換に関する成書を参照のこと）。

[3] 線形則

$$a_1 f_1(t) \pm a_2 f_2(t) \rightleftharpoons a_1 F_1(s) \pm a_2 F_2(s)$$

証明：$\int_0^\infty \{a_1 f_1(t) \pm a_2 f_2(t)\}e^{-st}dt = a_1 \int_0^\infty f_1(t)e^{-st}dt \pm a_2 \int_0^\infty f_2(t)e^{-st}dt$

$$= a_1 F_1(s) \pm a_2 F_2(s)$$

[4] 相似則

$$f(at) \rightleftharpoons \frac{1}{a}F\left(\frac{s}{a}\right)$$

証明：$\int_0^\infty f(at)e^{-st}dt \xrightarrow{at=\tau \to dt=d\tau/a} \frac{1}{a}\int_0^\infty f(\tau)e^{-(s/a)\tau}d\tau = \frac{1}{a}F\left(\frac{s}{a}\right)$

[5] 推移則

$$f(t-a) \rightleftharpoons e^{-as}F(s)$$

証明：$\int_0^\infty f(t-a)e^{-st}dt \xrightarrow{t-a=\tau} \int_{-a}^\infty f(\tau)e^{-s(a+\tau)}d\tau = e^{-as}\int_0^\infty f(\tau)e^{-s\tau}d\tau = e^{-as}F(s)$

(上式で積分区間 $-a \sim \infty$ を $0 \sim \infty$ としたのは，$f(\tau)$ が因果関数 $[f(\tau)=0(\tau<0)]$ であるため)

[6] 相乗則

$$\int_0^t f_1(t-\tau)f_2(\tau)d\tau : \text{たたみ込み積分と呼び，} f_1(t) * f_2(t) \text{と書くこともある}$$

$$\rightleftharpoons F_1(s)F_2(s)$$

証明：$f_1(t-\tau) = 0 \quad (t<\tau)$ であるから，$\int_0^t f_1(t-\tau)f_2(\tau)d\tau$ を $\int_0^\infty f_1(t-\tau)f_2(\tau)d\tau$ としてもその値は変わらないことに注意し，$t-\tau = t'$ とすると

$$\int_0^\infty \int_0^\infty f_1(t-\tau)f_2(\tau)d\tau e^{-st}dt = \int_{-\tau}^\infty \int_0^\infty f_1(t')f_2(\tau)d\tau e^{-s(t'+\tau)}dt'$$

$$= \int_0^\infty f_1(t')e^{-st'}dt' \int_0^\infty f_2(\tau)e^{-s\tau}d\tau = F_1(s)F_2(s)$$

(上式で $f_1(t')$ の積分区間 $-\tau \sim \infty$ を $0 \sim \infty$ としたのは，$f_1(t')$ が因果関数 $[f(t') = 0 \quad (t' < 0)]$ であるため）

〔7〕 最終値定理

$$\lim_{t \to \infty} f(t) = \lim_{s \to 0} sF(s)$$

ただし，この等式は $sF(s)$ の極の実部が 0 か負の場合だけ成り立つ。

証明：〔1〕微分則〔式(10.31)〕で，$s \to 0$ とすると $e^{-st} \to 1$ であるから，左辺は次式となる。

$$\int_0^\infty \frac{df(t)}{dt} e^{-st} dt \xrightarrow{s \to 0} = \int_0^\infty df(t) = \Big[f(t)\Big]_0^\infty = f(\infty) - f(0)$$

上式と式(10.31)は，$s \to 0$ のもとで同じであるから，$\lim_{t \to \infty} f(t) = \lim_{s \to 0} sF(s)$ となる。

〔8〕 初期値定理

$$\lim_{t \to 0} f(t) = \lim_{s \to \infty} sF(s)$$

証明：〔1〕微分則〔式(10.31)〕で，$s \to \infty$ とすると $e^{-st} \to 0$ であるから，左辺は

$$\lim_{s \to \infty} \int_0^\infty \frac{df(t)}{dt} e^{-st} dt = \int_0^\infty \frac{df(t)}{dt} \lim_{s \to \infty} e^{-st} dt = 0$$

より，式(10.31)は，$\lim_{s \to \infty}\{-f(0) + sF(s)\} = 0$ となる。よって，$\lim_{t \to 0} f(t) = \lim_{s \to \infty} sF(s)$ となる。

課題 10.2 つぎの時間関数のラプラス変換を求めよ。

（1） $g_2(t) = \dfrac{d^2 f(t)}{dt^2}$　　（2） $g_3(t) = \dfrac{d^3 f(t)}{dt^3}$　　（3） $f(t) e^{-at}$

課題 10.3 10.1節の式(10.6)をラプラス変換したら，どのような式になるか示せ。

10.3　信号，回路素子のラプラス変換

　回路網の解析は，電源（電圧源や電流源）と回路素子（R, L, C）のつながり方に基づいて微分方程式を立て，解くことによって始まる。例えば，電圧源として扱う信号はさまざまあるが，正弦波電圧や直流電圧のラプラス変換については，前節のラプラス変換の例の中で勉強した。ここでは，10.2.2項の〔1〕～〔5〕に加えて，ほかのいくつかの波形について，そのラプラス変換を求めてみよう（ここでも，高校で勉強した部分積分の式を利用している）。

〔6〕 ランプ波形

$$f(t) = t \quad \rightleftarrows \quad \int_0^\infty t e^{-st} dt = \left[t \frac{1}{-s} e^{-st} \right]_0^\infty + \frac{1}{s} \int_0^\infty e^{-st} dt = \frac{1}{s} \left[\frac{1}{-s} e^{-st} \right]_0^\infty = \frac{1}{s^2} \tag{10.33}$$

〔7〕 一定加速度波形

$$f(t) = \frac{t^2}{2} \quad \rightleftarrows \quad \int_0^\infty \frac{t^2}{2} e^{-st} dt = \left[\frac{t^2}{2} \frac{1}{-s} e^{-st} \right]_0^\infty + \frac{1}{s} \int_0^\infty t e^{-st} dt = \frac{1}{s^3} \tag{10.34}$$

つぎに,回路素子の基本的な性質に基づき,その動作をラプラス変換で表すと,**表 10.1** のようになる。

表 10.1 回路素子の動作とそのラプラス変換

抵抗 R	インダクタ L	キャパシタ C
$i_R \rightarrow R$ $+ \; v_R \; -$	$i_L \rightarrow L$ $+ \; v_L \; -$	$i_C \rightarrow C$ $+ \; v_C \; -$
t 関数の世界		
オームの法則: $i_R(t) = \dfrac{v_R(t)}{R}$ または $\underline{\underline{v_R(t) = R \cdot i_R(t)}}$	$\phi(t) = L \cdot i_L(t) \Rightarrow$ $\underline{\underline{v_L(t) = \dfrac{d\phi(t)}{dt} = L \cdot \dfrac{di_L(t)}{dt}}}$ または $i_L(t) = \dfrac{1}{L} \int_0^t v_L(t) dt + i_L(0)^*$	$q(t) = C \cdot v_C(t) \Rightarrow$ $i_C(t) = \dfrac{dq(t)}{dt} = C \cdot \dfrac{dv_C(t)}{dt}$ または $\underline{\underline{v_C(t) = \dfrac{1}{C} \int_0^t i_C(t) dt + v_C(0)^*}}$
s 関数の世界(ラプラス変換)		
$V_R(s) = R \cdot I_R(s)$	$V_L(s) = L\{sI_L(s) - i_L(0)\}$	$V_C(s) = \dfrac{1}{sC} I_C(s) + \dfrac{1}{s} v_C(0)$

※ $i_L(0)$, $v_C(0)$ は積分形式における初期値。

抵抗 R の動作はオームの法則そのもの(電圧と電流が比例関係)であるが,インダクタ L は磁束 $\phi(t)$ が電流と比例関係にあり,電圧は磁束の時間変化に比例している。したがって,微分形式では,電圧 $v_L(t)$ は電流 $i_L(t)$ の時間微分に比例し,積分形式では $i_L(t)$ が $v_L(t)$ の時間積分に比例するという表現になる[積分形式では,積分定数(初期値)$i_L(0)$ もつけ加わることになる]。また,キャパシタ C では電荷 $q(t)$ が電圧と比例関係にあり,電流は電荷の時間微分に比例している。よって,微分形式では電流 $i_C(t)$ が電圧 $v_C(t)$ の時間微分に比例し,積分形式では $v_C(t)$ が $i_C(t)$ の時間積分に比例するという表現になる[初期値 $v_C(0)$ がつけ加わるのはインダクタの場合と同じ]。

表の二重下線部分(電圧イコールの式)に着目すると,抵抗は電流と比例関係,インダクタは電流の時間微分と比例関係,キャパシタは電流の時間積分と比例関係にあることがわか

る。

したがって，二重下線部分の式についてラプラス変換すると，各素子の働きは表の下段にある式のように表現できることになる。

課題 10.4 表10.1のs関数の世界では，二重下線部分の式をラプラス変換することによって求めた。t関数の世界では，いま一つの形式でも素子の動作を表現できることが示されている。こちらの式をラプラス変換したら，どのように表せるか考えよ。

10.4 ラプラス変換による解析

いま一度，10.1節の**図10.1**について，スイッチオン後の応答について考えてみよう。この回路については，式(10.1)のように次式が成り立つ。

$$E = v_R(t) + v_C(t) \tag{10.35}$$

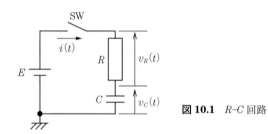

図10.1 R-C回路（再掲）

また，RおよびCの部分にはそれぞれ次式が成り立つ。

$$v_R(t) = Ri(t) \tag{10.36}$$

$$i(t) = C\frac{dv_C(t)}{dt} \tag{10.37}$$

式(10.35)～(10.37)について，ラプラス変換すると，次式を得る。

$$\frac{E}{s} = V_R(s) + V_C(s) \tag{10.38}$$

$$V_R(s) = RI(s) \tag{10.39}$$

$$I(s) = C\{sV_C(s) - v_C(0)\} \tag{10.40}$$

これらの式から$V_R(s)$と$I(s)$を消去して，$V_C(s)$について求めると次式となる。

$$V_C(s) = \frac{E}{s(RCs+1)} + \frac{RCv_C(0)}{RCs+1} \tag{10.41}$$

この一連の計算過程の中で，ラプラス変換による解析では，初期値も含んで解かれていることが重要な点である。いまの場合，$v_C(0)=0$であったから，式(10.41)の右辺は第1項目

だけとなり，これを部分分数に分けると次式のようになる。

$$V_C(s) = \frac{E}{s(RCs+1)} = E\left\{\frac{1}{s} - \frac{RC}{RCs+1}\right\} = E\left\{\frac{1}{s} - \frac{1}{s+(1/RC)}\right\} \quad (10.42)$$

式(10.42)で，最右辺の項は$1/s$と$1/(s+a)$のような形に整理されているが，s関数がこのような形に変換されたもとのt関数はステップ関数と指数減衰波（式(10.28), (10.26)参照）であったことを思い出してほしい。

したがって，式(10.42)を逆ラプラス変換して，時間関数とすれば次式を得，この答えが微分方程式から求めた式(10.16)と同じであることを確認してほしい。

$$\therefore \ v_C(t) = \mathcal{L}^{-1}[V_C(s)] = E\left\{\mathcal{L}^{-1}\left[\frac{1}{s}\right] - \mathcal{L}^{-1}\left[\frac{1}{s+(1/RC)}\right]\right\} = E\left(1 - e^{-\frac{1}{RC}t}\right) \quad (10.43)$$

【例題 10.2】 図10.1の回路で，$t=0$で$v_C(0)=V_0 \neq 0$であったとすると，このときのスイッチオン後の応答はどのようになるか。

〈解答〉 式(10.41)より，$v_C(t)$は次式となる。

$$V_C(s) = \frac{E}{s(RCs+1)} + \frac{RCV_0}{RCs+1} = E\left\{\frac{1}{s} - \frac{1}{s+(1/RC)}\right\} + \frac{V_0}{s+(1/RC)}$$

$$\rightleftarrows \ v_C(t) = E\left(1 - e^{-\frac{1}{RC}t}\right) + V_0 e^{-\frac{1}{RC}t} \quad (10.44)$$

【例題 10.3】 図10.6に示すように，抵抗RとイクダクタLに電池EとスイッチSWが直列接続された回路がある。スイッチオン後の回路に流れる電流$i(t)$の時間変化を求めよ。ただし，$t=0$のとき，回路内に電流は流れていなかったとする。

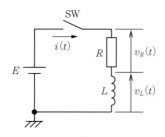

図 10.6 R-L 回路の応答

〈解答〉 KVL より

$$E = v_R(t) + v_L(t) \quad (10.45)$$

また，R, Lについてはそれぞれ次式が成り立つ。

$$v_R(t) = Ri(t), \quad v_L(t) = L\frac{di(t)}{dt} \quad (10.46)$$

よって，これらの式をラプラス変換し，$i(t)$について解くと

$$I(s) = \frac{E}{s(Ls+R)} = \frac{E}{R}\left\{\frac{1}{s} - \frac{1}{s+(R/L)}\right\} \ \rightleftarrows \ i(t) = \frac{E}{R}\left(1 - e^{-\frac{R}{L}t}\right) \quad (10.47)$$

いくつかの例で見てきたように，**ラプラス変換による解析**では部分分数に分け，その逆ラプラス変換によって時間応答を求めるというプロセスを取ることになる．このとき，各部分分数の係数を簡単に求める方法も O. Heaviside が創案しているので，紹介しよう（**Heaviside の展開定理**）．

一般に，部分分数に分けようとするもとの s 関数 $H(s)$ は $H(s) = N(s)/D(s)$ のように分数式で表され，分母多項式 $D(s)$ が，つぎに示すように三つの場合について考える．

〔1〕 $D(s)$ の因数がすべて一次式の場合

$$H(s) = \frac{N(s)}{(s+s_1)(s+s_2)\cdots(s+s_i)\cdots(s+s_n)}$$

$$= \frac{A_1}{s+s_1} + \frac{A_2}{s+s_2} + \cdots + \frac{A_i}{s+s_i} + \cdots + \frac{A_n}{s+s_n} \tag{10.48}$$

この場合，係数 A_1 はつぎのような手順で求めることができる．

まず，式(10.48)の両辺（上の式と下の式）に $(s+s_1)$ を掛けると，上の式は分母，分子で約分されることに注意して，次式が得られる．

$$\frac{N(s)}{(s+s_2)\cdots(s+s_i)\cdots(s+s_n)}$$

$$= A_1 + \left(\frac{A_2}{s+s_2} + \cdots + \frac{A_i}{s+s_i} + \cdots + \frac{A_n}{s+s_n}\right)(s+s_1) \tag{10.49}$$

ここで，$s = -s_1$ とすると，右辺は，第2項目が 0 となり，A_1 のみとなるから

$$A_1 = \frac{N(-s_1)}{(-s_1+s_2)\cdots(-s_1+s_i)\cdots(-s_1+s_n)} \tag{10.50}$$

として A_1 を求めることができる．

これを一般化して整理すると，A_i は次式で求められる．

$$A_i = \lim_{s \to -s_i} H(s) \cdot (s+s_i) \tag{10.51}$$

したがって，式(10.48)を逆ラプラス変換すると次式となる．

$$\therefore \quad h(t) = A_1 e^{-s_1 t} + A_2 e^{-s_2 t} + \cdots + A_i e^{-s_i t} + \cdots + A_n e^{-s_n t} \tag{10.52}$$

〔2〕 $D(s)$ の因数に二次式がある場合

$$H(s) = \frac{N(s)}{(s^2+as+b)D_2(s)} = \frac{P(s)}{s^2+as+b} + H_2(s) \tag{10.53}$$

二次式で，$a^2 - 4b < 0$ である場合，この s 関数は減衰振動波［式(10.30)，課題 10.1（2）参照］のラプラス変換となっている．

いま，この因数 s^2+as+b を $(s+\sigma)^2+\omega^2$ [$\sigma = a/2$, $\omega^2 = b - a^2/4$] の形に書き直し，また，

分子 $P(s)$ が $\alpha s + \beta$ のように一次式となることを考慮すると，式(10.53)は次式のように表せる。

$$H(s) = \frac{N(s)}{\{(s+\sigma)^2 + \omega^2\}D_2(s)} = \frac{\alpha s + \beta}{(s+\sigma)^2 + \omega^2} + H_2(s) \tag{10.54}$$

この式の両辺に，$(s+\sigma)^2 + \omega^2$ を掛けると

$$\alpha s + \beta + H_2(s)\{(s+\sigma)^2 + \omega^2\} = \frac{N(s)}{D_2(s)} \tag{10.55}$$

となるので，$s = -\sigma + j\omega$ を代入すると，次式となる。

$$\alpha(-\sigma + j\omega) + \beta = \frac{N(-\sigma + j\omega)}{D_2(-\sigma + j\omega)} \equiv P_1 + jP_2 \tag{10.56}$$

上式で，P_1, P_2 は $N(-\sigma+j\omega)/D_2(-\sigma+j\omega)$ の計算後の実数部，虚数部を表す。

したがって，α, β は $\alpha = P_2/\omega$，$\beta = P_1 + \sigma P_2/\omega$ となるので，二次因数に対応する部分分数を $H_1(s)$ とすれば

$$H_1(s) = \frac{1}{\omega} \cdot \frac{P_2(s+\sigma) + P_1\omega}{(s+\sigma)^2 + \omega^2} \tag{10.57}$$

よって，これを逆ラプラス変換することによって，時間関数 $h_1(t)$ は次式となる。

$$h_1(t) = \frac{1}{\omega} \cdot e^{-\sigma t} \cdot (P_2 \cos \omega t + P_1 \sin \omega t) = \frac{\sqrt{P_1^2 + P_2^2}}{\omega} \cdot e^{-\sigma t} \cdot \sin\left\{\omega t + \tan^{-1}\left(\frac{P_2}{P_1}\right)\right\} \tag{10.58}$$

〔3〕 $D(s)$ の因数に多重因数がある場合

$$H(s) = \frac{N(s)}{(s+s_0)^n D_2(s)} = \frac{B_1}{(s+s_0)^n} + \frac{B_2}{(s+s_0)^{n-1}} + \cdots + \frac{B_n}{s+s_0} + \cdots \tag{10.59}$$

n 重因数をもつ場合，まず B_1 を求めることを考える。つまり，両辺に $(s+s_0)^n$ を掛けると

$$\frac{N(s)}{D_2(s)} = B_1 + \left\{\frac{B_2}{(s+s_0)^{n-1}} + \frac{B_3}{(s+s_0)^{n-2}} + \cdots + \frac{B_n}{s+s_0} + \cdots\right\}(s+s_0)^n$$

$$= B_1 + B_2(s+s_0) + B_3(s+s_0)^2 + \cdots + B_n(s+s_0)^{n-1} + \cdots \tag{10.60}$$

となるから，B_1 は $s = -s_0$ として次式のように求められる。

$$B_1 = \frac{N(-s_0)}{D_2(-s_0)} \quad \text{すなわち，} \quad B_1 = \lim_{s \to -s_0} H(s) \cdot (s+s_0)^n \tag{10.61}$$

つぎに，B_2 であるが式(10.60)を s で微分すると

$$\frac{d}{ds}\frac{N(s)}{D_2(s)} = B_2 + 2B_3(s+s_0) + \cdots + (n-1)B_n(s+s_0)^{n-2} + \cdots \tag{10.62}$$

となるから，この式に $s=-s_0$ を代入して B_2 は次式のように求められる。

$$B_2 = \frac{d}{ds}\frac{N(-s_0)}{D_2(-s_0)} \quad \text{すなわち}, \quad B_2 = \lim_{s \to -s_0}\frac{d}{ds}\{H(s)\cdot(s+s_0)^n\} \tag{10.63}$$

これを一般化すれば，次式となる。

$$B_k = \lim_{s \to -s_0}\frac{1}{(k-1)!}\frac{d^{k-1}}{ds^{k-1}}\{H(s)\cdot(s+s_0)^n\} \tag{10.64}$$

したがって，この多重因数に対する部分の時間関数は次式となる。

$$h(t) = \left(\frac{B_1 t^{n-1}}{(n-1)!} + \frac{B_2 t^{n-2}}{(n-2)!} + \cdots + \frac{B_{n-2} t^2}{2!} + \frac{B_{n-1} t}{1!} + B_n\right)e^{-s_0 t} \tag{10.65}$$

【例題 10.4】 つぎの s 関数の時間関数を求めよ。

（1） $H(s) = \dfrac{2s+5}{(s+2)(s+3)}$ （2） $H(s) = \dfrac{s+3}{(s^2+2s+2)(s+2)}$

（3） $H(s) = \dfrac{s+3}{(s+1)^2(s+2)}$

〈解答〉 （1）

$$H(s) = \frac{2s+5}{(s+2)(s+3)} = \frac{A_1}{s+2} + \frac{A_2}{s+3}$$

とすると

$$A_1 = [H(s)\cdot(s+2)]_{s=-2} = \left[\frac{2s+5}{s+3}\right]_{s=-2} = 1, \quad A_2 = [H(s)\cdot(s+3)]_{s=-3} = 1$$

より

$$H(s) = \frac{1}{s+2} + \frac{1}{s+3} \quad \rightleftarrows \quad h(t) = e^{-2t} + e^{-3t}$$

（2）

$$H(s) = \frac{s+3}{(s^2+2s+2)(s+2)} = \frac{s+3}{\{(s+1)^2+1\}(s+2)} = \frac{\alpha s+\beta}{(s+1)^2+1^2} + \frac{A}{s+2}$$

まず，A は

$$A = [H(s)\cdot(s+2)]_{s=-2} = \left[\frac{s+3}{s^2+2s+2}\right]_{s=-2} = \frac{1}{2}$$

α,β については

$$[H(s)\cdot\{(s+1)^2+1\}]_{s=-1+j} = \left[\frac{s+3}{s+2}\right]_{s=-1+j} = [\alpha s+\beta]_{s=-1+j}$$

したがって

$$\beta - \alpha + j\alpha = \frac{3}{2} - j\frac{1}{2} \quad \text{つまり}, \quad \alpha = -\frac{1}{2}, \quad \beta = 1$$

よって

$$H(s) = \frac{-(1/2)s+1}{(s+1)^2+1^2} + \frac{1/2}{s+2} = \frac{-(1/2)(s+1)+3/2}{(s+1)^2+1^2} + \frac{1/2}{s+2}$$

$$\rightleftharpoons \quad h(t) = -\frac{1}{2}e^{-t}\cos t + \frac{3}{2}e^{-t}\sin t + \frac{1}{2}e^{-2t} = \frac{\sqrt{10}}{2}e^{-t}\sin\left\{t - \tan^{-1}\left(\frac{1}{3}\right)\right\} + \frac{1}{2}e^{-2t}$$

(3)
$$H(s) = \frac{s+3}{(s+1)^2(s+2)} = \frac{B_1}{(s+1)^2} + \frac{B_2}{s+1} + \frac{A}{s+2}$$

とすると
$$H(s)\cdot(s+1)^2 = \frac{s+3}{s+2} = B_1 + B_2(s+1) + \frac{A}{s+2}(s+1)^2$$

また
$$\frac{d}{ds}\{H(s)\cdot(s+1)^2\} = \frac{d}{ds}\left\{\frac{s+3}{s+2}\right\} = \frac{(s+2)-(s+3)}{(s+2)^2} = \frac{-1}{(s+2)^2}$$
$$= B_2 + A\cdot\frac{(s+3)(s+1)}{(s+2)^2}$$

したがって
$$B_1 = [H(s)\cdot(s+1)^2]_{s=-1} = \left[\frac{s+3}{s+2}\right]_{s=-1} = 2,$$
$$B_2 = \left[\frac{d}{ds}\{H(s)\cdot(s+1)^2\}\right]_{s=-1} = \left[\frac{-1}{(s+2)^2}\right]_{s=-1} = -1$$
$$A = [H(s)\cdot(s+2)]_{s=-2} = \left[\frac{s+3}{(s+1)^2}\right]_{s=-2} = 1$$

よって
$$H(s) = \frac{2}{(s+1)^2} - \frac{1}{s+1} + \frac{1}{s+2} \quad \rightleftharpoons \quad h(t) = 2te^{-t} - e^{-t} + e^{-2t} = e^{-t}(2t-1) + e^{-2t}$$

10.5 解 析 例

本節では,いくつかの回路についてラプラス変換による解析例を見てみよう。

【例題 10.5】 図 10.7 は何回が出てきた R-C 回路であるが,この回路に入力としてインパルス電圧 $\delta(t)$ が印加されたときの出力電圧 $v_C(t)$ の応答(一般に,インパルス応答と呼ぶ)を求めよ。ただし,$t=0$ で,$v_C(t)=0$ とする。ここで,$\delta(t)$ は式(10.27)で定義されたデルタ関数 $\left[\int_{-\infty}^{\infty}\delta(t)dt = 1,\ \delta(t)=0(t\neq 0)\right]$ である。

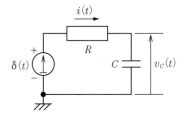

図 10.7 R-C 回路のインパルス応答

〈解答〉 図10.1の回路と比較すると，入力電圧が直流電圧Eからデルタ関数に変わっただけであるから，式(10.6)を参考にすると，この回路の微分方程式は次式となる。

$$RC\frac{dv_C(t)}{dt} + v_C(t) = \delta(t) \tag{10.66}$$

よって，上式をラプラス変換して$v_C(0)=0$であることを考慮すると，次式を得る。

$$(sRC+1)V_C(s) = 1 \quad \therefore \quad V_C(s) = \frac{1}{RC} \cdot \frac{1}{s+1/RC} \tag{10.67}$$

したがって，これを逆ラプラス変換して，インパルス応答$v_C(t)$として次式を得る。

$$\therefore \quad v_C(t) = \frac{1}{RC} \cdot e^{-\frac{1}{RC}t} \tag{10.68}$$

【例題 10.6】 図10.7の回路で，入力電圧を$v_i(t)=e^{-at}$ ($t>0$, $a>0$の係数) としたときの出力電圧$v_C(t)$の応答を求めよ。ただし，$t=0$で$v_C(t)=0$とする。

〈解答〉 この場合の微分方程式は次式となる。

$$RC\frac{dv_C(t)}{dt} + v_C(t) = e^{-at} \tag{10.69}$$

よって，上式をラプラス変換して$v_C(0)=0$であることを考慮すると，次式を得る。

$$(sRC+1)V_C(s) = \frac{1}{s+a} \quad \therefore \quad V_C(s) = \frac{1}{RC} \cdot \frac{1}{(s+1/RC)(s+a)} \tag{10.70}$$

式(10.69)より，前節の【例題10.4】を参考にして，部分分数に分解して，その逆ラプラス変換より$v_C(t)$を求めればよいのであるが，①$a \neq 1/RC$と②$a=1/RC$の二つの場合について求めることが必要になる。

① $a \neq 1/RC$ の場合 ($D(s)$の因数がすべて一次式の場合)

$$V_C(s) = \frac{1}{RC} \cdot \frac{1}{(s+1/RC)(s+a)} = \frac{1}{1-aRC}\left(\frac{1}{s+a} - \frac{1}{s+1/RC}\right)$$

$$\rightleftharpoons \quad v_C(t) = \frac{1}{1-aRC}\left(e^{-at} - e^{-\frac{1}{RC}t}\right) \tag{10.71}$$

② $a = 1/RC$ の場合 ($D(s)$の因数に多重因数がある場合)

$$V_C(s) = \frac{1}{RC} \cdot \frac{1}{(s+a)^2} \quad \rightleftharpoons \quad v_C(t) = \frac{1}{RC} t e^{-at} \tag{10.72}$$

図10.8に，入力電圧$v_i(t)=e^{-at}$ ($a=1$) に対する出力電圧$v_C(t)$の時間変化を示す。図中，$v_{C1}(t)$, $v_{C2}(t)$はRCをそれぞれ$0.1\,\text{s}$, $1\,\text{s}$としたときの結果を示している。時定数が小さい$RC=$

コラム　インパルス応答

デルタ関数に対する"インパルス応答"は，未知の回路（またはシステム）の性質を知るうえで非常に重要な応答の一つである。【例題10.6】の解答（別解）の中で，その内容について勉強する。

インパルス応答は回路理論だけでなく，例えばお医者さんが患者さんのお腹を"ポンポン"と叩いてその応答を調べるのも，またお母さんがスイカを叩いてその出来を調べるのも"インパルス応答"を調べていることを意味している。

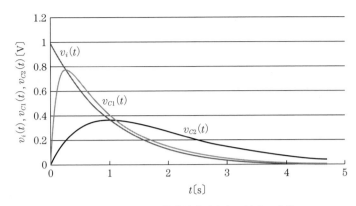

図 10.8 R–C 回路の指数減衰波入力に対する応答

0.1 s の結果は素早く入力電圧と追従した電圧を出力していることがわかる。

〈**別解**〉 10.2.3 項〔6〕相乗則：たたみ込み積分による求め方

回路のインパルス応答の結果を利用すると，$v_i(t) = e^{-at}$（$t>0$，$a>0$ の係数）に対する出力電圧 $v_C(t)$ の応答を求めることができる。

いま，インパルス応答を $f_1(t)$ で表すと，【例題 10.5】から

$$f_1(t) = \frac{1}{RC} e^{-\frac{1}{RC}t} \tag{10.73}$$

と表せるので，これと $v_i(t) = e^{-at} \to f_2(t)$ とのたたみ込み積分により，$v_C(t)$ の応答を求めることができる。すなわち，$v_C(t)$ は次式となる。

$$v_C(t) = \int_0^t f_1(t-\tau)f_2(\tau)d\tau = \int_0^t \frac{1}{RC} e^{-\frac{1}{RC}(t-\tau)} \cdot e^{-a\tau} d\tau = \frac{1}{RC} e^{-\frac{1}{RC}t} \int_0^t e^{-\left(a-\frac{1}{RC}\right)\tau} d\tau \tag{10.74}$$

上式の積分は，① $a \neq 1/RC$ の場合は

$$v_C(t) = \frac{1}{RC} e^{-\frac{1}{RC}t} \left[\frac{1}{-\left(a-\frac{1}{RC}\right)} e^{-\left(a-\frac{1}{RC}\right)\tau} \right]_0^t = \frac{1}{1-aRC}\left(e^{-at} - e^{-\frac{1}{RC}t}\right) \tag{10.75}$$

また，② $a = 1/RC$ の場合は

$$v_C(t) = \frac{1}{RC} e^{-\frac{1}{RC}t} \int_0^t d\tau = \frac{1}{RC} e^{-\frac{1}{RC}t}[\tau]_0^t = \frac{1}{RC} t e^{-\frac{1}{RC}t} \tag{10.76}$$

と先の答えと同じになることがわかる。

いま少し，たたみ込み積分のことについて考えてみよう。

図 10.9 を見てほしい。「ある回路（システム）にインパルス $\delta(t)$ を入力したときの出力応答（＝インパルス応答）$h(t)$ がわかっている」としよう。

その回路に点線で示される $x(t)$ を入力したときの応答を考える。

いま，時刻 τ で回路に入力される信号の大きさを $x(\tau)$ と $\Delta\tau$ の面積で表すと，$x(\tau) \cdot \Delta\tau$ となる。

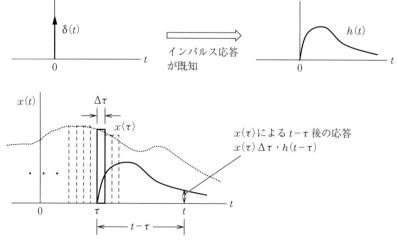

図 10.9 たたみ込み積分による任意の入力信号に対する応答

ここで，$\Delta\tau \to 0$ とすれば大きさが $x(\tau)\Delta\tau$ の δ 関数に近づいていく。したがって，この入力が加わってから $t-\tau$ 後の応答は，$x(\tau)\Delta\tau \cdot h(t-\tau)$ となる。また，入力は $t=\tau$ 以外にもあることを考慮すると，出力 $y(t)$ は，たたみ込み積分として次式によって表すことができる。

$$y(t) = \sum_{\tau=-\infty}^{\infty} x(\tau)h(t-\tau)\Delta\tau \xrightarrow{\Delta\tau \to 0} y(t) = \int_{-\infty}^{\infty} x(\tau)h(t-\tau)d\tau \tag{10.77}$$

上式で，$\sum$ や積分の区間が $-\infty$ から $+\infty$ となっているが，より一般化されたときの表現であり，入力や回路（システム）が因果関数であれば制限されることになる。例えば，$t<\tau$ で $h(t-\tau)$ が 0 でないとすると，t の時刻における出力が未来に加わる入力に対して影響を受けることになり，因果律を満たす回路（システム）ではありえないことになる。つまり，因果関数で表現される回路では，$t<\tau$ で $h(t-\tau)=0$ でなければならないことになる。

たたみ込み積分による方法は，インパルス応答がわかれば，数式で表現できないような任意の入力電圧波形に対する出力応答を求めることができるため重要である。

【例題 10.7】 図 10.10 に示すように，初めスイッチ SW が 1 に接続されており，十分時間が経った後，時刻 $t=0$ で SW を 2 に倒したとき，電流 $i(t)$ および $v_R(t)$，$v_L(t)$ はどのようになるか求めよ。

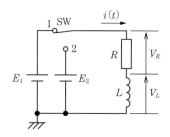

図 10.10 R-L 回路

〈**解答**〉 SWが1に接続され十分時間が経った後では，過渡状態は終わっており，$i(t)=E_1/R$ となっている．$t=0$ でSWを2に倒したとき，この回路の微分方程式は次式となる．

$$v_R(t) + v_L(t) = E_2 \implies Ri(t) + L\frac{di(t)}{dt} = E_2 \tag{10.78}$$

電流の初期値として，$i(0)=E_1/R$ となっていることを考慮して，ラプラス変換すると

$$RI(s) + L\left\{sI(s) - \frac{E_1}{R}\right\} = \frac{E_2}{s} \quad \text{よって，} \quad I(s) = \frac{E_2}{s(Ls+R)} + \frac{L}{R(Ls+R)}E_1 \tag{10.79}$$

これより

$$I(s) = \frac{E_2}{R}\left(\frac{1}{s} - \frac{1}{s+R/L}\right) + \frac{E_1}{R}\cdot\frac{1}{(s+R/L)} \rightleftarrows i(t) = \frac{E_2}{R}\left(1 - e^{-\frac{R}{L}t}\right) + \frac{E_1}{R}\cdot e^{-\frac{R}{L}t} \tag{10.80}$$

また，$V_R(s)=RI(s)$，$V_L(s)=L\{sI(s)-E_1/R\}$，あるいは $v_R(t)=Ri(t)$，$v_L(t)=L\cdot di(t)/dt$ より

$$v_R(t) = E_2\left(1 - e^{-\frac{R}{L}t}\right) + E_1 e^{-\frac{R}{L}t}, \quad v_L(t) = (E_2 - E_1)\cdot e^{-\frac{R}{L}t} \tag{10.81}$$

【**例題 10.8**】 図 **10.11** に示す R–L–C 回路に，$t=0$ で電池 E を接続した．回路に流れる電流 $i(t)$ を求めよ．ただし，$t=0$ でコンデンサの電荷 q および電流は 0 であるとする．

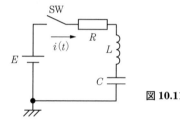

図 10.11 R–L–C 回路

〈**解答**〉 KVL を立てると，次式が成り立つ．

$$Ri(t) + L\frac{di(t)}{dt} + \frac{1}{C}\int i(t)dt = E \tag{10.82}$$

上式をラプラス変換すると

$$RI(s) + L\{sI(s) - i(0)\} + \frac{1}{sC}I(s) + \frac{v_C(0)}{s} = \frac{E}{s} \tag{10.83}$$

上式では，電流 $i(t)$ とコンデンサ両端電圧 $v_C(t)$ の初期値を含めて書かれているが，題意から $i(0)=0$，また $v_C(0)=q(0)/C$ より，初期値はともに 0 である．よって

$$I(s) = \frac{E}{L}\cdot\frac{1}{s^2 + \frac{R}{L}s + \frac{1}{LC}} = \frac{E}{L}\cdot\frac{1}{(s-s_1)(s-s_2)}$$

$$\text{ただし，} \quad s_1, s_2 = -\frac{R}{2L} \pm \sqrt{\left(\frac{R}{2L}\right)^2 - \frac{1}{LC}} \tag{10.84}$$

式 (10.84) は，$\sqrt{}$ の中の値により，前節で詳述した三つの場合（$D(s)$ の因数の内容）に応じて解くことになる．

ここでは，若干，力技的なところはあるが，部分分数に分け求めると，次式のような形になる．

$$I(s) = \frac{E}{L} \cdot \frac{1}{(s-s_1)(s-s_2)} = \frac{A_1}{s-s_1} + \frac{A_2}{s-s_2} \ \rightleftarrows \ i(t) = A_1 e^{s_1 t} + A_2 e^{s_2 t} \qquad (10.85)$$

また，A_1, A_2 は

$$A_1 = \lim_{s \to s_1} I(s) \cdot (s-s_1) = \frac{E}{L} \cdot \frac{1}{s_1 - s_2}, \ A_2 = \lim_{s \to s_2} I(s) \cdot (s-s_2) = \frac{E}{L} \cdot \frac{1}{s_2 - s_1} \qquad (10.86)$$

のように求められ，式(10.84)の s_1, s_2 を代入すると，式(10.85)は次式のように導ける。

$$\begin{aligned} i(t) &= \frac{E}{\sqrt{R^2 - (4L/C)}} e^{-\frac{R}{2L}t} \left(e^{\sqrt{\left(\frac{R}{2L}\right)^2 - \frac{1}{LC}} \cdot t} - e^{-\sqrt{\left(\frac{R}{2L}\right)^2 - \frac{1}{LC}} \cdot t} \right) \\ &= \frac{2E}{\sqrt{R^2 - (4L/C)}} e^{-\frac{R}{2L}t} \sinh\left(\sqrt{\left(\frac{R}{2L}\right)^2 - \frac{1}{LC}} \cdot t\right) \end{aligned} \qquad (10.87)$$

ここで，$\sinh x = (e^x - e^{-x})/2$ は双曲線関数である。

式(10.87)で示される答えは $\sqrt{}$ の中が正の場合，つまり前節の〔1〕$D(s)$ の因数がすべて一次式の場合の答えと同じであり，時間経過とともに指数関数で減衰していく波形となる。

$\sqrt{}$ の中が負の場合は，〔2〕$D(s)$ の因数に二次式がある場合の答えと同じであり，$\sinh jx = j \sin x$ であることより

$$i(t) = \frac{2E}{\sqrt{(4L/C) - R^2}} e^{-\frac{R}{2L}t} \sin\left(\sqrt{\frac{1}{LC} - \left(\frac{R}{2L}\right)^2} \cdot t\right) \qquad (10.88)$$

となり，時間経過とともに振動しながら指数関数で減衰していく波形となる。

最後に，$\sqrt{}$ の中が 0 の場合，$s_1 = s_2$ は重根なので，〔3〕$D(s)$ の因数に多重因数がある場合となり，式(10.85)は次式のようになる。

$$I(s) = \frac{E}{L} \cdot \frac{1}{(s-s_1)^2} \quad \therefore \ s_1 = s_2 = -\frac{R}{2L} \ \rightleftarrows \ i(t) = \frac{E}{L} t e^{-\frac{R}{2L}t} \qquad (10.89)$$

この場合は，$t < (2L/R)$ では t に比例し増加するが，指数関数項が支配的であり，時間経過とともに減衰していく波形となる。

【例題 10.9】 図10.12(a)に示す L-R 回路は最初スイッチ SW が閉じていて，一定の電流 $I = E/R$ が流れているとする。ここで，SW を開いた（$t=0$）とすると，その後の電流 $i(t)$ はどのように変化するかを求めよ。

― コラム　$t=0$ の前後で変わらないもの ―

いままでの例題からもわかるように，電流や電圧が $t=0$ の前後でその値が同じであったり急変したりすることがある。$t=0$ の前後で値が変わらないものはなんであろうか。

それは，電荷量 q と磁束鎖交数 ϕ である。

電荷量不変の理：電荷は瞬間的には増えも減りもしない。回路全体の総電荷量は $t=0$ の前後で変化しない。例えば，電子を瞬間的に移動させようとしても電子には（いくら小さくとも）質量があるため，動かすことは困難である。

磁束鎖交数不変の理：磁束鎖交数も瞬間的には一定不変である。すなわち，回路の急変直前（$i=0_-$）における回路全体の磁束鎖交数の総和 $\phi(0_-)$ と回路が変化した急変直後の磁束鎖交数の総和 $\phi(0_+)$ は等しい。

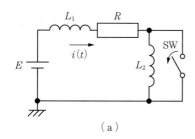
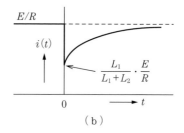

(a)　　　　　　　　　　　(b)

図 10.12 L-R 回路

〈解答〉 SW を開いたときの回路について式を立てると，次式が成り立つ。

$$L_1\frac{di(t)}{dt} + Ri(t) + L_2\frac{di(t)}{dt} = E \rightleftarrows L_1\{sI(s) - i(0)\} + RI(s) + L_2sI(s) = \frac{E}{s}$$
(10.90)

$i(0) = E/R$ であるから

$$\begin{aligned}
I(s) &= \frac{E}{s\{(L_1+L_2)s+R\}} + \frac{L_1E}{R\{(L_1+L_2)s+R\}} \\
&= \frac{E}{R}\left\{\frac{1}{s} - \frac{1}{s+R/(L_1+L_2)}\right\} + \frac{L_1E}{(L_1+L_2)R}\cdot\frac{1}{s+R/(L_1+L_2)} \\
\rightleftarrows i(t) &= \frac{E}{R}(1 - e^{-\frac{R}{L_1+L_2}t}) + \frac{L_1E}{(L_1+L_2)R}\cdot e^{-\frac{R}{L_1+L_2}t} = \frac{E}{R}\left(1 - \frac{L_2}{L_1+L_2}\cdot e^{-\frac{R}{L_1+L_2}t}\right)
\end{aligned}$$
(10.91)

図 10.12（b）に $i(t)$ の様子を示す。

章　末　問　題

【10.1】 つぎの各関数のラプラス変換を求めよ。

(1) $f(t) = \frac{1}{2}t^2$　　　(2) $f(t) = t\cdot e^{-at}$

(3) $f(t) = \frac{e^{at} - e^{bt}}{a - b}$　　(4) $f(t) = \sin(\omega t + \theta)$

【10.2】 つぎの各 s 関数の時間関数を求めよ。

(1) $F(s) = \frac{2s+3}{s^2+3s+2}$　　(2) $F(s) = \frac{1}{(s+1)(s+3)^2}$

(3) $F(s) = \frac{s+17}{s^2+2s+17}$　　(4) $F(s) = \frac{4}{s(s^2+2s+5)}$

【10.3】 問図 10.1 に示す回路は，最初スイッチ SW が 1 のほうに倒れているものとする。時刻 $t=0$ で SW を 2 のほうに倒したとき，コイル L に流れる電流 $i(t)$ を求めよ。ただし，$t=0$ でコンデンサの電荷は 0 であったとする。

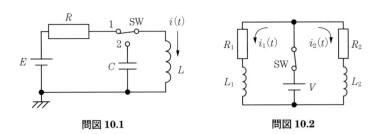

問図 10.1　　　　　問図 10.2

【10.4】 問図 10.2 に示す回路は，最初スイッチ SW が閉じられており，$i_1(t)$，$i_2(t)$ ともに定常状態にあったとする。この状態で，時刻 $t=0$ でスイッチを切ると，この回路に流れる電流 $i_2(t)$ はどのように流れるか求めよ。

【10.5】 問図 10.3 に示す回路において，時刻 $t=0$ でスイッチ SW を閉じたとき各枝路を流れる電流 $i_1(t)$，$i_2(t)$，$i_3(t)$ を求めよ。

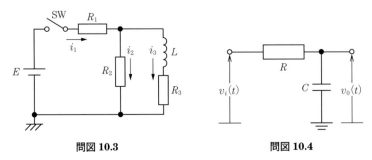

問図 10.3　　　　　問図 10.4

【10.6】 問図 10.4 はオシロスコープの周波数特性を表現する等価回路である。入力電圧 $v_i(t)$ のパルス波形を観測する場合，オシロスコープの周波数帯域［高域カットオフ周波数；$f_H=1/(2\pi CR)$ [※1]］に依存し，立上り時間（rise time）t_r[※2] が $t_r \fallingdotseq 0.35/f_H$ と表せることが知られている。$v_i(t)$ として振幅 E の直流電圧を $t=0$ で加えたとき，$v_0(t)$ の出力応答から t_r を求め，$t_r \fallingdotseq 0.35/f_H$ となることを導け。

　　※1　5.3.2 項 R-C 回路の周波数特性を参照のこと。
　　※2　立上り時間は応答波形の最終値における 10 ％から 90 ％に至る時間差。

11 分布定数回路

いままでの回路理論では，回路素子が一つひとつまとまった要素（L, C, R）からなるものとして取り扱う集中定数回路について勉強してきた。しかし，回路の中には同軸ケーブルや平行導線のように回路定数が分布している，いわゆる分布定数回路も存在する。特に，最近の高周波数を利用するコンピュータや通信分野では，分布定数回路に関する知識が不可欠となっている。

11.1 波動方程式とその解

図 11.1 のように，長さ l の平行線路の左端に正弦波電圧源が加えられている。

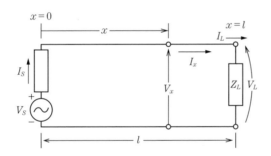

図 11.1 平行線路

両線間の単位長さ当りのインダクタンス，キャパシタンス，レジスタンス，コンダクタンスをそれぞれ L, C, r, g で表すとする。

左端電源側から距離 x の地点における電圧，電流を V_x, I_x とし，点 x より dx 先の電圧，電流が**図 11.2** のように変化するものとすれば，次式が成り立つ。

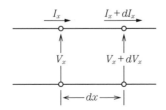

図 11.2 平行線路の微小部分

$$
\left.\begin{aligned}
V_x - (V_x + dV_x) &= rdx \cdot I_x + Ldx \cdot \left(\frac{\partial I_x}{\partial t}\right) \\
I_x - (I_x + dI_x) &= gdx \cdot V_x + Cdx \cdot \left(\frac{\partial V_x}{\partial t}\right)
\end{aligned}\right\} \tag{11.1}
$$

V_x, I_x は（電源が正弦波であるから）正弦的に変化するため $\partial/\partial t$ は $j\omega$ となる。したがって，式(11.1)は

$$
\left.\begin{aligned}
-\frac{dV_x}{dx} &= (r + j\omega L) \cdot I_x = Z \cdot I_x \\
-\frac{dI_x}{dx} &= (g + j\omega C) \cdot V_x = Y \cdot V_x
\end{aligned}\right\} \tag{11.2}
$$

となり，式(11.2)より次式を得る。

$$
\left.\begin{aligned}
\frac{d^2 V_x}{dx^2} &= YZ \cdot V_x \\
\frac{d^2 I_x}{dx^2} &= YZ \cdot I_x
\end{aligned}\right\} \tag{11.3}
$$

式(11.3)を**波動方程式**（wave equation）という（本来の波動方程式は位置と時間に関する2階の偏微分方程式である。式(11.3)では時間微分を $j\omega$ で置き換えたため，位置のみの微分方程式となっているので，数学的にはヘルムホルツ方程式と呼ばれる）。

式(11.3)の上式の解として Me^{Ax} を仮定すると，$d^2V_x/dx^2 = A^2 Me^{Ax} = A^2 V_x$ となるから

$$
A = \pm\sqrt{YZ} = \pm\gamma, \quad \gamma = \sqrt{YZ} \tag{11.4}
$$

よって，式(11.3)の上式の一般解は次式のように書くことができる。

$$
V_x = Me^{-\gamma x} + Ne^{+\gamma x} \tag{11.5}
$$

ただし，M, N は積分定数で，**境界条件**（boundary condition）によって決定される。

また，式(11.3)の下式も V_x と同形であるから，その一般解は次式のように書くことができる。

$$
I_x = M'e^{-\gamma x} + N'e^{+\gamma x} \tag{11.6}
$$

式(11.6)で，M', N' も積分定数であるが，M と M' および N と N' にはつぎの関係がある。すなわち，式(11.5)を微分すると，$dV_x/dx = -\gamma Me^{-\gamma x} + \gamma Ne^{+\gamma x}$ となり，また，式(11.2)の上式から

$$
I_x = -\frac{1}{Z} \cdot \frac{dV_x}{dx} = \frac{1}{Z_w}(Me^{-\gamma x} - Ne^{+\gamma x}) \tag{11.7}
$$

ここで，$Z_w = \sqrt{Z/Y}$ \hfill (11.8)

式(11.6)と式(11.7)を比較すると，次式の関係があることがわかる。

$$M' = M/Z_w, \quad N' = -N/Z_w \tag{11.9}$$

以上のことから，境界条件を与えればM, Nが定まり，電圧・電流が求まる．この場合の境界条件としてはMとNを決める必要があるから二つ必要である．

以上をまとめると，V_x, I_xとして，次式を得る．

$$\left.\begin{array}{l} V_x = \underbrace{Me^{-\gamma x}}_{+x\text{方向の波}} + \underbrace{Ne^{+\gamma x}}_{-x\text{方向の波}} \\ I_x = (M/Z_w)e^{-\gamma x} + (-N/Z_w)e^{+\gamma x} \end{array}\right\} \tag{11.10}$$

式(11.10)は，任意の地点xにおける電圧，電流が$+x$方向に進む波と$-x$方向へ戻っていく波の二つの波からなっていることを表し，線路を波として伝搬していく現象を取り扱うときに都合がよい．

また，式(11.10)は双曲線関数によっても表現できる．すなわち

$$e^{\gamma x} = \cosh \gamma x + \sinh \gamma x, \quad e^{-\gamma x} = \cosh \gamma x - \sinh \gamma x$$

であるから，$N-M=K_1$, $M+N=K_2$とすれば，次式のようにも書ける．

$$\left.\begin{array}{l} V_x = K_1 \sinh \gamma x + K_2 \cosh \gamma x \\ I_x = -\dfrac{1}{Z_w}(K_1 \cosh \gamma x + K_2 \sinh \gamma x) \end{array}\right\} \tag{11.11}$$

式(11.11)は，送電端と受電端における境界条件を入れて電圧・電流の状態を調べるのに適している．

いま，図11.1より，式(11.11)について境界条件を考える．左端（$x=0$）における電圧，電流はV_s, I_sであるから，$\sinh \gamma 0 = 0$, $\cosh \gamma 0 = 1$を考慮すると，式(11.11)より次式を得る．

$$V_s = K_2, \quad -I_s Z_w = K_1 \tag{11.12}$$

式(11.12)を式(11.11)に入れることにより次式を得る．

$$\begin{bmatrix} V_x \\ I_x \end{bmatrix} = \begin{bmatrix} \cosh \gamma x & -Z_w \sinh \gamma x \\ -(1/Z_w)\sinh \gamma x & \cosh \gamma x \end{bmatrix} \begin{bmatrix} V_s \\ I_s \end{bmatrix} \tag{11.13}$$

式(11.13)は，任意の地点xにおける電圧，電流と送電端（$x=0$）における電圧，電流の関係を示している．

また，$x=l$における電圧，電流をそれぞれV_L, I_Lとすれば，式(11.13)より

$$\begin{bmatrix} V_L \\ I_L \end{bmatrix} = \begin{bmatrix} \cosh \gamma l & -Z_w \sinh \gamma l \\ -(1/Z_w)\sinh \gamma l & \cosh \gamma l \end{bmatrix} \begin{bmatrix} V_s \\ I_s \end{bmatrix} \tag{11.14}$$

を得る．さらに，式(11.14)より次式を得る．

$$\begin{bmatrix} V_s \\ I_s \end{bmatrix} = \begin{bmatrix} \cosh \gamma l & Z_w \sinh \gamma l \\ (1/Z_w)\sinh \gamma l & \cosh \gamma l \end{bmatrix} \begin{bmatrix} V_L \\ I_L \end{bmatrix} \tag{11.15}$$

式(11.13)，(11.14)および式(11.15)の関係式は分布定数回路における基本式であり，式

(11.15)は**線路方程式**と呼ばれ，9.4節の影像パラメータで学んだ式(9.39)，(9.40)と同形式の式となる。

11.2　特性インピーダンス，伝搬定数

上記の式に現れている Z_w と γ は分布定数回路における基本定数で，それぞれ**波動**または**特性インピーダンス**（wave or characteristic impedance）および**伝搬定数**（propagation constant）という。

平行線路の長さ l が無限大の場合について，$V_x(I_x)$ と $V_s(I_s)$ の関係を求めてみよう。

いま，式(11.15)から，$Z_s = V_s/I_s$ を求めてみると，$V_L = Z_L I_L$ より次式を得る。

$$\frac{V_s}{I_s} = \frac{V_L \cosh \gamma l + Z_w I_L \sinh \gamma l}{(V_L/Z_w)\sinh \gamma l + I_L \cosh \gamma l} = Z_w \cdot \frac{Z_L \cosh \gamma l + Z_w \sinh \gamma l}{Z_L \sinh \gamma l + Z_w \cosh \gamma l}$$

$l \to \infty$ では，$\cosh \gamma l = \dfrac{e^{+\gamma l} + e^{-\gamma l}}{2} \to \dfrac{e^{+\gamma l}}{2}$，$\sinh \gamma l = \dfrac{e^{+\gamma l} - e^{-\gamma l}}{2} \to \dfrac{e^{+\gamma l}}{2}$ より

$$Z_s = \frac{V_s}{I_s} = Z_w \cdot \frac{Z_L e^{+\gamma l} + Z_w e^{+\gamma l}}{Z_L e^{+\gamma l} + Z_w e^{+\gamma l}} = Z_w \tag{11.16}$$

また，式(11.15)を式(11.13)に代入して，$Z_x = V_x/I_x$ を求めてみると，次式を得る。

$$\begin{bmatrix} V_x \\ I_x \end{bmatrix} = \begin{bmatrix} \cosh \gamma x & -Z_w \sinh \gamma x \\ -(1/Z_w)\sinh \gamma x & \cosh \gamma x \end{bmatrix} \begin{bmatrix} \cosh \gamma l & Z_w \sinh \gamma l \\ (1/Z_w)\sinh \gamma l & \cosh \gamma l \end{bmatrix} \begin{bmatrix} V_L \\ I_L \end{bmatrix}$$

$$= \begin{bmatrix} \cosh \gamma x & -Z_w \sinh \gamma x \\ -(1/Z_w)\sinh \gamma x & \cosh \gamma x \end{bmatrix} \begin{bmatrix} 1 & Z_w \\ (1/Z_w) & 1 \end{bmatrix} \begin{bmatrix} V_L \\ I_L \end{bmatrix} \frac{e^{+\gamma l}}{2}$$

$$= \begin{bmatrix} \cosh \gamma x & -Z_w \sinh \gamma x \\ -(1/Z_w)\sinh \gamma x & \cosh \gamma x \end{bmatrix} \begin{bmatrix} V_L + Z_w I_L \\ (V_L/Z_w) + I_L \end{bmatrix} \frac{e^{+\gamma l}}{2}$$

$$\therefore Z_x = \frac{V_x}{I_x} = \frac{(V_L + Z_w I_L)\cosh \gamma x - (V_L + Z_w I_L)\sinh \gamma x}{-(V_L + Z_w I_L)\sinh \gamma x + (V_L + Z_w I_L)\cosh \gamma x} \cdot Z_w = Z_w \tag{11.17}$$

すなわち，線路は無限に長いから，$Z_s = Z_x = Z_w$ となっている。$V_s = Z_w I_s$ となっていることを考慮して，式(11.13)を書き直すと次式を得る。

$$\left.\begin{aligned} V_x &= V_s \cosh \gamma x - Z_w I_s \sinh \gamma x = V_s e^{-\gamma x} \\ I_x &= -\frac{V_s}{Z_w}\sinh \gamma x + I_s \cosh \gamma x = I_s e^{-\gamma x} \end{aligned}\right\} \tag{11.18}$$

式(11.18)より，線路の長さが無限大の場合は，$+x$ 方向の波（**進行波**）だけとなることがわかる。

また，γ は一般に複素量であるから，$\gamma = \alpha + j\beta$ と置くことができる。

$$\left.\begin{array}{l} V_x = V_s e^{-\gamma x} = e^{-\alpha x} \cdot e^{-j\beta x} \cdot V_s \\ I_x = I_s e^{-\gamma x} = e^{-\alpha x} \cdot e^{-j\beta x} \cdot I_s \end{array}\right\} \quad (11.19)$$

すなわち，$V_x(I_x)$の大きさは$V_s(I_s)$の$e^{-\alpha x}$倍になり，位相が$V_s(I_s)$よりβxだけ遅れることがわかる。このことから，α, βはそれぞれ**減衰定数**，**位相（波長）定数**と呼ばれる。αは波の単位長さ当りの減衰量を表し，βは波の単位長さ当りの位相変化量を表している。

$\beta x = 2n\pi$となる位置xではV_xはV_sと同位相となる。それゆえ，$\lambda = 2\pi/\beta$は線路上に生じた波動の波長を示す。また，電源の周波数fと波動の伝搬速度vとの間にはつぎの関係もある。

$$v = f\lambda = \frac{2\pi f}{\beta} \quad (11.20)$$

課題 11.1 式(11.10)で，$e^{-\gamma x}$の項が$+x$方向へ伝わる波であるとした。この理由について考えよ。
[ヒント；時間項も考慮した波動方程式の解（電圧）は，$V(x,t) = V_x \cdot e^{j\omega t}$となる。]

11.3 無ひずみ線路

式(11.4)より
$$\gamma = \sqrt{YZ} = \sqrt{(g+j\omega C)(r+j\omega L)} = \alpha + j\beta$$

式(11.8)より
$$Z_w = \sqrt{\frac{Z}{Y}} = \sqrt{\frac{(r+j\omega L)}{(g+j\omega C)}}$$

である。

一般に，γ, Z_wは周波数の関数となるため，周波数と振幅を異にする数個の正弦波の複合波を伝搬すると，**図 11.3** のように送電端に入力した電圧波形と受電端での出力波形とは異なる場合が生じる。

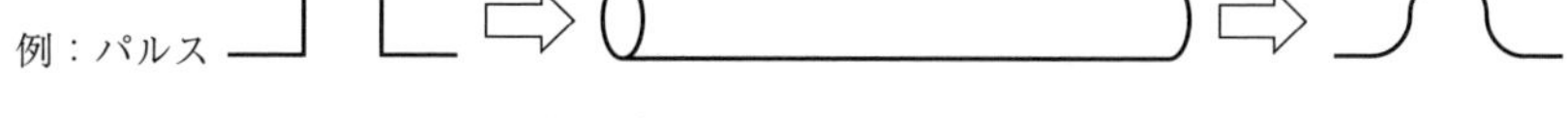

図 11.3 伝送線路におけるパルス波形のひずみ

もし，$L/r = C/g$の関係があるとしたら

$$\left.\begin{array}{l} Z_w = \sqrt{\dfrac{r(1+j\omega L/r)}{g(1+j\omega C/g)}} = \sqrt{\dfrac{r}{g}} = \sqrt{\dfrac{L}{C}} \\ \gamma = \sqrt{rg(1+j\omega L/r)(1+j\omega C/g)} = \sqrt{rg}\cdot(1+j\omega L/r) = \sqrt{rg}\cdot(1+j\omega C/g) \end{array}\right\}$$

$$(11.21)$$

減衰定数　$\alpha = \sqrt{rg}$ (11.22)

位相定数　$\beta = \omega L \sqrt{\dfrac{g}{r}} = \omega C \sqrt{\dfrac{r}{g}}$ (11.23)

したがって，Z_w，α は周波数に無関係に一定，β は周波数に比例する。

ここで，β を ω で微分したものを τ として定義し，式(11.23)に適用すると，

$$\tau \equiv \frac{d\beta}{d\omega} = L\sqrt{\frac{g}{r}} = C\sqrt{\frac{r}{g}}$$

となり，τ は ω に無関係な一定となることがわかる。τ は周波数に対して単位長さ当り位相がどれだけ遅れるかを表す量（遅延時間：単位〔s〕）であり，入力信号に含まれるすべての周波数成分が一定時間だけそろって遅れることから，線路の各点での波形は送電端と同一になる。つまり，β が ω に比例した関数となるときには無ひずみ状態となることがわかる。

無損失線路の場合　通信・電子工学で扱う線路はおおよそ無損失線路とみなせ，$r, g = 0$ より $Z = j\omega L$，$Y = j\omega C$ となり，

$$Z_w = \sqrt{\frac{Z}{Y}} = \sqrt{\frac{L}{C}}$$ (11.24)

$$\gamma = \sqrt{YZ} = \sqrt{-\omega^2 LC} = j\omega\sqrt{LC} \quad \therefore \quad \alpha = 0, \ \beta = \omega\sqrt{LC}$$ (11.25)

したがって

$$v = \frac{2\pi f}{\beta} = \frac{1}{\sqrt{LC}}$$ (11.26)

すなわち，波動は f に無関係に $1/\sqrt{LC}$ なる速度で伝搬する。

また，$\gamma = j\beta$ より，$\cosh \gamma l = \cos \beta l$，$\sinh \gamma l = j \sin \beta l$ であるから，式(11.15)は

$$\left.\begin{array}{l} V_s = \cos \beta l \cdot V_L + jZ_w \sin \beta l \cdot I_L \\[4pt] I_s = j\left(\dfrac{1}{Z_w}\right)\sin \beta l \cdot V_L + \cos \beta l \cdot I_L \end{array}\right\}$$ (11.27)

以下では，無損失線路の場合について議論する。

11.4　一般負荷終端

平行線路の長さが無限大の場合および特性インピーダンスで終端した場合，線路上には進行波のみしか存在しないことがわかった。一般的な負荷で終端した場合はどのようになるのであろうか。つぎに，このことについて考える。

式(11.15)を式(11.13)に代入して，$\gamma = j\beta$ であることを考慮して，(V_x, I_x) と (V_L, I_L) の関係を求めると，次式を得る。

$$\begin{bmatrix} V_x \\ I_x \end{bmatrix} = \begin{bmatrix} \cosh \gamma x & -Z_w \sinh \gamma x \\ -(1/Z_w)\sinh \gamma x & \cosh \gamma x \end{bmatrix} \begin{bmatrix} \cosh \gamma l & Z_w \sinh \gamma l \\ (1/Z_w)\sinh \gamma l & \cosh \gamma l \end{bmatrix} \begin{bmatrix} V_L \\ I_L \end{bmatrix}$$

$$= \begin{bmatrix} \cosh \gamma(l-x) & Z_w \sinh \gamma(l-x) \\ (1/Z_w)\sinh \gamma(l-x) & \cosh \gamma(l-x) \end{bmatrix} \begin{bmatrix} V_L \\ I_L \end{bmatrix}$$

$$= \begin{bmatrix} \cosh \gamma y & Z_w \sinh \gamma y \\ (1/Z_w)\sinh \gamma y & \cosh \gamma y \end{bmatrix} \begin{bmatrix} V_L \\ I_L \end{bmatrix}, \quad \because \ y = l - x$$

$$= \begin{bmatrix} \cos \beta y & jZ_w \sin \beta y \\ j(1/Z_w)\sin \beta y & \cos \beta y \end{bmatrix} \begin{bmatrix} V_L \\ I_L \end{bmatrix} \tag{11.28}$$

ただし，式(11.28)の導出では双曲線関数の加法定理

$\cosh(\theta_1 \pm \theta_2) = \cosh \theta_1 \cdot \cosh \theta_2 \pm \sinh \theta_1 \cdot \sinh \theta_2$,

$\sinh(\theta_1 \pm \theta_2) = \sinh \theta_1 \cdot \cosh \theta_2 \pm \cosh \theta_1 \cdot \sinh \theta_2$

を用いている。

図 11.4 は x, y の位置関係を示す図で，式(11.28)は地点 x での電圧，電流が受端側の電圧，電流に対して受端側からの距離 y の関数として表せることを示している。また，式(11.28)で $y=l$ としたときの関係は，送電端と受電端の電圧，電流の関係を表すから，F パラメータと同じ表現であることもわかる。

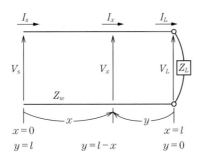

図 11.4 負荷が一般の場合

よって，負荷が一般の場合，$Z_L = V_L/I_L$ より，点 x から右側を見たときのインピーダンス $Z_x = V_x/I_x$ は

$$Z_x = Z_w \cdot \frac{Z_L \cos \beta y + jZ_w \sin \beta y}{Z_w \cos \beta y + jZ_L \sin \beta y} \tag{11.29}$$

つぎに，いくつかの負荷の条件について，Z_x を求めてみよう。

〔1〕 **開放の場合**　$Z_L \to \infty$ より

$$Z_x = -jZ_w \cdot \cot \beta y \tag{11.30}$$

（a） $\beta y \ll 1$ のとき

$$Z_x \cong -jZ_w \cdot \frac{1}{\beta y} = -j\sqrt{\frac{L}{C}} \left(\frac{1}{\omega \sqrt{LC} y} \right) \quad \left(\because \ Z_w = \sqrt{\frac{L}{C}}, \ \beta = \omega \sqrt{LC} \right)$$

$$= \frac{1}{j\omega Cy}\ ;\ 長さ\,y\,の線間静電容量によるリアクタンスのように見える。$$

(b) $\beta y = \pi/2$, すなわち $y = \lambda/4$ のとき

$\cot \pi/2 = 0$ より，$Z_x = 0$；短絡して見える。

(c) $\beta y = \pi$, すなわち $y = \lambda/2$ のとき

$\cot \pi \to \infty$ より，$Z_x \to \infty$；開放して見える。

すなわち，終端は開放でも，終端からの距離 y によってインピーダンスは種々変化することがわかる。

〔2〕 短絡の場合　　$Z_L = 0$ より

$$Z_x = jZ_w \cdot \tan \beta y \tag{11.31}$$

(a) $\beta y \ll 1$ のとき

$$Z_x \cong jZ_w \cdot \beta y = -j\sqrt{\frac{L}{C}}(\omega\sqrt{LC}\,y) \quad \left(\because\ Z_w = \sqrt{\frac{L}{C}},\ \beta = \omega\sqrt{LC}\right)$$

$= j\omega Ly$；長さ y の線路の（1ターン）コイルによるリアクタンスのように見える。

(b) $\beta y = \pi/2$, すなわち $y = \lambda/4$ のとき

$\tan \dfrac{\pi}{2} \to \infty$ より，$Z_x \to \infty$；開放して見える。

(c) $\beta y = \pi$, すなわち $y = \lambda/2$ のとき

$\tan \pi = 0$ より，$Z_x = 0$；短絡して見える。

すなわち，終端は短絡であっても，開放のときと同様，終端からの距離 y によって，インピーダンスは種々変化することがわかる。

　課題 11.2　長さ l の右端を Z_w で終端した場合，$V_x(I_x)$ は進行波のみとなることを確認せよ。
　課題 11.3　式(11.29)で，リアクタンス負荷で終端した場合，どのようなことが起こるか。

11.5 インピーダンス変成回路—インピーダンス整合を取るための回路—

〔1〕 **$\lambda/4$ 線路を用いる方法**　　式(11.28)より，$y = \lambda/4$ とした場合，$\beta y = \pi/2$ であるから，F マトリクスは次式のように表せる。

$$[F] = \begin{bmatrix} 0 & jZ_w \\ j(1/Z_w) & 0 \end{bmatrix} \tag{11.32}$$

したがって，この F マトリクスをもつ線路を介して負荷 R_L を一次側から見ると

11.5 インピーダンス変成回路—インピーダンス整合を取るための回路—

$$\left.\begin{array}{l} V_1 = jZ_w I_2 \\ I_1 = j\dfrac{1}{Z_w} V_2 \end{array}\right\} \quad \therefore \ \dfrac{V_1}{I_1} = Z_w^2 \dfrac{I_2}{V_2} = \dfrac{Z_w^2}{R_L} \equiv R_s \tag{11.33}$$

となる（**図 11.5**(a)参照）。

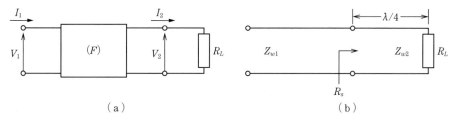

図 11.5 $\lambda/4$ 線路を用いた整合回路

図 11.5(b)のように，Z_{w1} と異なる R_L で終端する場合，$\lambda/4$ の Z_{w2} なる線路を挿入すれば

$$Z_{w1} = R_s = \dfrac{Z_{w2}^2}{R_L}$$

のとき，整合できる。これを **Q整合** という。

〔2〕 スタブ（切り株の意）を用いる方法 この方法は，負荷が純抵抗でない場合に整合をする方法として便利である。

図 11.6 のように，点 y_1 から右側を見たアドミタンス Y_a の実数部 G が $1/Z_w$ であるような点を選ぶと，一般的に虚数部 B は 0 でない値をとるはずである。この点に長さ y_2 の短絡線を接続する（**スタブ**）。このスタブの接続点から見たインピーダンスが $-jB$ となるように y_2 を定めれば，Y_a の jB を打ち消し，整合できたことになる。

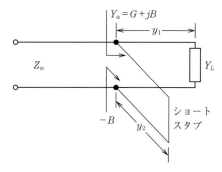

図 11.6 スタブを用いた整合回路

― コラム　インピーダンス整合 ―

電力伝送技術でも宇宙や地上の通信技術でも，信号源（電源）からの情報（電力）を終端負荷に最大となるようシステムを設計することが求められる。このため，インピーダンス整合は重要である。インピーダンス整合から外れた場合には，線路上に次節で勉強する定在波が発生することが知られている。周波数は低いが，商用電源の回路網は回路規模が大きいため，分布定数回路網となるが，大きな定在波は線路上に大きな電位差を発生させるため，高耐圧なケーブルが必要となり，システムの安全性の点からも重要な問題となりうる場合もある。

11.6 波の反射・透過，反射係数と定在波比

11.6.1 反 射 係 数

図11.7のように，特性インピーダンスZ_{w1}の先にZ_{w2}の線路がつながった線路を考えよう。このとき，接続点より送電側に距離yだけ戻った点の電圧，電流をV_y, I_yとすると，$y=0$での電圧，電流(V_L, I_L)に対して次式が成り立つ。

$$V_y = V_L \cdot \cosh \gamma y + Z_{w1} I_L \cdot \sinh \gamma y$$

$$= \frac{V_L + Z_{w1} I_L}{2} \cdot e^{\gamma y} + \frac{V_L - Z_{w1} I_L}{2} \cdot e^{-\gamma y}$$

$$I_y = \frac{V_L}{Z_{w1}} \cdot \sinh \gamma y + I_L \cdot \cosh \gamma y$$

$$= \frac{1}{2Z_{w1}} \cdot \{(V_L + Z_{w1} I_L)e^{\gamma y} - (V_L - Z_{w1} I_L)e^{-\gamma y}\} \tag{11.34}$$

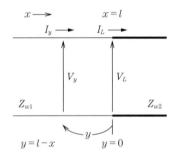

図11.7 波の反射と透過

式(11.34)の2行目の式は双曲線関数を指数関数に書き改めたものであるが，$y=l-x$より$e^{+\gamma y}(e^{-\gamma y})$は$+x$方向（$-x$方向）に伝搬する波を表す。よって，左側の線路上の任意の点yにおける電圧，電流は接続点（$y=0$）に向かっていく進行波（または入射波）と接続点より遠ざかる後退波（または反射波）の二つの波によって表せる。

ここで，V_L, I_Lは接続点における電圧，電流であり，これをV_2, I_2とすると，V_2とI_2には$V_2 = Z_{w2} I_2$なる関係がある。

いま，電圧，電流の入射波，反射波について，それぞれ

$$V_1 \equiv \frac{1}{2}(Z_{w2} + Z_{w1})I_2, \quad V_1' \equiv \frac{1}{2}(Z_{w2} - Z_{w1})I_2$$

$$I_1 \equiv \frac{1}{2Z_{w1}}(Z_{w2} + Z_{w1})I_2, \quad I_1' \equiv \frac{1}{2Z_{w1}}(Z_{w2} - Z_{w1})I_2$$

のように表すと，式(11.34)は次式のように書くことができる。

$$V_y = V_1 e^{\gamma y} + V_1' e^{-\gamma y}$$
$$I_y = I_1 e^{\gamma y} - I_1' e^{-\gamma y} \tag{11.35}$$

上式で，$y=0$ の点における電圧，電流は V_2, I_2 であり，$e^{+\gamma 0}=e^{-\gamma 0}=1$ であることから

$$\therefore \quad V_2 = V_1 + V_1', \quad I_2 = I_1 - I_1' \tag{11.36}$$

また，式(11.35)より，次式のただし書きのように反射係数 Γ を定義すると，式(11.37)に示すように電圧や電流の**入射波**(V_1, I_1) に対する**反射波**(V_1', I_1') および**透過波**(V_2, I_2) を表すことができる。

$$\frac{I_1'}{I_1} = \frac{\dfrac{1}{2Z_{w1}}(Z_{w2} - Z_{w1})}{\dfrac{1}{2Z_{w1}}(Z_{w2} + Z_{w1})} = \frac{Z_{w2} - Z_{w1}}{Z_{w2} + Z_{w1}} \quad \therefore \quad I_1' = \Gamma I_1$$

ただし，$\Gamma = \dfrac{Z_{w2} - Z_{w1}}{Z_{w2} + Z_{w1}}$; **反射係数**

同様に

$$\therefore \quad V_1' = \Gamma V_1, \quad V_2 = V_1 + V_1' = (1+\Gamma)V_1, \quad I_2 = I_1 - I_1' = (1-\Gamma)I_1 \tag{11.37}$$

(1) $Z_{w1}=Z_{w2}=Z_0$ のとき，$\Gamma = 0$（すなわち，$I_1'=V_1'=0$, $I_2=I_1$, $V_2=V_1$）進行波のみ

(2) 開放　$Z_{w2} \to \infty$, $\Gamma = 1 \implies I_1' = I_1$, $V_1' = V_1$, $I_2 = 0$, $V_2 = 2V_1$

受端開放ゆえ，$I_2=0$ となるよう反射波が生じる。一方，電圧は入射波と同相で反射するので，受端の電圧 V_2 は入射波 V_1 の2倍となる（Ferranti効果）。

(3) 短絡　$Z_{w2} \to 0$, $\Gamma = -1 \implies I_1' = -I_1$, $V_1' = -V_1$, $I_2 = 2I_1$, $V_2 = 0$

受端短絡ゆえ，$V_2=0$ となるよう反射波$(-V_1)$が生じる。このとき，電流の反射波 I_1' は $-I_1$ となり，入射波 I_1 と同相となるので，受端の電流 I_2 は I_1 の2倍となる。

11.6.2 定在波

いま，特性インピーダンス Z_0 の無損失線路$(\gamma = j\beta)$を考える。このとき，線路方程式は式(11.28)より

$$V_y = \cos\beta y \cdot V_L + jZ_0 \sin\beta y \cdot I_L$$

$$I_y = j\left(\frac{1}{Z_0}\right)\sin\beta y \cdot V_L + \cos\beta y \cdot I_L$$

終端での反射係数 Γ は

$$\Gamma = \frac{Z_L - Z_0}{Z_L + Z_0} = |\Gamma| \cdot e^{j\theta}$$

$$\implies \frac{Z_0}{Z_L} = \frac{1 - \Gamma}{1 + \Gamma} \tag{11.38}$$

$\cos \beta y = (e^{j\beta y} + e^{-j\beta y})/2$, $\sin \beta y = (e^{j\beta y} - e^{-j\beta y})/2j$ および $V_L = Z_L \cdot I_L$ より

$$\begin{aligned} V_y &= \cos \beta y \cdot V_L + j\left(\frac{Z_0}{Z_L}\right) \cdot \sin \beta y \cdot V_L \\ &= \left(\cos \beta y + j \sin \beta y \cdot \frac{1 - \Gamma}{1 + \Gamma}\right) \cdot V_L \\ &= V_L \cdot e^{j\beta y} \frac{1 + |\Gamma| e^{j(\theta - 2\beta y)}}{1 + |\Gamma| e^{j\theta}} \end{aligned} \tag{11.39}$$

同様に, I_y について求めると

$$I_y = I_L \cdot e^{j\beta y} \frac{1 - |\Gamma| e^{j(\theta - 2\beta y)}}{1 - |\Gamma| e^{j\theta}} \tag{11.39}'$$

式(11.39), (11.39)' より, V_y, I_y は y によって大きさが変化する。例えば

$$|V_y| = |V_L| \cdot |e^{j\beta y}| \cdot \frac{|1 + |\Gamma| e^{j(\theta - 2\beta y)}|}{|1 + |\Gamma| e^{j\theta}|} \tag{11.40}$$

となり, $|V_y|$ は**図 11.8** に示すように, y によりその大きさが変わることになる。ただ, 式(11.40)で y によりその大きさが変わるのは, 右辺 3 項目の分子のみであることがわかる。

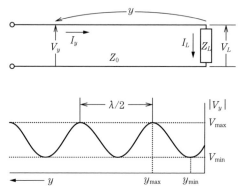

図 11.8 線路上の電圧分布

（1） V_y の最小値は, $\theta - 2\beta y = n\pi$ $(n = \pm 1, \pm 3, \pm 5, \cdots)$ で起こる。$[e^{j(\theta - 2\beta y)} = -1]$ $y_{\min}$ のうち, 終端に近いものは, $n = \pm 1$ より, $y_{\min} = (\lambda/4\pi)(\theta \pm \pi)$ $[\because \beta = 2\pi/\lambda]$ このとき

$$V_{\min} \equiv |V_y|_{\min} = |V_L| \cdot (1 - |\Gamma|)/|1 + \Gamma| \tag{11.41}$$

（2） V_y の最大値は，$e^{j(\theta-2\beta y)} = 1$ より，$\theta - 2\beta y = n\pi$ $(n = 0, \pm 2, \pm 4, \cdots)$ で起こる。

よって，$y_{max} = (\lambda/4\pi)(\theta \pm n\pi)$　ただし，$(n = 0, \pm 2, \pm 4, \cdots)$

このとき

$$V_{max} \equiv |V_y|_{max} = |V_L| \cdot (1 + |\Gamma|)/|1 + \Gamma| \tag{11.42}$$

定在波比　$r = \dfrac{V_{max}}{V_{min}} = \dfrac{1 + |\Gamma|}{1 - |\Gamma|}$; voltage standing wave ratio (VSWR)

また，点 y でのインピーダンスを Z_y とすると，式(11.39)，(11.39)′ および式(11.38)より

$$Z_y = \frac{V_y}{I_y} = Z_L \cdot \frac{1 + \Gamma e^{-j2\beta y}}{1 - \Gamma e^{-j2\beta y}} \cdot \frac{1 - \Gamma}{1 + \Gamma} = Z_0 \cdot \frac{1 + \Gamma e^{-j2\beta y}}{1 - \Gamma e^{-j2\beta y}}$$

$$\therefore \quad \frac{Z_y}{Z_0} = \frac{1 + \Gamma e^{-j2\beta y}}{1 - \Gamma e^{-j2\beta y}}$$

点 y における反射係数を Γ_y とすると，$\beta = 2\pi/\lambda$ であるから，次式となる。

$$\Gamma_y = \frac{Z_y - Z_0}{Z_y + Z_0} = \Gamma e^{-j4\pi y/\lambda} \tag{11.43}$$

課題 11.4　線路インピーダンス (Z_0) との整合の程度を表す量として，リターンロス（反射係数の絶対値の逆数の対数表示；$-20 \log |\Gamma|$）が用いられることがある。負荷インピーダンス Z_L が Z_0, 0, 無限大のとき，リターンロスはそれぞれいくらになるか。

11.7　S パラメータの導入

式(11.35)，(11.36)より

$$\left.\begin{array}{l} V_y = V_1 e^{\gamma y} + V_1' e^{-\gamma y} \\ I_y = I_1 e^{\gamma y} - I_1' e^{-\gamma y} \end{array}\right\} \quad (11.35)（再掲）$$

そして，$y = 0$ で

$$V_2 = V_1 + V_1', \ I_2 = I_1 - I_1' \quad (11.36)（再掲）$$

が成り立つことを知った（図 11.7 参照）。

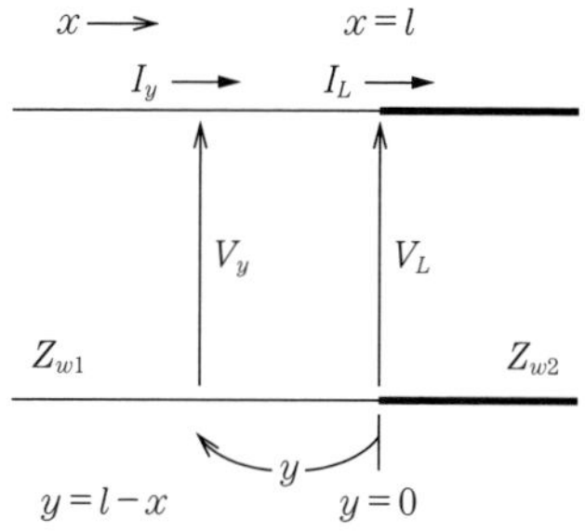

式(11.35)は電圧，電流とも，入射波 ($e^{\gamma y}$) と反射波 ($e^{-\gamma y}$) よりなっており，つぎの関係があることがわかる。

$$\text{電流の入射(反射)波} = \frac{\text{電圧の入射(反射)波}}{Z_{w1}} \tag{11.44}$$

図 11.7　波の反射と透過（再掲）

伝送線路の特性を表すのに，入出力端子の電圧，電流に着目する4端子パラメータ定数などがあるが，式(11.35)の入射波と反射波に着目したパラメータを考える。

いま，入射波，反射波として，V_1, V_1' に対して $\sqrt{Z_{w1}}$ で除した変数 a, b を考える。すなわち，a, b は，式(11.44)を考慮すると次式のように示せる。

$$a = \frac{1}{\sqrt{Z_{w1}}} V_1 = \sqrt{Z_{w1}} I_1, \quad b = \frac{1}{\sqrt{Z_{w1}}} V_1' = \sqrt{Z_{w1}} I_1' \tag{11.45}$$

したがって，式(11.45)を用いると，式(11.36)はつぎのような関係をもつ。

$$V_2 = \sqrt{Z_{w1}}\,(a + b), \quad I_2 = \frac{1}{\sqrt{Z_{w1}}}\,(a - b) \tag{11.46}$$

また，式(11.46)を a, b について解くと，a, b は次式のようにも表せる。

$$a = \frac{1}{2\sqrt{Z_{w1}}}(V_2 + Z_{w1}I_2), \quad b = \frac{1}{2\sqrt{Z_{w1}}}(V_2 - Z_{w1}I_2) \tag{11.45}'$$

一般に，無損失線路の特性インピーダンス Z_{w1} は実数値をとるから，$\sqrt{Z_{w1}}$ も実数値をとる。

一方，式(11.45)，(11.45)' の各項について共役値との積を作ると，$a \cdot a^* = |V_1|^2/Z_{w1}$ のように，電力の次元をもつ。つまり，各項は電力の平方根の次元をもっている。

2-P 回路の一次側，二次側に特性インピーダンス Z_{w1}, Z_{w2} の無損失線路を接続した回路を考える。

一次側，二次側の接続点における入射波，反射波を a_1, b_1 ならびに a_2, b_2 とすると，式(11.45)，(11.45)' の関係より，**図 11.9** と対比すれば，次式の関係を得る。

$$a_1 = \frac{1}{2\sqrt{Z_{w1}}}(V_1 + Z_{w1}I_1), \quad b_1 = \frac{1}{2\sqrt{Z_{w1}}}(V_1 - Z_{w1}I_1)$$

$$a_2 = \frac{1}{2\sqrt{Z_{w2}}}(V_2 + Z_{w2}I_2), \quad b_2 = \frac{1}{2\sqrt{Z_{w2}}}(V_2 - Z_{w2}I_2) \tag{11.47}$$

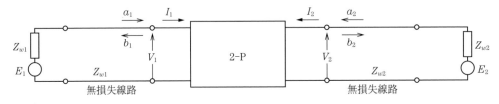

図 11.9 S パラメータの導出

11.7 Sパラメータの導入

〔1〕 FパラメータからTパラメータ，Sパラメータへの変換　式(11.47)をマトリクス表現すると，次式となる。

$$\begin{bmatrix} a_1 \\ b_1 \end{bmatrix} = \begin{bmatrix} \dfrac{1}{2\sqrt{Z_{w1}}} & \dfrac{\sqrt{Z_{w1}}}{2} \\ \dfrac{1}{2\sqrt{Z_{w1}}} & -\dfrac{\sqrt{Z_{w1}}}{2} \end{bmatrix} \begin{bmatrix} V_1 \\ I_1 \end{bmatrix} = \dfrac{1}{2\sqrt{Z_{w1}}} \begin{bmatrix} 1 & Z_{w1} \\ 1 & -Z_{w1} \end{bmatrix} \begin{bmatrix} V_1 \\ I_1 \end{bmatrix} \tag{11.48}$$

$$\begin{bmatrix} a_2 \\ b_2 \end{bmatrix} = \begin{bmatrix} \dfrac{1}{2\sqrt{Z_{w2}}} & \dfrac{\sqrt{Z_{w2}}}{2} \\ \dfrac{1}{2\sqrt{Z_{w2}}} & -\dfrac{\sqrt{Z_{w2}}}{2} \end{bmatrix} \begin{bmatrix} V_2 \\ I_2 \end{bmatrix} = \dfrac{1}{2\sqrt{Z_{w2}}} \begin{bmatrix} 1 & Z_{w2} \\ 1 & -Z_{w2} \end{bmatrix} \begin{bmatrix} V_2 \\ I_2 \end{bmatrix} \tag{11.49}$$

また，式(11.49)は次式のようにも書ける。

$$\begin{bmatrix} V_2 \\ I_2 \end{bmatrix} = \begin{bmatrix} \sqrt{Z_{w2}} & \sqrt{Z_{w2}} \\ \dfrac{1}{\sqrt{Z_{w2}}} & -\dfrac{1}{\sqrt{Z_{w2}}} \end{bmatrix} \begin{bmatrix} a_2 \\ b_2 \end{bmatrix} = \dfrac{1}{\sqrt{Z_{w2}}} \begin{bmatrix} Z_{w2} & Z_{w2} \\ 1 & -1 \end{bmatrix} \begin{bmatrix} a_2 \\ b_2 \end{bmatrix} \tag{11.49}'$$

式(11.49)′は，式(11.49)の逆行列で，式(11.48)の右辺のV_1, I_1と式(11.49)′の左辺のV_2, I_2はFパラメータによってつぎの関係で示せる。ただし，図11.9では，I_2の向きがFパラメータの定義とは逆になっているので，これにそろえて式を整理してある。

$$\begin{bmatrix} V_1 \\ I_1 \end{bmatrix} = \begin{bmatrix} A & B \\ C & D \end{bmatrix} \begin{bmatrix} V_2 \\ -I_2 \end{bmatrix} = \begin{bmatrix} A & B \\ C & D \end{bmatrix} \begin{bmatrix} 1 & 0 \\ 0 & -1 \end{bmatrix} \begin{bmatrix} V_2 \\ I_2 \end{bmatrix} = \begin{bmatrix} A & -B \\ C & -D \end{bmatrix} \begin{bmatrix} V_2 \\ I_2 \end{bmatrix} \tag{11.50}$$

したがって，入力側の入射波および反射波と出力側の入射波および反射波との関係は次式で示せる。

$$\begin{aligned}
\begin{bmatrix} a_1 \\ b_1 \end{bmatrix} &= \dfrac{1}{2\sqrt{Z_{w1}}} \begin{bmatrix} 1 & Z_{w1} \\ 1 & -Z_{w1} \end{bmatrix} \begin{bmatrix} V_1 \\ I_1 \end{bmatrix} = \dfrac{1}{2\sqrt{Z_{w1}}} \begin{bmatrix} 1 & Z_{w1} \\ 1 & -Z_{w1} \end{bmatrix} \begin{bmatrix} A & -B \\ C & -D \end{bmatrix} \begin{bmatrix} V_2 \\ I_2 \end{bmatrix} \\
&= \dfrac{1}{2\sqrt{Z_{w1}}} \begin{bmatrix} 1 & Z_{w1} \\ 1 & -Z_{w1} \end{bmatrix} \begin{bmatrix} A & -B \\ C & -D \end{bmatrix} \cdot \dfrac{1}{\sqrt{Z_{w2}}} \begin{bmatrix} Z_{w2} & Z_{w2} \\ 1 & -1 \end{bmatrix} \begin{bmatrix} a_2 \\ b_2 \end{bmatrix} \\
&= \dfrac{1}{2\sqrt{Z_{w1}Z_{w2}}} \begin{bmatrix} A + Z_{w1}C & -B - Z_{w1}D \\ A - Z_{w1}C & -B + Z_{w1}D \end{bmatrix} \begin{bmatrix} Z_{w2} & Z_{w2} \\ 1 & -1 \end{bmatrix} \begin{bmatrix} a_2 \\ b_2 \end{bmatrix} \\
&= \dfrac{1}{2\sqrt{Z_{w1}Z_{w2}}} \begin{bmatrix} Z_{w2}A + Z_{w1}Z_{w2}C - B - Z_{w1}D & Z_{w2}A + Z_{w1}Z_{w2}C + B + Z_{w1}D \\ Z_{w2}A - Z_{w1}Z_{w2}C - B + Z_{w1}D & Z_{w2}A - Z_{w1}Z_{w2}C + B - Z_{w1}D \end{bmatrix} \begin{bmatrix} a_2 \\ b_2 \end{bmatrix} \\
&= \dfrac{1}{2\sqrt{Z_{w1}Z_{w2}}} \begin{bmatrix} Z_{w2}A + Z_{w1}Z_{w2}C + B + Z_{w1}D & Z_{w2}A + Z_{w1}Z_{w2}C - B - Z_{w1}D \\ Z_{w2}A - Z_{w1}Z_{w2}C + B - Z_{w1}D & Z_{w2}A - Z_{w1}Z_{w2}C - B + Z_{w1}D \end{bmatrix} \begin{bmatrix} b_2 \\ a_2 \end{bmatrix}
\end{aligned}$$

$$\tag{11.51}$$

〔2〕 散乱行列の定義

$$\begin{bmatrix} a_1 \\ b_1 \end{bmatrix} = [T] \begin{bmatrix} b_2 \\ a_2 \end{bmatrix} = \begin{bmatrix} \tau_{11} & \tau_{12} \\ \tau_{21} & \tau_{22} \end{bmatrix} \begin{bmatrix} b_2 \\ a_2 \end{bmatrix} ; 伝達散乱行列（伝達スキャタリングマトリクス）$$
(11.52)

また，散乱行列とはつぎの関係がある。

$$\begin{bmatrix} b_1 \\ b_2 \end{bmatrix} = [S] \begin{bmatrix} a_1 \\ a_2 \end{bmatrix} = \begin{bmatrix} s_{11} & s_{12} \\ s_{21} & s_{22} \end{bmatrix} \begin{bmatrix} a_1 \\ a_2 \end{bmatrix} ; 散乱行列（スキャタリングマトリクス）$$
(11.53)

ただし，$\tau_{11} = \dfrac{1}{s_{21}}$，$\tau_{12} = -\dfrac{s_{22}}{s_{21}}$，$\tau_{21} = \dfrac{s_{11}}{s_{21}}$，$\tau_{22} = s_{12} - \dfrac{s_{11}s_{22}}{s_{21}}$

$s_{11} = \dfrac{\tau_{21}}{\tau_{11}}$，$s_{12} = \tau_{22} - \dfrac{\tau_{12}\tau_{21}}{\tau_{11}}$，$s_{21} = \dfrac{1}{\tau_{11}}$，$s_{22} = -\dfrac{\tau_{12}}{\tau_{11}}$

〔3〕 **T パラメータから S パラメータへ**　式(11.51)と式(11.52)を対比すると，T パラメータの各要素は F マトリクスを用いた場合，次式となる。

$$\begin{bmatrix} \tau_{11} & \tau_{12} \\ \tau_{21} & \tau_{22} \end{bmatrix}$$

$$= \frac{1}{2\sqrt{Z_{w1}Z_{w2}}} \begin{bmatrix} Z_{w2}A + Z_{w1}Z_{w2}C + B + Z_{w1}D & Z_{w2}A + Z_{w1}Z_{w2}C - B - Z_{w1}D \\ Z_{w2}A - Z_{w1}Z_{w2}C + B - Z_{w1}D & Z_{w2}A - Z_{w1}Z_{w2}C - B + Z_{w1}D \end{bmatrix}$$
(11.54)

これを S パラメータに変換すると，次式のように導ける。

$$\begin{bmatrix} b_1 \\ b_2 \end{bmatrix} = \begin{bmatrix} \dfrac{Z_{w2}A - Z_{w1}Z_{w2}C + B - Z_{w1}D}{Z_{w2}A + Z_{w1}Z_{w2}C + B + Z_{w1}D} & \dfrac{2\sqrt{Z_{w1}Z_{w2}}(AD-BC)}{Z_{w2}A + Z_{w1}Z_{w2}C + B + Z_{w1}D} \\ \dfrac{2\sqrt{Z_{w1}Z_{w2}}}{Z_{w2}A + Z_{w1}Z_{w2}C + B + Z_{w1}D} & -\dfrac{Z_{w2}A + Z_{w1}Z_{w2}C - B - Z_{w1}D}{Z_{w2}A + Z_{w1}Z_{w2}C + B + Z_{w1}D} \end{bmatrix} \begin{bmatrix} a_1 \\ a_2 \end{bmatrix}$$

$$\equiv \begin{bmatrix} s_{11} & s_{12} \\ s_{21} & s_{22} \end{bmatrix} \begin{bmatrix} a_1 \\ a_2 \end{bmatrix}$$
(11.55)

【例題 11.1】 図 11.9 において，$Z_{w1}=Z_{w2}=Z_{w0}$ および $E_2=0$ とし，2-P 回路が R の直路回路である場合の一次側における反射係数 $\Gamma_1(=b_1/a_1)$ を求めよ。

〈解答〉 R の直路回路の F パラメータは $A=1$，$B=R$，$C=0$，$D=1$ であるから，

$$\begin{bmatrix} a_1 \\ b_1 \end{bmatrix} = \frac{1}{2Z_{w0}} \begin{bmatrix} Z_{w0}A + Z_{w0}^2C + B + Z_{w0}D & Z_{w0}A + Z_{w0}^2C - B - Z_{w0}D \\ Z_{w0}A - Z_{w0}^2C + B - Z_{w0}D & Z_{w0}A - Z_{w0}^2C - B + Z_{w0}D \end{bmatrix} \begin{bmatrix} b_2 \\ a_2 \end{bmatrix}$$

$$= \frac{1}{2Z_{w0}} \begin{bmatrix} 2Z_{w0} + R & -R \\ R & 2Z_{w0} - R \end{bmatrix} \begin{bmatrix} b_2 \\ a_2 \end{bmatrix}$$

また，二次側の線路と最終端の負荷がインピーダンス整合していることから，$a_2=0$ とすれば

$$\begin{bmatrix} a_1 \\ b_1 \end{bmatrix} = \frac{1}{2Z_{w0}} \begin{bmatrix} 2Z_{w0}+R & -R \\ R & 2Z_{w0}-R \end{bmatrix} \begin{bmatrix} b_2 \\ 0 \end{bmatrix} = \frac{1}{2Z_{w0}} \begin{bmatrix} (2Z_{w0}+R)b_2 \\ Rb_2 \end{bmatrix}$$

であるから，b_1/a_1 はつぎのようになる。

$$\Gamma_1 = \frac{b_1}{a_1} = \frac{R}{2Z_{w0}+R}$$

[**参考**] 特性インピーダンス Z_{w0} の線路を $Z_{w0}+R$ で終端したときの反射係数 Γ_1 は次式で与えられるが，これは上の式と等しく，上式が正しいことを示している。

$$\Gamma_1 \equiv \frac{b_1}{a_1} = \frac{Z_L - Z_{w0}}{Z_L + Z_{w0}} = \frac{(R+Z_{w0})-Z_{w0}}{(R+Z_{w0})+Z_{w0}} = \frac{R}{R+2Z_{w0}}$$

11.8 Sパラメータによる回路の解析

ここでは，いままでの式をもとに，電力伝送利得について検討してみよう。

図 **11.10** について，いままでの諸式を列挙するとつぎのようになる。

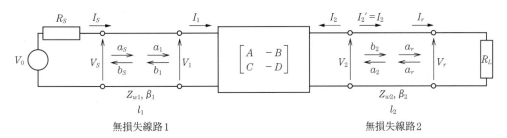

図 11.10 一般回路網

○電源と無損失線路1の入力端の関係

$$V_0 = R_S I_S + V_S \tag{11.56}$$

○無損失線路1の入出力間の関係

$$\begin{bmatrix} V_S \\ I_S \end{bmatrix} = \begin{bmatrix} \cos\theta_1 & jZ_{w1}\sin\theta_1 \\ j\dfrac{1}{Z_{w1}}\sin\theta_1 & \cos\theta_1 \end{bmatrix} \begin{bmatrix} V_1 \\ I_1 \end{bmatrix}, \quad \theta_1 \equiv \beta_1 l_1 \tag{11.57}$$

○無損失線路1の入力端とその点における入射波および反射波の関係

$$\begin{bmatrix} a_S \\ b_S \end{bmatrix} = \frac{1}{2\sqrt{Z_{w1}}} \begin{bmatrix} 1 & Z_{w1} \\ 1 & -Z_{w1} \end{bmatrix} \begin{bmatrix} V_S \\ I_S \end{bmatrix} \tag{11.58}$$

○無損失線路1の出力端とその点における入射波および反射波の関係

$$\begin{bmatrix} V_1 \\ I_1 \end{bmatrix} = \frac{1}{\sqrt{Z_{w1}}} \begin{bmatrix} Z_{w1} & Z_{w1} \\ 1 & -1 \end{bmatrix} \begin{bmatrix} a_1 \\ b_1 \end{bmatrix} \tag{11.59}$$

○無損失線路1の入出力端における入射波および反射波の関係

$$\begin{bmatrix} a_S \\ b_S \end{bmatrix} = \begin{bmatrix} e^{j\theta_1} & 0 \\ 0 & e^{-j\theta_1} \end{bmatrix} \begin{bmatrix} a_1 \\ b_1 \end{bmatrix} \tag{11.60}$$

○無損失線路1の出力端と無損失線路2の入力端（2-P回路）における入射波および反射波の関係

$$\begin{bmatrix} a_1 \\ b_1 \end{bmatrix} = \frac{1}{2\sqrt{Z_{w1}Z_{w2}}} \begin{bmatrix} Z_{w2}A + Z_{w1}Z_{w2}C + B + Z_{w1}D & Z_{w2}A + Z_{w1}Z_{w2}C - B - Z_{w1}D \\ Z_{w2}A - Z_{w1}Z_{w2}C + B - Z_{w1}D & Z_{w2}A - Z_{w1}Z_{w2}C - B + Z_{w1}D \end{bmatrix} \begin{bmatrix} b_2 \\ a_2 \end{bmatrix}$$

$$\equiv \begin{bmatrix} \tau_{11} & \tau_{12} \\ \tau_{21} & \tau_{22} \end{bmatrix} \begin{bmatrix} b_2 \\ a_2 \end{bmatrix} \tag{11.61}$$

○ 2-P回路の入力端と無損失線路2の入力端の関係

$$\begin{bmatrix} V_1 \\ I_1 \end{bmatrix} = \begin{bmatrix} A & -B \\ C & -D \end{bmatrix} \begin{bmatrix} V_2 \\ I_2 \end{bmatrix} = \begin{bmatrix} A & -B \\ C & -D \end{bmatrix} \cdot \frac{1}{\sqrt{Z_{w2}}} \begin{bmatrix} Z_{w2} & Z_{w2} \\ 1 & -1 \end{bmatrix} \begin{bmatrix} a_2 \\ b_2 \end{bmatrix}$$

$$= \frac{1}{\sqrt{Z_{w2}}} \begin{bmatrix} AZ_{w2} - B & AZ_{w2} + B \\ CZ_{w2} - D & CZ_{w2} + D \end{bmatrix} \begin{bmatrix} a_2 \\ b_2 \end{bmatrix} = \frac{1}{\sqrt{Z_{w2}}} \begin{bmatrix} AZ_{w2} + B & AZ_{w2} - B \\ CZ_{w2} + D & CZ_{w2} - D \end{bmatrix} \begin{bmatrix} b_2 \\ a_2 \end{bmatrix} \tag{11.62}$$

○無損失線路2の入出力間の関係

$$\begin{bmatrix} V_2 \\ I_2' \end{bmatrix} = \begin{bmatrix} V_2 \\ -I_2 \end{bmatrix} = \begin{bmatrix} \cos\theta_2 & jZ_{w2}\cdot\sin\theta_2 \\ j\dfrac{1}{Z_{w2}}\cdot\sin\theta_2 & \cos\theta_2 \end{bmatrix} \cdot \begin{bmatrix} V_r \\ I_r \end{bmatrix}, \quad \theta_2 \equiv \beta_2 l_2 \tag{11.63}$$

○無損失線路2の入出力端における入射波および反射波の関係

（注）図11.10では，右側の無損失伝送路の入射波と反射波の定義が異なる。

$$\begin{bmatrix} b_2 \\ a_2 \end{bmatrix} = \begin{bmatrix} e^{j\theta_2} & 0 \\ 0 & e^{-j\theta_2} \end{bmatrix} \begin{bmatrix} a_r \\ b_r \end{bmatrix} \tag{11.64}$$

○無損失線路2の入力端とその点における入射波および反射波の関係

$$\begin{bmatrix} b_2 \\ a_2 \end{bmatrix} = \frac{1}{2\sqrt{Z_{w2}}} \begin{bmatrix} 1 & Z_{w2} \\ 1 & -Z_{w2} \end{bmatrix} \begin{bmatrix} V_2 \\ -I_2 \end{bmatrix} \tag{11.65}$$

○無損失線路2の出力端とその点における入射波および反射波の関係

$$\begin{bmatrix} V_r \\ I_r \end{bmatrix} = \frac{1}{\sqrt{Z_{w2}}} \begin{bmatrix} Z_{w2} & Z_{w2} \\ 1 & -1 \end{bmatrix} \begin{bmatrix} a_r \\ b_r \end{bmatrix} \tag{11.66}$$

○出力（負荷）端における関係

$$V_r = R_L \cdot I_r, \qquad \Gamma_L \equiv \frac{b_r}{a_r} = \frac{R_L - Z_{w2}}{R_L + Z_{w2}} \tag{11.67}$$

11.8 Sパラメータによる回路の解析

式(11.67), (11.64)より，無損失線路2の入力端における反射係数は次式となる。

$$\Gamma_2 \equiv \frac{a_2}{b_2} = \frac{e^{-j\theta_2}b_r}{e^{j\theta_2}a_r} = e^{-j2\theta_2}\Gamma_L \tag{11.68}$$

同様に，無損失線路1の出力端における反射係数は式(11.68), (11.61)より次式のようになる。

$$\Gamma_1 \equiv \frac{b_1}{a_1} = \frac{\tau_{21} + \tau_{22}e^{-j2\theta_2}\Gamma_L}{\tau_{11} + \tau_{12}e^{-j2\theta_2}\Gamma_L} \tag{11.69}$$

負荷端の電圧，電流と入射波，反射波間の関係は式(11.66)で与えられる。したがって，負荷に供給される電力 P_L は次式となる。

$$P_L = \text{Re}(V_r \bar{I}_r) = \text{Re}\left[\sqrt{Z_{w2}}(a_r + b_r) \cdot \frac{1}{\sqrt{Z_{w2}}}(\bar{a}_r - \bar{b}_r)\right]$$

$$= \text{Re}[(|a_r|^2 - |b_r|^2 + \bar{a}_r b_r - a_r \bar{b}_r)] = |a_r|^2 - |b_r|^2 \tag{11.70}$$

式(11.70)は，入射波の電力と反射波の電力の差が正味の右方向へ送られる電力であることを示している。また，入射波と反射波の関係として式(11.67)の関係があるから，P_L は次式でも示せる。

$$P_L = |a_r|^2 - |b_r|^2 = |a_r|^2 - |\Gamma_L|^2 |a_r|^2 = (1 - |\Gamma_L|^2) \cdot |a_r|^2 \tag{11.71}$$

さらに，2-P回路の入力端に供給される電力 P_1 は，式(11.59)より次式となる。

$$P_1 \equiv \text{Re}(V_1 \bar{I}_1) = \text{Re}\left[\sqrt{Z_{w1}}(a_1 + b_1) \cdot \frac{1}{\sqrt{Z_{w1}}}(\bar{a}_1 - \bar{b}_1)\right]$$

$$= |a_1|^2 - |b_1|^2 = (1 - |\Gamma_1|^2) \cdot |a_1|^2 \tag{11.72}$$

また，無損失線路1の入力端に供給される電力 P_S は，式(11.58)より次式となる。

$$P_S \equiv \text{Re}(V_S \bar{I}_S) = |a_S|^2 - |b_S|^2 = (1 - |\Gamma_S|^2) \cdot |a_S|^2 \tag{11.73}$$

ところで，式(11.61), (11.64)より

$$\begin{bmatrix} a_1 \\ b_1 \end{bmatrix} = \begin{bmatrix} \tau_{11} & \tau_{12} \\ \tau_{21} & \tau_{22} \end{bmatrix} \begin{bmatrix} e^{j\theta_2} & 0 \\ 0 & e^{-j\theta_2} \end{bmatrix} \begin{bmatrix} a_r \\ b_r \end{bmatrix} = \begin{bmatrix} \tau_{11}e^{j\theta_2} & \tau_{12}e^{-j\theta_2} \\ \tau_{21}e^{j\theta_2} & \tau_{22}e^{-j\theta_2} \end{bmatrix} \begin{bmatrix} a_r \\ b_r \end{bmatrix} \tag{11.74}$$

さらに，式(11.67)より $b_r = \Gamma_L a_r$ であるから，式(11.74)は次式となる。

$$\begin{bmatrix} a_1 \\ b_1 \end{bmatrix} = \begin{bmatrix} \tau_{11}e^{j\theta_2} & \tau_{12}\Gamma_L e^{-j\theta_2} \\ \tau_{21}e^{j\theta_2} & \tau_{22}\Gamma_L e^{-j\theta_2} \end{bmatrix} \begin{bmatrix} 1 & 1 \\ 0 & \Gamma_L \end{bmatrix} \begin{bmatrix} a_r \\ a_r \end{bmatrix} = \begin{bmatrix} \tau_{11}e^{j\theta_2} & \tau_{12}\Gamma_L e^{-j\theta_2} \\ \tau_{21}e^{j\theta_2} & \tau_{22}\Gamma_L e^{-j\theta_2} \end{bmatrix} \begin{bmatrix} a_r \\ b_r \end{bmatrix}$$

$$= e^{j\theta_2} \begin{bmatrix} \tau_{11} & \tau_{12}\Gamma_L e^{-j2\theta_2} \\ \tau_{21} & \tau_{22}\Gamma_L e^{-j2\theta_2} \end{bmatrix} \begin{bmatrix} a_r \\ b_r \end{bmatrix} \tag{11.75}$$

また，これと式(11.60)より

$$\begin{bmatrix} a_S \\ b_S \end{bmatrix} = e^{j\theta_2} \begin{bmatrix} e^{j\theta_1} & 0 \\ 0 & e^{-j\theta_1} \end{bmatrix} \begin{bmatrix} \tau_{11} & \tau_{12}\Gamma_L e^{-j2\theta_2} \\ \tau_{21} & \tau_{22}\Gamma_L e^{-j2\theta_2} \end{bmatrix} \begin{bmatrix} a_r \\ a_r \end{bmatrix}$$

$$= e^{j(\theta_1+\theta_2)} \begin{bmatrix} \tau_{11} & \tau_{12}\Gamma_L e^{-j2\theta_2} \\ \tau_{12} e^{-j2\theta_1} & \tau_{22}\Gamma_L e^{-j2(\theta_1+\theta_2)} \end{bmatrix} \begin{bmatrix} a_r \\ a_r \end{bmatrix} \tag{11.76}$$

式(11.75),(11.76)より

$$a_1 = e^{j\theta_2}(\tau_{11} + \tau_{12}\Gamma_L e^{-j2\theta_2})a_r \equiv K_{1r} a_r \tag{11.77}$$

$$a_S = e^{j(\theta_1+\theta_2)}(\tau_{11} + \tau_{12}\Gamma_L e^{-j2\theta_2})a_r \equiv K_{Sr} a_r \tag{11.78}$$

したがって,電力伝達利得 G_{r1}, G_{rS} は式(11.71),(11.72),(11.77)および式(11.73),(11.78)より

$$G_{r1} \equiv \frac{P_r}{P_1} = \frac{(1-|\Gamma_L|^2)\cdot|a_r|^2}{(1-|\Gamma_1|^2)\cdot|a_1|^2} = \frac{(1-|\Gamma_L|^2)}{(1-|\Gamma_1|^2)\cdot|K_{1r}|^2} \tag{11.79}$$

$$G_{rS} \equiv \frac{P_r}{P_S} = \frac{(1-|\Gamma_L|^2)\cdot|a_r|^2}{(1-|\Gamma_S|^2)\cdot|a_S|^2} = \frac{(1-|\Gamma_L|^2)}{(1-|\Gamma_S|^2)\cdot|K_{Sr}|^2} \tag{11.80}$$

ただし,Γ_L は式(11.67),Γ_1 は式(11.69),K_{1r} は式(11.77),K_{Sr} は式(11.78)を参照されたい。また,Γ_S は式(11.76)より

$$\Gamma_S \equiv \frac{b_S}{a_S} = \frac{\tau_{21}e^{-j2\theta_1} + \tau_{22}\Gamma_L e^{-j2(\theta_1+\theta_2)}}{\tau_{11} + \tau_{12}\Gamma_L e^{-j2\theta_2}} \tag{11.81}$$

章 末 問 題

【11.1】 問図 11.1 に示すように,一様な無損失の分布定数線路(特性インピーダンス Z_{w1},伝搬定数 $\gamma=j\beta$,長さ L)がある。

(1) 図(a)のように線路の一端を短絡した場合の他端から見たインピーダンスを求めよ。

(2) 上記の線路と負荷 R ($\neq Z_{w1}$)を整合させるため,図(b)のように長さ $\lambda/4$ の線路を中間に挿入する場合,その整合線路の特性インピーダンス Z_{w2} をいくらにすればよいか。もし,$Z_{w1}=75\,\Omega$,$R=4\,800\,\Omega$ としたら,Z_{w2} はいくらになるか,求めよ。

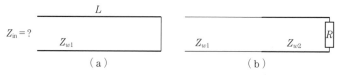

問図 11.1

【11.2】 問図 11.2 に示すように,特性インピーダンス Z_0,伝搬定数 $\gamma=j\beta$ で,長さが L の分布定数線路がある。片端を短絡し,線路の中心に抵抗 R を接続した場合,他端から見たインピーダンスはどのようになるか。

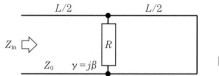

問図 11.2

【11.3】 分布定数線路の一端を短絡し，他端からインピーダンスを見たとき，l とみなせるのはどの程度の長さか。ただし，l とみなせるときの許容誤差は3％とする。

（ヒント）　$Z_x = jZ_w \cdot \tan \beta l \rightarrow Z_x' \approx jZ_w \cdot \beta l \quad (\beta l \ll 1)$

【11.4】 未知の負荷 R_L を，特性インピーダンス $Z_0 = 50\,\Omega$，伝搬定数 $\gamma = j\beta\ (= 2\pi/\lambda)$ の分布定数線路で終端した。分布定数線路は真空中に置かれており，交流電源の周波数を 300 MHz として，以下の問いに答えよ。

（1） 長さ 25 cm の点 A での反射係数 Γ_A を測定したら 0.4 であったという。点 A で測定されたインピーダンス Z_A はいくらか。また，負荷 R_L はいくらか。

（2） もし R_L が 0 であるとしたら，点 A で測定した反射係数 Γ_A'，Z_A' はいくらか。

【11.5】 1 km 当り，$r = 5\,\Omega$，$L = 2\,\mathrm{mH}$，$g = 0.5\,\mu\mathrm{S}$，$C = 5\,\mathrm{pF}$ をもつ分布定数線路がある。この線路の角周波数 ω が 1 000，2 000，5 000，10 000 の場合の，つぎの各値はいくらになるか求めよ。

（1） 減衰定数 α 　　（2） 位相定数 β 　　（3） 波長 λ

（4） 位相速度 v 　　（5） 特性インピーダンス Z_w の大きさと偏角

課題略解

【1章】

課題 1.1 $V = R \cdot I = 100 \times 0.1 = 10$ V

課題 1.2 $I = \dfrac{V}{R} = \dfrac{3}{1\,000} = 0.003$ A $= 3$ mA

課題 1.3 $V_2 = R_2 \cdot I$ より，$I = 10/100 = 0.1$ A，この電流は R_1 にも流れているので，$V_1 = R_1 \cdot I = 20$ V。

したがって，$V = V_1 + V_2 = 30$ V。

課題 1.4 $V = V_2 = V_1 = R_1 \cdot I_1 = 200$ V。よって，$I_2 = V/R_2 = 2$ A。また，$I = I_1 + I_2 = 3$ A。

課題 1.5 式(1.5)より，$I = V/(R_1 + R_2)$ であるから，これを式(1.3)，(1.4)に代入することにより式(1.18)の分圧の式を誘導できる。すなわち

$$V_1 = IR_1 = V \cdot \dfrac{R_1}{R_1 + R_2}, \quad V_2 = IR_2 = V \cdot \dfrac{R_2}{R_1 + R_2}$$

課題 1.6 式(1.8)，(1.9)から I_2 を消去し，I_1 について解けば，直接，I_1 に関する分流の式が誘導できる。

すなわち，$I_2 = I_1 \cdot \dfrac{R_1}{R_2} \;\rightarrow\; I = I_1 + I_2 = \left(1 + \dfrac{R_1}{R_2}\right) I_1$ よって，$I_1 = \dfrac{R_2}{(R_1 + R_2)} \cdot I$

同様に，$I_1 = I_2 \cdot \dfrac{R_2}{R_1} \;\rightarrow\; I = I_1 + I_2 = \left(1 + \dfrac{R_2}{R_1}\right) I_2$ よって，$I_2 = \dfrac{R_1}{R_1 + R_2} \cdot I$

【2章】

課題 2.1 式(2.6)〜(2.8)は3元一次連立方程式となっている。

種々の解き方はあるが，ここでは代入法によって求めてみる。

まず，式(2.6)を式(2.7)，(2.8)に代入して整理すると，次式を得る。

$$E_1 - E_2 = (R_1 + R_2)I_2 + R_1 I_3 \tag{2.7}'$$

$$E_2 = -R_2 I_2 + R_3 I_3 \tag{2.8}'$$

これより I_3 を消去すると，$I_2 = \{R_3 E_1 - (R_1 + R_3)E_2\}/(R_1 R_2 + R_2 R_3 + R_3 R_1)$ となり，これを式(2.8)' に代入すれば I_3，さらに I_2, I_3 を式(2.6)に代入して I_1 が求められる。よって

$$I_3 = \dfrac{R_2 E_1 + R_1 E_2}{R_1 R_2 + R_2 R_3 + R_3 R_1}, \quad I_1 = \dfrac{(R_2 + R_3)E_1 - R_3 E_2}{R_1 R_2 + R_2 R_3 + R_3 R_1}$$

課題 2.2 課題解図 2.1 のように，I_1, I_2, I_3 の矢印，V_1, V_2, V_3 の矢印（破線）を書き入れると，KCL，KVL は次式のように求められる。

　　KCL：$I_1 = I_2 + I_3$

　　KVL：$E = V_1 + V_2 = R_1 I_1 + R_2 I_2, \quad V_2 = V_3 \;\Longrightarrow\; R_2 I_2 = R_3 I_3$

これらの式から I_1, I_2, I_3 を求め，さらに，$V_i = R_i \cdot I_i$ ($i = 1, 2, 3$) より V_1, V_2, V_3 を求めれば，

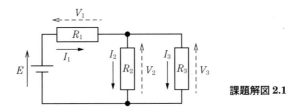

課題解図 2.1

下記のように求められる。

$$\therefore\ I_1 = \frac{R_2 + R_3}{R_1R_2 + R_2R_3 + R_3R_1}E,\ I_2 = \frac{R_3}{R_1R_2 + R_2R_3 + R_3R_1}E,$$

$$I_3 = \frac{R_2}{R_1R_2 + R_2R_3 + R_3R_1}E$$

$$\therefore\ V_1 = \frac{R_1(R_2 + R_3)}{R_1R_2 + R_2R_3 + R_3R_1}E,\ V_2 = V_3 = \frac{R_2R_3}{R_1R_2 + R_2R_3 + R_3R_1}E$$

【3章】

課題 3.1 家庭用のコンセント 100 V も実効値 V_e であるから，電流の実効値 I_e と掛け算することにより，消費電力が $P = 600$ W となるので

$$I_e = \frac{P}{V_e} = 6\ \text{A}$$

よって，振幅 $I_m = \sqrt{2}\,I_e \fallingdotseq 8.5\ \text{A}$

課題 3.2 $v_T(t)$ の振幅は，$\theta_1 - \theta_2 = 0$ で $2V_1\,(=2V_2)$，$\pi/2$ では $\sqrt{2}\,V_1\,(=\sqrt{2}\,V_2)$，$\pi$ では 0 となる。

課題 3.3 表 3.1 の二重下線で示した式を用いて計算すると，**課題解表 3.1** の通りとなる。

課題解表 3.1

$v(t) = E$ （直流電圧）の場合		
$v_R = E\ \Rightarrow\ i_R = \dfrac{E}{R}$	$v_L = E\ \Rightarrow\ i_L = Et/L$ $t \to \infty,\ i_L \to \infty$ 短絡 ($R=0$) と同じ。	$v_C = E\ \Rightarrow\ i = 0\ \because dv_C/dt = 0$ 開放 ($R=$ 無限大) と同じ。
$v(t) = \sqrt{2}\,V_e\cos\omega t$ の場合		
$v_R(t) = \sqrt{2}\,V_e\cos\omega t$ $\Rightarrow\ i_R(t) = \dfrac{\sqrt{2}\,V_e}{R}\cos\omega t$ 電流と電圧は同位相。	$v_L(t) = \sqrt{2}\,V_e\cos\omega t$ $\Rightarrow\ i_L(t) = \dfrac{\sqrt{2}\,V_e}{\omega L}\sin\omega t$ 電流は電圧より $\pi/2$ 遅れている。	$v_C(t) = \sqrt{2}\,V_e\cos\omega t$ $\Rightarrow\ i_C(t) = -\omega C\sqrt{2}\,V_e\sin\omega t$ 電流は電圧より $\pi/2$ 進んでいる。

【4章】

課題 4.1

(1) $5 + j3$　　(2) $10\sin\omega t\cos(\pi/6) + 10\cos\omega t\sin(\pi/6)\ \Rightarrow\ 5(\sqrt{3} + j)$

(3) $100\sin\omega t\cos(\pi/4) + 100\cos\omega t\sin(\pi/4)\ \Rightarrow\ 50\sqrt{2}\cdot(1 + j)$

(4) $20 + j10\ \Rightarrow\ 20\sin\omega t + 10\cos\omega t = 10\sqrt{5}\cdot\sin\{\omega t + \tan^{-1}(1/2)\}$

(5) $30 - j40 \Rightarrow 30\sin\omega t - 40\cos\omega t = 50\sin(\omega t - \theta)$　ただし，$\theta = \tan^{-1}(4/3)$

(6) $50 + j50 \Rightarrow 50(\sin\omega t + \cos\omega t) = 50\sqrt{2}\sin(\omega t + \pi/4)$

【課題 4.2】 $V_L = j\omega L \cdot I_L$, $V_C = \dfrac{1}{j\omega C}I_C$ （表4.1のベクトル記号法の式からすぐに導けることに注意）

【課題 4.3】 $Z = R + j(\omega L - 1/\omega C)$

$R = 1\,\Omega$, $L = 1\,\mathrm{H}$, $C = 1\,\mathrm{F}$ のとき，$Z = 1 + j(\omega - 1/\omega)$。よって

$\omega = 0.1 \rightarrow Z = 1 - j9.9\,\Omega$, $\omega = 1 \rightarrow Z = 1\,\Omega$, $\omega = 10 \rightarrow Z = 1 + j9.9\,\Omega$

【5章】

【課題 5.1】 $Z = R + j\omega L$, $Y = \dfrac{1}{R + j\omega L} = \dfrac{1}{R^2 + (\omega L)^2}(R - j\omega L)$　（**課題解図 5.1** 参照）

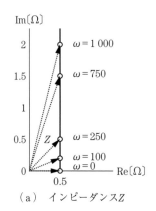
(a) インピーダンス Z

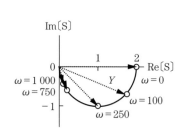
(b) アドミタンス Y

課題解図 5.1

【課題 5.2】 省略

【課題 5.3】 $Y = \dfrac{1}{R} + j\omega C$, $Z = \dfrac{R}{j\omega CR + 1}$　（**課題解図 5.2** 参照）

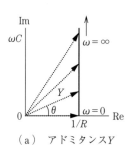
(a) アドミタンス Y

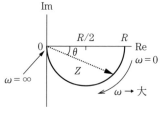
(b) インピーダンス Z

課題解図 5.2

課題 5.4

(1) $v_{\text{out}} = \dfrac{R_2 + \dfrac{1}{j\omega C}}{R_1 + R_2 + \dfrac{1}{j\omega C}} v = \dfrac{R_2 - j\dfrac{1}{\omega C}}{R_1 + R_2 - j\dfrac{1}{\omega C}} v = \dfrac{\sqrt{R_2{}^2 + 1/(\omega C)^2}\angle\theta_2}{\sqrt{(R_1 + R_2)^2 + 1/(\omega C)^2}\angle\theta_1} v$

$= \dfrac{\sqrt{R_2{}^2 + 1/(\omega C)^2}}{\sqrt{(R_1 + R_2)^2 + 1/(\omega C)^2}} v\angle\theta$

$\theta_2 = -\tan^{-1}(1/\omega CR_2), \quad \theta_1 = -\tan^{-1}\{1/\omega C(R_1 + R_2)\}, \quad \theta = \theta_2 - \theta_1$

(2) 　　　　　　　　　　　課題解表 5.1

ω〔rad/s〕	10	100	1 000	10 000
$\|v_{\text{out}}\|$〔V〕	1.0	0.99	0.63	0.50
θ〔rad〕	−0.01	−0.1	−0.32	−0.05

課題 5.5

$Z = R_1 + R_2 \mathbin{/\mkern-6mu/} j\omega L = R_1 + \dfrac{j\omega L R_2}{R_2 + j\omega L} = R_1 + \dfrac{(\omega L)^2 R_2 + j\omega L R_2{}^2}{R_2{}^2 + (\omega L)^2}$

$Y = \dfrac{R_1 R_2{}^2 + (\omega L)^2 (R_1 + R_2) - j\omega L R_2{}^2}{(R_1 R_2)^2 + \{\omega L(R_1 + R_2)\}^2}$

課題解図 5.3 となる。

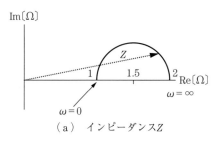
(a) インピーダンス Z

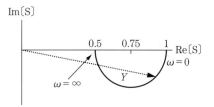
(b) アドミタンス Y

課題解図 5.3

課題 5.6

(1) $Y = \dfrac{1}{R + j\omega L} + j\omega C = \dfrac{R - j\omega L}{R^2 + (\omega L)^2} + j\omega C = \dfrac{R + j\omega C\{R^2 + (\omega L)^2\} - j\omega L}{R^2 + (\omega L)^2}$

(2) 電圧と電流が同位相となるときアドミタンスの虚部は 0 であるから

$\omega C\{R^2 + (\omega L)^2\} = \omega L \quad \therefore \quad \omega = \sqrt{\dfrac{1}{CL} - \dfrac{R^2}{L^2}}$

課題 5.7

$\dfrac{v_o}{v_i} = \dfrac{R}{R + j\omega L} = \dfrac{R\angle 0°}{\sqrt{R^2 + (\omega L)^2}\angle\tan(\omega L/R)} = \dfrac{R}{\sqrt{R^2 + (\omega L)^2}}\angle\tan\left(-\dfrac{\omega L}{R}\right)$

課題解図 5.4 となる。

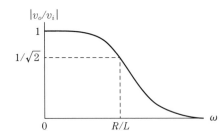
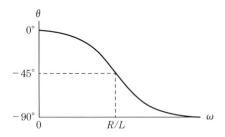

課題解図 5.4

課題 5.8 $\dfrac{v_o}{v_i} = \dfrac{R}{R + \dfrac{1}{j\omega C}} = \dfrac{j\omega CR}{j\omega CR + 1} = \dfrac{\omega CR \angle 90°}{\sqrt{(\omega CR)^2 + 1} \angle \tan^{-1}(\omega CR)}$

$= \dfrac{\omega CR}{\sqrt{(\omega CR)^2 + 1}} \angle \{90° - \tan^{-1}(\omega CR)\}$

課題解図 5.5 となる。

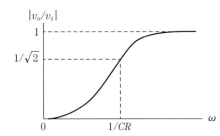
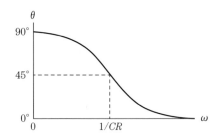

課題解図 5.5

課題 5.9 $Y = \dfrac{1}{R} + j\left(\omega C - \dfrac{1}{\omega L}\right),\ Z = R \mathbin{/\mkern-5mu/} j\left(\omega L - \dfrac{1}{\omega C}\right)$

課題解図 5.6 となる。

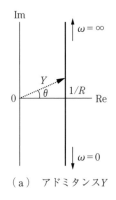
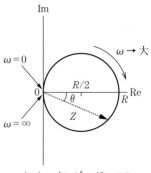

（a）アドミタンスY　　　　（b）インピーダンスZ

課題解図 5.6

【6章】

課題 6.1

$$P_e = \frac{1}{T}\int_{t_0}^{t_0+T} p(t)\cdot dt$$

$$= \frac{V_m I_m}{2T}\cos\phi \cdot \int_{t_0}^{t_0+T}\{1-\cos 2(\omega t+\theta)\}dt + \frac{V_m I_m}{2}\sin\phi\cdot\int_{t_0}^{t_0+T}\sin 2(\omega t+\theta)dt$$

$$= \frac{V_m I_m}{2T}\cos\phi\cdot\left[t-\frac{\sin 2(\omega t+\theta)}{2\omega}\right]_{t_0}^{t_0+T} + \frac{V_m I_m}{2}\sin\phi\cdot\left[-\frac{\cos 2(\omega t+\theta)}{2\omega}\right]_{t_0}^{t_0+T}$$

$$= \frac{V_m I_m}{2T}\cos\phi\cdot\left[t_0+T-\frac{\sin 2\{\omega(t_0+T)+\theta\}}{2\omega}-t_0+\frac{\sin 2(\omega t_0+\theta)}{2\omega}\right]$$

$$+ \frac{V_m I_m}{2}\sin\phi\cdot\left[-\frac{\cos 2\{\omega(t_0+T)+\theta\}}{2\omega}+\frac{\cos 2(\omega t_0+\theta)}{2\omega}\right]$$

$$= \frac{V_m I_m}{2T}\cos\phi\cdot\left[T-\frac{\sin 2\{\omega t_0+2\pi+\theta\}-\sin 2(\omega t_0+\theta)}{2\omega}\right]$$

$$+ \frac{V_m I_m}{2}\sin\phi\cdot\left[-\frac{\cos 2\{\omega t_0+2\pi+\theta\}}{2\omega}+\frac{\cos 2(\omega t_0+\theta)}{2\omega}\right] \quad \because\ \omega T=2\pi$$

$$= \frac{V_m I_m}{2T}\cos\phi\cdot T = \frac{V_m I_m}{\sqrt{2}\sqrt{2}}\cos\phi = V_e I_e\cos\phi$$

課題 6.2 式(6.6)より，実効値 100 V の正弦波電圧は $V_r=\sqrt{2}\cdot 100$ V, $V_j=0$ に相当する。よって，$P_{e,s}$〔W〕は式(6.9)から $P_{e,s}=500$ W。また，余弦波の場合は，$V_r=0$, $V_j=\sqrt{2}\cdot 100$ V となるから，$P_{e,c}$〔W〕$=500$ W（正弦波電圧でも余弦波電圧でも実効値が同じであれば，消費電力は同じであることがわかる）。

課題 6.3 式(6.6)および式(6.9)より，P_e〔W〕$=1\,000$ W $=1$ kW。

課題 6.4 種々の方法がある。例えば，**課題解図 6.1**（a）のように，リアクティブ・インバータを用いれば，式(6.25)より $Z_L=X^2/R_L$ となっているので，リアクタンス分を 0 とするよう破線内の回路の前段に $-jX_s$ なるリアクタンスを接続すればよい。また，課題解図 6.1（b）の構成でも，$X_1+X_2=0$ なる条件のもとで $Z_L=jX_1/\!/(R_L+jX_2)=-X_1X_2/R_L+jX_1$ となるから，$\mathrm{Re}(Z_L)=R_s$ となるように，まず $X_1=-X_2$, $|X_1|=\sqrt{R_s R_L}$ とすればよい。

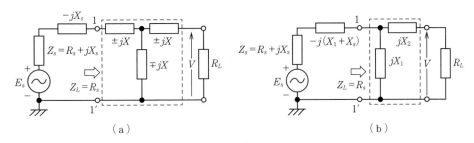

課題解図 6.1

【7章】

課題 7.1 課題解図 7.1, 7.2 について考え，重ね合わせの理を用いる。

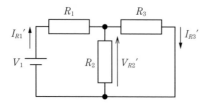

課題解図 7.1

$$I_{R1}' = \frac{V_1}{R_1 + R_2 /\!/ R_3} = \frac{V_1(R_2 + R_3)}{R_1R_2 + R_2R_3 + R_3R_1},$$

$$V_{R2}' = I_{R1}'(R_2 /\!/ R_3) = \frac{R_2R_3}{R_1R_2 + R_2R_3 + R_3R_1}V_1,$$

$$I_{R3}' = \frac{V_{R2}'}{R_3} = \frac{R_2}{R_1R_2 + R_2R_3 + R_3R_1}V_1$$

課題解図 7.2

$$I_{R3}'' = \frac{V_2}{R_3 + R_1 /\!/ R_2} = \frac{V_2(R_1 + R_2)}{R_1R_2 + R_2R_3 + R_3R_1},$$

$$V_{R2}'' = -I_{R3}''(R_1 /\!/ R_2) = -\frac{R_1R_2}{R_1R_2 + R_2R_3 + R_3R_1}V_2$$

したがって

$$I_{R3} = \frac{R_2V_1 + (R_1 + R_2)V_2}{R_1R_2 + R_2R_3 + R_3R_1}, \quad V_{R2} = \frac{(R_2R_3V_1 - R_1R_2V_2)}{R_1R_2 + R_2R_3 + R_3R_1}$$

課題 7.2 左側の閉路電流（時計まわり）を i_A，右側の閉路電流（時計まわり）を i_B とすれば閉電流方程式は

$$\begin{pmatrix} R_1 + R_2 & -R_2 \\ -R_2 & R_2 + R_3 \end{pmatrix} \begin{pmatrix} i_A \\ i_B \end{pmatrix} = \begin{pmatrix} V_1 - v_2 \\ v_2 \end{pmatrix}$$

$i_1 = i_A$ であるから

$$i_1 = \begin{vmatrix} V_1 - v_2 & -R_2 \\ v_2 & R_2 + R_3 \end{vmatrix} \bigg/ \begin{vmatrix} R_1 + R_2 & -R_2 \\ -R_2 & R_2 + R_3 \end{vmatrix} = \frac{(R_2 + R_3)V_1 - R_3v_2}{R_1R_2 + R_2R_3 + R_3R_1}$$

$i_3 = i_B$ であるから

$$i_3 = \begin{vmatrix} R_1 + R_2 & V_1 - v_2 \\ -R_2 & v_2 \end{vmatrix} \bigg/ \begin{vmatrix} R_1 + R_2 & -R_2 \\ -R_2 & R_2 + R_3 \end{vmatrix} = \frac{R_2V_1 + R_1v_2}{R_1R_2 + R_2R_3 + R_3R_1}$$

$i_2 = i_A - i_B$ であるから

$$i_2 = \frac{R_3 V_1 - (R_1 + R_3) v_2}{R_1 R_2 + R_2 R_3 + R_3 R_1}$$

課題 7.3 電源 V_1 について考えると，$I_1' = 4\,\text{A}$，$I_2' = 2\,\text{A}$，$I_3' = 2\,\text{A}$，電源 v_2 について考えると $i_2'' = -2\sin(\omega t)$，$i_1'' = -\sin(\omega t)$，$i_3'' = \sin(\omega t)$ であるから

$$i_1 = 4 - \sin(\omega t), \quad i_2 = 2 - 2\sin(\omega t), \quad i_3 = 2 + \sin(\omega t)$$

したがって，電流波形は**課題解図 7.3** となる。

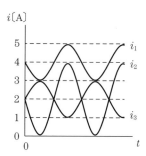

課題解図 7.3

課題 7.4 それぞれの電源のみを考慮した回路は**課題解図 7.4** のようになる。

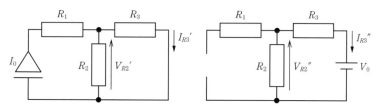

課題解図 7.4

$$I_{R3}' = \frac{R_2}{R_2 + R_3} I_0, \quad V_{R2}' = \frac{R_2 R_3}{R_2 + R_3} I_0, \quad I_{R3}'' = -\frac{V_0}{R_2 + R_3}, \quad V_{R2}'' = \frac{R_2}{R_2 + R_3} V_0$$

$$\therefore \quad I_{R3} = \frac{R_2 I_0 - V_0}{R_2 + R_3}, \quad V_{R2} = \frac{R_2 R_3 I_0}{R_2 + R_3} + \frac{R_2 V_0}{R_2 + R_3}$$

課題 7.5

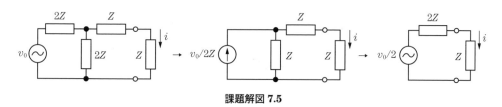

課題解図 7.5

課題解図 7.5 より，$i = \dfrac{v_0}{6Z}$

課題 7.6 課題 7.5 の変形を参照。

164　　課　題　略　解

課題 7.7　$R_T = R_3 + R_1 /\!/ R_2$, $v_T = \dfrac{R_1}{R_1 + R_2} v$

したがって

$$v_4 = \dfrac{R_4}{R_T + R_4} v_T = \dfrac{R_1 R_4}{R_1 R_2 + R_1 R_3 + R_1 R_4 + R_2 R_3 + R_2 R_4} v$$

課題 7.8　$R_T = R_3$, $V_T = R_3 I_0 + V_0$

したがって

$$V_{R2} = \dfrac{R_2}{V_T + R_2} V_T = \dfrac{R_2(R_3 I_0 + V_0)}{R_2 + R_3}$$

課題 7.9　それぞれの節点について KCL より

$$I_1 - I_2 = Y_1 V_a + Y_2(V_a - V_b), \quad I_2 + I_3 = Y_2(V_b - V_a) + Y_3 Y_b$$

となるから，節電圧方程式は

$$\begin{pmatrix} Y_1 + Y_2 & -Y_2 \\ -Y_2 & Y_2 + Y_3 \end{pmatrix} \begin{pmatrix} V_a \\ V_b \end{pmatrix} = \begin{pmatrix} I_1 - I_2 \\ I_2 + I_3 \end{pmatrix}$$

$$V_a = \dfrac{\begin{vmatrix} I_1 - I_2 & -Y_2 \\ I_2 + I_3 & Y_2 + Y_3 \end{vmatrix}}{\begin{vmatrix} Y_1 + Y_2 & -Y_2 \\ -Y_2 & Y_2 + Y_3 \end{vmatrix}} = \dfrac{(Y_2 + Y_3)(I_1 - I_2) + Y_2(I_2 + I_3)}{Y_1 Y_2 + Y_2 Y_3 + Y_3 Y_1} = \dfrac{(Y_2 + Y_3) I_1 - Y_3 I_2 - Y_2 I_3}{Y_1 Y_2 + Y_2 Y_3 + Y_3 Y_1}$$

$$V_b = \dfrac{\begin{vmatrix} Y_1 + Y_2 & I_1 - I_2 \\ -Y_2 & I_2 - I_3 \end{vmatrix}}{\begin{vmatrix} Y_1 + Y_2 & -Y_2 \\ -Y_2 & Y_2 + Y_3 \end{vmatrix}} = \dfrac{(Y_1 + Y_2)(I_2 - I_3) + Y_2(I_2 - I_3)}{Y_1 Y_2 + Y_2 Y_3 + Y_3 Y_1} = \dfrac{Y_2 I_1 + Y_1 I_2 - (Y_1 + Y_2) I_3}{Y_1 Y_2 + Y_2 Y_3 + Y_3 Y_1}$$

課題 7.10　$V_T = (2R) \dfrac{I_0}{4} = \dfrac{R I_0}{2}$, $R_T = 2R /\!/ (R + R) = R$

鳳・テブナンの等価回路は**課題解図 7.6** となる。

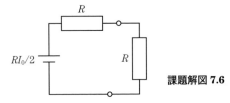

課題解図 7.6

電圧源と電流源を等価変換すると**課題解図 7.7** となる。

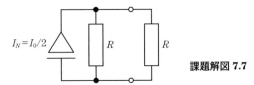

課題解図 7.7

したがって，結果は一致する。

【8章】

課題 8.1 省略

課題 8.2 $R_1(R_x+j\omega L_x) = R_2(R_3+j\omega L_3)$

$R_1R_x + j\omega L_x R_1 = R_2R_3 + j\omega L_3 R_2$

∴ $R_x = R_3R_2/R_1, \ L_x = L_3R_2/R_1$

課題 8.3 図 8.7 の点 d, e, f は同電位であるから，**課題解図 8.1** となり，$Z_{all} = 4Z /\!/ 2Z /\!/ 4Z = Z$。

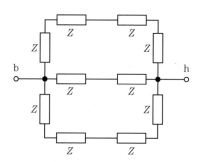

課題解図 8.1

課題 8.4 省略

課題 8.5

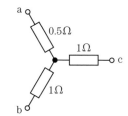

課題解図 8.2

課題 8.6

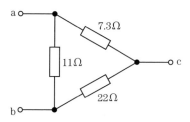

課題解図 8.3

課題 8.7 省略

課題 8.8 $\omega = \sqrt{\dfrac{3}{LC}}, \ \omega = \infty$

【9章】

課題 9.1 Z マトリクスは，$V_1 = z_{11}I_1 + z_{12}I_2$, $V_2 = z_{21}I_1 + z_{22}I_2$ と表せるから，KVL に基づいて**課題解図 9.1** のように表現できる。

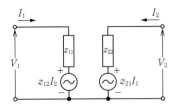

課題解図 9.1 Zマトリクスの等価回路表現

課題 9.2 Hマトリクスは，$V_1 = h_{11}I_1 + h_{12}V_2$，$I_2 = h_{21}I_1 + h_{22}V_2$ で与えられる。h_{11} の単位は〔Ω〕，h_{22} は〔S〕，h_{12} と h_{21} は無次元というように，種々の内容をもつ。第1式は KVL，第2式は KCL に基づいて，**課題解図 9.2** のように表現できる。

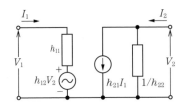

課題解図 9.2 Hマトリクスの等価回路表現

課題 9.3 図 9.13 より，① $V_1 = AV_2 + BI_2$，$I_1 = CV_2 + DI_2$ および ② $V_S = R_S I_1 + V_1$ が成り立つ。鳳・テブナンの等価回路は**課題解図 9.3**であるから，$I_2 = 0$ の条件のもとで V_2 を求めれば，V_H を求めることができる。$I_2 = 0$ では，$V_1 = AV_2$，$I_1 = CV_2$，これと②より $V_2 = V_S/(A + CZ_S) = V_H$ となる。

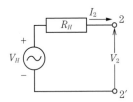

課題解図 9.3 図 9.13 の 2-2' より左側を鳳・テブナンの等価回路で表した図

R_H は式(9.24)の Z_o を求めることと同じなので，$V_S = 0$ では ② より $V_1 = -R_S I_1$ となる。これを①に代入し，I_1 を消去し，Z_o を求めればよい。よって

$$Z_o = \frac{V_2}{-I_2} = \frac{B + DR_S}{A + CR_S} = R_H$$

課題 9.4 入出力端子でインピーダンス整合が満たされている場合，式(9.28)，(9.29)より，次式が成り立つ。

$$Z_i = \frac{AR_L + B}{CR_L + D} = R_S, \quad Z_o = \frac{B + DR_S}{A + CR_S} = R_L$$

したがって，$R_L = \sqrt{\dfrac{BD}{AC}}$ となる。

よって，これを式(9.27)に代入して整理すると

$$\therefore A_p = \frac{1}{\sqrt{AC}\,(\sqrt{AD} + \sqrt{BC})^2}$$

課題 9.5 図 9.16 の 3-3′端子に Z_{i2}'' を接続した場合，2-2′端子から右側を見たインピーダンスは影像インピーダンスの定義より Z_{i1}'' となる。また，$Z_{i2}' = Z_{i1}''$ であるから，1-1′端子から右側を見たインピーダンス $Z_{i1} = Z_{i1}'$ となる。同様に，1-1′端子に Z_{i1}' を接続した場合について，順次，左側を見たインピーダンスを求めていけば，$Z_{i2} = Z_{i2}''$ を得る。

つぎに，二つの 2-P 回路網の入出力側がそれぞれの影像インピーダンスで接続されているので，$V_2/I_2 = Z_{i2}'$ であることに注意すると，式(9.39)，(9.40)より

$$\frac{V_1}{V_2} = \sqrt{\frac{Z_{i1}'}{Z_{i2}'}} \cdot \cosh\theta' + \sqrt{Z_{i1}'Z_{i2}'} \cdot \sinh\theta' \cdot \left(\frac{I_2}{V_2}\right)$$

$$= \sqrt{\frac{Z_{i1}'}{Z_{i2}'}} \cdot (\cosh\theta' + \sinh\theta') = \sqrt{\frac{Z_{i1}'}{Z_{i2}'}} \cdot e^{\theta'}$$

$$\frac{I_1}{I_2} = \left(\frac{1}{\sqrt{Z_{i1}'Z_{i2}'}}\right) \cdot \sinh\theta' \cdot \left(\frac{V_2}{I_2}\right) + \sqrt{\frac{Z_{i2}'}{Z_{i1}'}} \cdot \cosh\theta'$$

$$= \sqrt{\frac{Z_{i2}'}{Z_{i1}'}} (\sinh\theta' + \cosh\theta') = \sqrt{\frac{Z_{i2}'}{Z_{i1}'}} \cdot e^{\theta'}$$

$$\therefore \frac{V_1 I_1}{V_2 I_2} = e^{2\theta'}$$

同様に

$$\frac{V_2}{V_3} = \sqrt{\frac{Z_{i1}''}{Z_{i2}''}} \cdot e^{\theta''}, \quad \frac{I_2}{I_3} = \sqrt{\frac{Z_{i2}''}{Z_{i1}''}} \cdot e^{\theta''}$$

$$\therefore \frac{V_2 I_2}{V_3 I_3} = e^{2\theta''}$$

よって，$V_1 I_1/V_3 I_3 = (V_1 I_1/V_2 I_2) \cdot (V_2 I_2/V_3 I_3) = e^{2(\theta'+\theta'')}$ であるから，式(9.33)より

$$\theta = \frac{1}{2}\ln\frac{V_1 I_1}{V_3 I_3} = \frac{1}{2}\ln\frac{V_1 I_1}{V_2 I_2} + \frac{1}{2}\ln\frac{V_2 I_2}{V_3 I_3} = \theta' + \theta''$$

となる。

課題 9.6 M の符号 "$\pm$" は，つぎの三つの要件によって定まる。「二つのコイルがあって，それらの構造が ① 同方向に巻かれており，それらが ② 鎖交磁路に沿って置かれているときは，二つのコイルの相対応する端子間の電圧は同極性である（ここまでは，自然の法則）。したがって，これら二つのコイルを 2-P とし，③ 相対応する端子を入力および出力の高電位端子とする場合は相互誘導係数は $+M$ である（この ③ は人為的に決めることができ，相対応する端子と逆の端子を高電位とすれば $-M$ となる）。

課題 9.7 図 9.21 より，L_1, L_2 の部分については，式(9.46)が成り立つことがわかる。また，$V = V_1 = V_2$, $I = I_1 + I_2$ であるから

$$I = \frac{L_1 + L_2 - 2M}{j\omega(L_1 L_2 - M^2)} V$$

より

$$\therefore L_T = \frac{L_1 L_2 - M^2}{L_1 + L_2 - 2M}$$

【10章】

課題 10.1　cos 関数，sin 関数はオイラーの公式で指数関数で表現できる。また，指数関数のラプラス変換は式(10.26)で求められているから，これを利用すると簡単に求められる。

（1）　$\sin \omega t = \dfrac{e^{j\omega t} - e^{-j\omega t}}{2j} \rightleftarrows \dfrac{1}{2j}\left(\dfrac{1}{s-j\omega} - \dfrac{1}{s+j\omega}\right) = \dfrac{\omega}{s^2+\omega^2}$

（2）　$e^{-at}\sin \omega t = \dfrac{1}{2j}\{e^{-(a-j\omega)t} - e^{-(a+j\omega)t}\}$

$\rightleftarrows \dfrac{1}{2j}\left(\dfrac{1}{s+a-j\omega} - \dfrac{1}{s+a+j\omega}\right) = \dfrac{\omega}{(s+a)^2+\omega^2}$

課題 10.2　部分積分と1階微分 $\mathcal{L}[df(t)/dt] = -f(0) + sF(s)$ を利用して

（1）　2階微分：

$$\int_0^\infty \dfrac{d^2f(t)}{dt^2} e^{-st}dt = \left[\dfrac{df(t)}{dt}e^{-st}\right]_0^\infty + s\int_0^\infty \dfrac{df(t)}{dt}e^{-st}dt = -\dfrac{df(0)}{dt} - sf(0) + s^2F(s)$$

（2）　3階微分：

$$\int_0^\infty \dfrac{d^3f(t)}{dt^3} e^{-st}dt = \left[\dfrac{d^2f(t)}{dt^2}e^{-st}\right]_0^\infty + s\int_0^\infty \dfrac{d^2f(t)}{dt^2}e^{-st}dt$$

$$= -\dfrac{d^2f(0)}{dt^2} - s\dfrac{df(0)}{dt} - s^2f(0) + s^3F(s)$$

（3）　推移則（s 領域）：

$$f(t)e^{-at} \rightleftarrows \int_0^\infty f(t)e^{-at}e^{-st}dt = \int_0^\infty f(t)e^{-(s+a)t}dt = F(s+a)$$

例えば，$\mathcal{L}[\cos \omega t] = s/(s^2+\omega^2)$ を知っていれば，これを用いて，$\mathcal{L}[e^{-at}\cos \omega t] = (s+a)/\{(s+a)^2+\omega^2\}$ であることがわかる。

課題 10.3　$RC\,dv_C(t)/dt + v_C(t) = E$ のラプラス変換を定義式通りに計算すると

$$\int_0^\infty \left\{RC\dfrac{dv_C(t)}{dt} + v_C(t)\right\}e^{-st}dt = \int_0^\infty Ee^{-st}dt$$

よって

$$RC\int_0^\infty \dfrac{dv_C(t)}{dt}e^{-st}dt + \int_0^\infty v_C(t)e^{-st}dt = E\int_0^\infty e^{-st}dt \quad [\because \text{〔3〕線形則}]$$

$$RC\{sV_C(s) - v_C(0)\} + V_C(s) = E\cdot\dfrac{1}{s} \quad [\because \text{〔1〕微分則，〔3〕ステップ関数}]$$

$$\therefore\ (RCs+1)V_C(s) = \dfrac{E}{s} + RCv_C(0)$$

課題 10.4　・L について，積分形式：$i_L(t) = (1/L)\int v_L(t)dt + i_L(0)$ をラプラス変換すると

$$I_L(s) = \dfrac{1}{Ls}V_L(s) + \dfrac{1}{s}i_L(0)$$

・C について，微分形式：$i_C(t) = C\,dv_C(t)/dt$ をラプラス変換すると

$$I_C(s) = C\{sV_C(s) + v_C(0)\}$$

また，表10.1のs関数の式を$i_L(s)$, $i_C(s)$について解いても同じになることを確認しなさい。

【11章】

課題11.1 時間項も考慮した波動方程式の解，例えば電圧は$V(x, t) = V_x \cdot e^{j\omega t}$となる。$V_x$は式(11.5)で与えられ，$\gamma = \alpha + j\beta$であることより，$V(x, t) = Me^{-\alpha x}e^{j(\omega t - \beta x)} + Ne^{+\alpha x}e^{j(\omega t + \beta x)}$となる。右辺第1項目の$e^{j(\omega t - \beta x)}$は振幅1の回転ベクトルであり，オイラーの公式によりつぎのように書き直すことができる。

$$e^{j(\omega t - \beta x)} = \cos(\omega t - \beta x) + j\sin(\omega t - \beta x)$$
$$= \cos\left\{\omega(t + \Delta t) - \beta\left(x + \frac{\omega \Delta t}{\beta}\right)\right\} + j\sin\left\{\omega(t + \Delta t) - \beta\left(x + \frac{\omega \Delta t}{\beta}\right)\right\}$$

中間の式と最右辺の式が等しいことを示している。つまり，時刻t，場所xにおける値と時刻$t + \Delta t$，場所$x + \omega\Delta t/\beta$における値が等しいことから，Δtの時間に場所が$\omega\Delta t/\beta$だけ$+x$方向に移動したこと（$+x$方向へ伝搬している）を意味している。同様に$e^{j(\omega t + \beta x)}$は，$e^{j(\omega t + \beta x)} = e^{j\{\omega(t+\Delta t) + \beta(x - \omega\Delta t/\beta)\}}$であるから，$\Delta t$の時間に場所が$\omega\Delta t/\beta$だけ$-x$方向に移動したこと（$-x$方向へ伝搬している）を意味していることになる（右辺第1項目にある$Me^{-\alpha x}$は何を意味しているのか，各自で考えてみなさい）。

課題11.2 式(11.28)の下から二つめの式より，線路上の任意の点xにおけるV_x, I_xは次式で表せる。

$$V_x = V_L \cosh \gamma y + Z_w I_L \sinh \gamma y, \quad I_x = \frac{V_L}{Z_w \cosh \gamma y} + I_L \sinh \gamma y \quad (0 \leq y \leq l)$$

また，右端（$y = 0$）はZ_wで終端されているので，$V_L = Z_w I_L$である。よって，上式は

$$V_x = V_L(\cosh \gamma y + \sinh \gamma y) = V_L e^{\gamma y}, \quad I_x = I_L(\cosh \gamma y + \sinh \gamma y) = I_L e^{\gamma y}$$

であり，$e^{\gamma y} \propto e^{-\gamma x}$より，$V_x(I_x)$は進行波のみとなることがわかる。

課題11.3 式(11.29)で，$Z_L = jX$と置き，三角関数の合成式

$$a \sin x \pm b \cos x = \sqrt{a^2 + b^2} \sin\left\{x \pm \tan^{-1}\left(\frac{b}{a}\right)\right\} = \sqrt{a^2 + b^2} \cos\left\{x \mp \tan^{-1}\left(\frac{a}{b}\right)\right\}$$

を利用すると，$Z_x = jZ_w \cdot \tan \beta\{y + \tan^{-1}(X/Z_w)/\beta\}$となる。

Xが誘導性（＋）ならば，線路の長さが物理的な長さyより長くなったように，またXが容量性（−）ならば，線路の長さがyより短くなったように働くことがわかる。

課題11.4 題意より反射係数の式は，$\Gamma = (Z_L - Z_0)/(Z_L + Z_0)$となるから，リターンロスはつぎのようになる。

・$Z_L = Z_0$では，リターンロス $= \infty$；

・$Z_L = 0$では，無限大；

・$Z_L = \infty$では，無限大。

章末問題解答

【1章】

【1.1】 （a） まず R_2 と R_3 の並列合成抵抗を求め，それに R_1 を足せばよい．よって

$$R_T = R_1 + R_2 /\!/ R_3 = R_1 + \frac{R_2 R_3}{R_2 + R_3} = 4 + \frac{6 \cdot 12}{6 + 12} = 8\,\Omega$$

（b） R_2 と R_3 の並列合成抵抗に，さらに R_1 が並列になっているので

$$R_T = R_1 /\!/ (R_2 /\!/ R_3) = \frac{R_1 \cdot \dfrac{R_2 R_3}{R_2 + R_3}}{R_1 + \dfrac{R_2 R_3}{R_2 + R_3}} = \frac{R_1 R_2 R_3}{R_1 R_2 + R_2 R_3 + R_3 R_1} = \frac{4 \cdot 6 \cdot 12}{4 \cdot 6 + 6 \cdot 12 + 12 \cdot 4}$$

$$= 2\,\Omega$$

【1.2】 電圧 V が点 b より点 a が高電位となる場合で矢印を書くと（**解図 1.1** 参照）

（1） 問図 1.1（a）で全体の合成抵抗 R_T が $8\,\Omega$ なので

$$I_1 = \frac{V}{R_T} = 3\,\text{A}$$

また，この電流が R_2 と R_3 に分流するので

$$I_2 = \frac{R_3}{R_2 + R_3} I_1 = 2\,\text{A},\quad I_3 = \frac{R_2}{R_2 + R_3} I_1 = 1\,\text{A}$$

（2） 各抵抗とも，同じ $24\,\text{V}$ が掛かっているので

$$I_1 = \frac{V}{R_1} = 6\,\text{A},\quad I_2 = \frac{V}{R_2} = 4\,\text{A},\quad I_3 = \frac{V}{R_3} = 2\,\text{A}$$

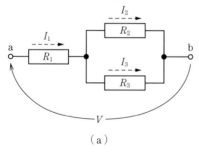
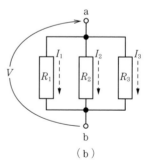

(a)　　　　　　　　　　　　(b)

解図 1.1

【1.3】 $I_m R_m = I_S R_S$, $I = I_m + I_S$ より，$R_S = R_m \cdot I_m / (I - I_m) \fallingdotseq R_m \cdot I_m / I$．よって，$R_S = 10/999 \fallingdotseq 0.01\,\Omega$．

【1.4】 【例題 1.1】の解答より

$$V = \frac{E_1}{8} + \frac{E_2}{4}$$

スイッチ s_1, s_2 を 0 側，1 側としたときの組合せを表すと，**解表 1.1** のようになる．

解表 1.1

s_2	s_1	V
0 側	0 側	0
0 側	1 側	$E/8$
1 側	0 側	$2E/8$ または $E/4$
1 側	1 側	$3E/8$

【2章】

【2.1】 解図 2.1 の各抵抗の逆起電力（破線の矢印）に着目すると，KVL は次式のようになる。

（a） KCL：$I_1 + I_3 = I_2$, KVL：$E_1 = R_1 I_1 + R_2 I_2$, $E_3 = R_3 I_3 + R_2 I_2$

（b） KCL：$I_1 + I_2 = I_3$, KVL：$E_1 - R_1 I_1 = E_2 - R_2 I_2$, $E_2 - R_2 I_2 = E_3 + R_3 I_3$

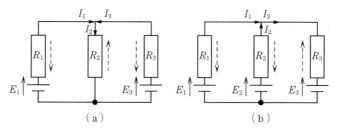

解図 2.1

【2.2】 解図 2.2 のように電流 I（矢印）を取ったとすると，逆起電力 V_1, V_2 は矢印（破線）のような向きとなる。この電位差（起電力と逆起電力）に着目して式を立てると，I および V_1, V_2 は次式となる。

$$E_1 - R_1 I = R_2 I + E_2$$

$$\implies \therefore\ I = \frac{E_1 - E_2}{R_1 + R_2},\ V_1 = \frac{R_1}{R_1 + R_2}(E_1 - E_2),\ V_2 = \frac{R_2}{R_1 + R_2}(E_1 - E_2)$$

解図 2.2

また，$R_1 = 2\,\Omega$, $R_2 = 3\,\Omega$ とした場合での，（1）$E_1 = 10\,\text{V}$, $E_2 = 5\,\text{V}$ のとき，および，（2）$E_1 = 5\,\text{V}$, $E_2 = 10\,\text{V}$ のときの各値はつぎのとおりである。

（1） $I = 1\,\text{A}$, $V_1 = 2\,\text{V}$, $V_2 = 3\,\text{V}$

（2） $I = -1\,\text{A}$, $V_1 = -2\,\text{V}$, $V_2 = -3\,\text{V}$

〔（2）で求めた各値がマイナスなのは，解図 2.2 の矢印の向きに対する答えであることに注意。〕

【2.3】 各抵抗に流れる電流の向きを解図 2.3 のように取ると，各電流との関係および閉電流解析の式は下記のようになる。直流電圧源は一つだけであるから I_0 は解図の向きが自然の理（電流は電圧源の高電位点より流れ出る）に合っている。

図（a）：$E = R_1(I_a - I_c) + R_2(I_a - I_b)$, $R_2(I_a - I_b) = R_3(I_b - I_c) + R_5 I_b$,

$R_4 I_c = R_1(I_a - I_c) + R_3(I_b - I_c)$

$I_0 = I_a$, $I_1 = I_a - I_c$, $I_2 = I_a - I_b$, $I_3 = I_b - I_c$, $I_4 = I_c$, $I_5 = I_b$

図（b）：$E = R_1(I_a + I_c) + R_2 I_a$, $E = R_3(I_b - I_c) + R_5 I_b$, $R_4 I_c = -R_1(I_a + I_c) + R_3(I_b - I_c)$

$I_0 = I_a + I_b$, $I_1 = I_a + I_c$, $I_2 = I_a$, $I_3 = I_b - I_c$, $I_4 = I_c$, $I_5 = I_b$

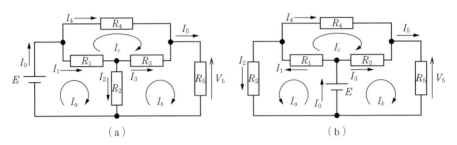

解図 2.3

【2.4】 問図 2.3（a）について，題意の条件を代入し整理すると，解くべき閉電流解析の式はつぎのようになる。

$3I_a - I_b - 2I_c = 13$, $-I_a + 6I_b - 3I_c = 0$, $-2I_a - 3I_b + 6I_c = 0$

これを解くと，$I_a = 9\,\mathrm{A}$, $I_b = 4\,\mathrm{A}$, $I_c = 5\,\mathrm{A}$。

これより，$I_0 = 9\,\mathrm{A}$, $I_1 = 4\,\mathrm{A}$, $I_2 = 5\,\mathrm{A}$, $I_3 = -1\,\mathrm{A}$, $I_4 = 5\,\mathrm{A}$, $I_5 = 4\,\mathrm{A}$。

I_3 の値がマイナスなのは，仮定した右向きの電流が題意の条件では逆向きに流れることを意味している。

【2.5】 問図 2.3（b）について，題意の条件を代入し整理すると，解くべき閉電流解析の式はつぎのようになる。

$48 = 5I_a + 4I_c$, $24 = 7I_b - I_c$, $4I_a - 2I_b + 14I_c = 0$

これを解くと，$I_a = 12\,\mathrm{A}$, $I_b = 3\,\mathrm{A}$, $I_c = -3\,\mathrm{A}$。

これより，$I_0 = 15\,\mathrm{A}$, $I_1 = 9\,\mathrm{A}$, $I_2 = 12\,\mathrm{A}$, $I_3 = 6\,\mathrm{A}$, $I_4 = -3\,\mathrm{A}$, $I_5 = 3\,\mathrm{A}$。

I_4 の値がマイナスなのは，仮定した右向きの電流が題意の条件では逆向きに流れることを意味している。

【2.6】 解図 2.4 について，KCL，KVL の式を立てると

$I_1 = I + I_2$, $E = R_1 I_1 + R_2 I_2$, $R_2 I_2 = R_L I$

これより，I_1, I_2 を消去して I について求めると

$$I = \frac{R_2}{R_1 R_2 + (R_1 + R_2) R_L} E, \quad V = \frac{R_2 R_L}{R_1 R_2 + (R_1 + R_2) R_L} E$$

よって，負荷抵抗 R_L の消費電力 P は次式となる。

$$P = VI = \frac{R_2^2 R_L}{\{R_1 R_2 + (R_1 + R_2) R_L\}^2} E^2$$

上式について R_L の微分を求めると

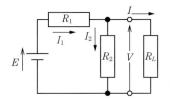

解図 2.4

$$\frac{dP}{dR_L} = \frac{\{R_1R_2 + (R_1+R_2)R_L\} - 2R_L(R_1+R_2)}{\{R_1R_2 + (R_1+R_2)R_L\}^3}R_2{}^2E^2 = 0 \quad \therefore \quad R_L = \frac{R_1R_2}{R_1+R_2} = R_1 /\!/ R_2$$

すなわち，$R_L = R_1R_2/(R_1+R_2) = R_1/\!/R_2$ としたとき，負荷抵抗 R_L の消費電力 P は最大となる。

【3章】

[3.1] $v_T(t) = v_1(t) + v_2(t) = 100\sin\omega t + 100\cos\omega t = \sqrt{2}\,100\sin\left(\omega t + \frac{\pi}{4}\right)$

よって，$V_m = \sqrt{2}\cdot 100\text{V}$, $\theta = \dfrac{\pi}{4}$ rad

[3.2] $v_R(t) = R\cdot i(t) = R\sin\omega t$, $v_L(t) = L\cdot\dfrac{di(t)}{dt} = \omega L\cos\omega t$,

$v_T(t) = v_R(t) + v_L(t)$

$\qquad = \sqrt{R^2+(\omega L)^2}\cdot\sin\left\{\omega t + \tan^{-1}\left(\dfrac{\omega L}{R}\right)\right\}$ $\therefore$ $V_m = \sqrt{R^2+(\omega L)^2}$, $\theta = \tan^{-1}\left(\dfrac{\omega L}{R}\right)$

[3.3] $i_R(t) = \dfrac{v(t)}{R} = \dfrac{V_m}{R}\sin\omega t$, $i_C(t) = C\cdot\dfrac{dv(t)}{dt} = \omega C V_m\cos\omega t$,

$i(t) = i_R(t) + i_C(t)$

$\qquad = \sqrt{R^{-2}+(\omega C)^2}\cdot V_m\cdot\sin\{\omega t + \tan^{-1}(R\omega C)\}$

$\therefore$ $I_m = \sqrt{R^{-2}+(\omega C)^2}\cdot V_m$, $\theta = \tan^{-1}(R\omega C)$

[3.4] 問図 3.4 の回路に，KVL を適用すると，次式を得る。

$$v_i(t) = v_R(t) + v_L(t) = Ri(t) + L\frac{di(t)}{dt} = V_m\sin\omega t$$

ここで，回路に加わる入力電圧が $V_m\sin\omega t$ であり，$i(t)$ も同じ角周波数 ω で変化するため，$i(t) = I_m\cdot\sin(\omega t + \theta)$ と仮定すると，上式は次式のように導ける。

$$v_i(t) = v_R(t) + v_L(t) = Ri(t) + L\frac{di(t)}{dt} = V_m\sin\omega t$$

$$\omega L I_m\cos(\omega t+\theta) + R I_m\sin(\omega t+\theta) = V_m\sin\omega t$$

$$\Rightarrow \quad \sqrt{R^2+(\omega L)^2}\cdot I_m\sin\left\{\omega t + \theta + \tan^{-1}\left(\frac{\omega L}{R}\right)\right\} = V_m\sin\omega t$$

$$\Rightarrow \quad I_m = \frac{V_m}{\sqrt{R^2+(\omega L)^2}}, \quad \theta = -\tan^{-1}\left(\frac{\omega L}{R}\right)$$

$$\therefore \quad i(t) = \frac{V_m}{\sqrt{R^2+(\omega L)^2}}\sin\left\{\omega t - \tan^{-1}\left(\frac{\omega L}{R}\right)\right\}$$

よって

$$v_R(t) = Ri(t) = \frac{RV_m}{\sqrt{R^2 + (\omega L)^2}} \sin\left\{\omega t - \tan^{-1}\left(\frac{\omega L}{R}\right)\right\},$$

$$v_L(t) = L\frac{di(t)}{dt} = \frac{\omega L V_m}{\sqrt{R^2 + (\omega L)^2}} \cos\left\{\omega t - \tan^{-1}\left(\frac{\omega L}{R}\right)\right\}$$

【4章】

【4.1】 問図4.1（a） $Z_{ab} = (R + j\omega L) // \dfrac{1}{j\omega C} = \dfrac{(R + j\omega L)}{1 - \omega^2 LC + j\omega CR}$

問図4.1（b） $Z_{ab} = (R_1 + j\omega L) // \left(R_2 + \dfrac{1}{j\omega C}\right) = \dfrac{(R_1 + j\omega L)(1 + j\omega CR_2)}{1 - \omega^2 LC + j\omega C(R_1 + R_2)}$

【4.2】 $I = Y_{ab}V = \text{Re}(Y_{ab})V + j\text{Im}(Y_{ab})V$ より，$\text{Im}(Y_{ab}) = 0$ であれば，I と V が同位相になる。

問図4.2（a） $Y_{ab} = \dfrac{1 - \omega^2 LC + j\omega CR}{R + j\omega L} = \dfrac{R + j\omega\{CR^2 - L(1 - \omega^2 LC)\}}{R^2 + (\omega L)^2}$ より

$\text{Im}(Y_{ab}) = 0 \quad \therefore\ \omega^2 = \dfrac{1}{LC}\left(1 - \dfrac{CR^2}{L}\right)$

問図4.2（b） $\text{Im}(Y_{ab}) = 0$ より

$\therefore\ \omega^2 = \dfrac{L - CR_1^2}{LC(L - CR_2^2)}$

【4.3】 $I_R = \dfrac{V_e}{R} = 5\,\text{A}$, $I_C = j\omega CV_e = j5\,\text{A}$, $I = I_R + I_C = 5(1 + j)\,[\text{A}]$

よって，**解図4.1** となる。

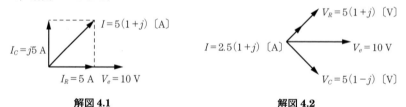

解図4.1　　　　　　　　　解図4.2

【4.4】 $I = \dfrac{V_e}{R + \dfrac{1}{j\omega C}} = \dfrac{j\omega CV_e}{1 + j\omega CR} = 2.5(1 + j)\,[\text{A}]$

$V_R = RI = 5(1 + j)\,[\text{V}]$,

$V_C = \dfrac{1}{j\omega C}I = 5(1 - j)\,[\text{V}]$

よって，**解図4.2** となる。

【4.5】 $V_R = RI\,[\text{V}]$, $V_L = j\omega LI\,[\text{V}]$, $V_C = -j\dfrac{1}{\omega C}I\,[\text{V}]$, $V = \left\{R + j\left(\omega L - \dfrac{1}{\omega C}\right)\right\}I\,[\text{V}]$

（a）$\omega = 0.5\,\mathrm{rad/s} \implies V_R = 1\,\mathrm{V},\ V_L = j0.5\,\mathrm{V},\ V_C = -j2\,\mathrm{V},\ V = 1 - j1.5\,\mathrm{V}$
（b）$\omega = 1\,\mathrm{rad/s} \implies V_R = 1\,\mathrm{V},\ V_L = j\,[\mathrm{V}],\ V_C = -j\,[\mathrm{V}],\ V = 1\,\mathrm{V}$
（c）$\omega = 2\,\mathrm{rad/s} \implies V_R = 1\,\mathrm{V},\ V_L = j2\,\mathrm{V},\ V_C = -j0.5\,\mathrm{V},\ V = 1 + j1.5\,\mathrm{V}$

よって，**解図 4.3** となる。

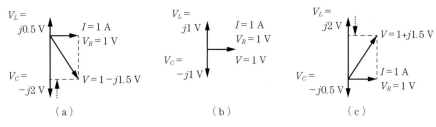

解図 4.3

[5 章]

[5.1] 問図 5.1（a）について，共振周波数は 11.3 kHz，帯域幅は 500 Hz，図（b）について帯域幅は 1 kHz。よって，**解図 5.1** となる。

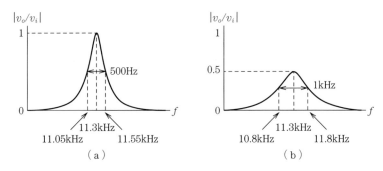

解図 5.1

[5.2] 問図 5.2 より遮断周波数 f_c は 300 Hz であるから，式(5.28)より $C = 1/(2\pi f_c R)$。したがって，$53.1 \times 10^{-9}\,\mathrm{F} = 53.1\,\mathrm{nF}$

[5.3] （1）15.9 kHz　（2）100　（3）159 Hz
　　　　（4）$v_R : 1\,\mathrm{V},\ v_L : j100\,\mathrm{V},\ v_C : -j100\,\mathrm{V}$

[5.4] 1 V の入力に対してコイルの両端に 314 V の電圧が生じているため，共振回路の Q 値は 314。$Q = 2\pi f_0 L/R$ より，$f_0 = QR/(2\pi L) = 2.5\,\mathrm{kHz}$ となる。

[5.5] R の値にかかわらず電流 i が流れないことから，L–C 並列回路のインピーダンスが無限大，すなわち並列共振状態である。X_L と X_C が打ち消し合うため，$X_C = -10\,\Omega$。抵抗に発生する逆起電力は 0 V であるから C の両端電圧は 1 V。したがって，$i_c = 1/(jX_C) = j0.1\,\mathrm{A}$ となる。

[5.6] 問図 5.6 より共振周波数 1 000 kHz，帯域幅 80 kHz であるから，この共振回路の Q 値は 12.5。共振時の電流値から抵抗値 R は 5 Ω と求まる。$L = 9.95\,\mu\mathrm{H}$，$C = 2.54\,\mathrm{nF}$ となる。

[5.7] 問図 5.7 より遮断周波数は 3 kHz であるから，$C = 5.31\,\mathrm{nF}$。

[5.8] $C_{\min} = 16.9\,\mathrm{pF}$，$C_{\max} = 105.6\,\mathrm{pF}$

[5.9] 挿入するインダクタンスと抵抗の値はそれぞれ $\Delta L = 477\,\mu\mathrm{H}$，$\Delta R = 90\,\Omega$ となる。

[5.10] 周波数によらず v_i を $10:1$ に分圧するためには

$$Z_a = R_a \mathbin{/\mkern-6mu/} \frac{1}{j\omega C_a}, \ Z_i = R_i \mathbin{/\mkern-6mu/} \frac{1}{j\omega C_i}$$

とするとの比が $Z_a : Z_i = 9 : 1$ となる条件を満たす必要がある。この関係を解くと，$R_a = 9R_i = 9\,\mathrm{M}\Omega$, $C_a = C_i/9 = 2.22\,\mathrm{pF}$ となる。

【6章】

[6.1] 電源から右側を見た合成アドミタンス Y は

$$Z = 0.5 + \frac{j(2-j)}{j+2-j} = 1 + j \ \rightarrow \ Y = \frac{1}{1+j} = 0.5(1-j)\,[\mathrm{S}],$$

$$P = Y V \overline{V} = 0.5(1-j)4 = 2(1-j)$$

$$\therefore \ P_a = |P| = 2\sqrt{2}\,\mathrm{VA}, \ P_e = 2\,\mathrm{W}, \ P_j = -2\,\mathrm{Var}, \ \cos\phi = \frac{2}{2\sqrt{2}} = \frac{1}{\sqrt{2}}$$

または

$$|Y| = 0.5\sqrt{2}, \ \cos\phi = \frac{1}{\sqrt{2}}, \ \sin\phi = \frac{-1}{\sqrt{2}}, \ V_e = 2\,\mathrm{V}, \ I_e = |Y|V_e = \sqrt{2}\,\mathrm{A}$$

$$\therefore \ P_a = I_e V_e = 2\sqrt{2}\,\mathrm{VA}, \ P_e = I_e V_e \cos\phi = 2\,\mathrm{W}, \ P_j = I_e V_e \sin\phi = -2\,\mathrm{Var}$$

[6.2] 3電圧計法：内部抵抗が非常に大きい電圧計三つと既知抵抗 R を用いて，負荷 Z_L で消費される電力を求める。

$$V_1 = V_2 + V_3, \ I = \frac{V_2}{R} \ \rightarrow \ V_2 = RI$$

$$|V_1|^2 = V_1 \cdot \overline{V_1} = (V_2+V_3)\cdot(\overline{V_2}+\overline{V_3}) \quad \therefore \ |V_1|^2 - |V_2|^2 - |V_3|^2 = R(V_3\cdot\bar{I} + I\cdot\overline{V_3})$$

$$P_L = I\overline{V_3} = P_e + jP_j \ \rightarrow \ P_L + \overline{P_L} = P_e + jP_j + P_e - jP_j = 2P_e = V_3\cdot\bar{I} + I\cdot\overline{V_3}$$

$$\therefore \ |V_1|^2 - |V_2|^2 - |V_3|^2 = 2P_e R \ \Longrightarrow \ \therefore \ P_e = \frac{1}{2R}\{|V_1|^2 - |V_2|^2 - |V_3|^2\}$$

[6.3] 式(6.20)を参考にすると

（1）$Z_L = R_L + jX_L$ のとき

$$I = \frac{E_s}{Z_L + Z_s}, \ V = Z_L I = \frac{Z_L}{Z_L+Z_s}E_s \ \rightarrow \ P = I\overline{V} = P_e + jP_j$$

$$P = I\overline{V} = \frac{1}{Z_L+Z_s} \cdot \frac{\overline{Z_L}}{\overline{Z_L}+\overline{Z_s}} \cdot E_s\overline{E_s} = \frac{R_L - jX_L}{(R_L+R_s)^2+(X_L+X_s)^2}|E_s|^2$$

$$P_e = \frac{R_L}{(R_L+R_s)^2+(X_L+X_s)^2}|E_s|^2 \qquad \cdots (\mathrm{A})$$

P_e は2変数 (R_L, X_L) の関数であるが，リアクタンス X_L は分母のみにあり，P_e を最大にすることが目的であるから，$X_L + X_s = 0$ とすればよい。このとき

$$P_e = \frac{R_L}{(R_L+R_s)^2}|E_s|^2$$

$$\rightarrow \ \frac{dP_e}{dR_L} = \frac{(R_L+R_s)^2 - 2R_L(R_L+R_s)}{(R_L+R_s)^4}|E_s|^2 = \frac{R_s - R_L}{(R_L+R_s)^3}|E_s|^2 = 0 \ \therefore \ R_L = R_s$$

よって，$Z_L = R_s - jX_s$ のとき

$$P_{e,\max} = \frac{|E_s|^2}{4R_s}$$

（2）$Z_L = R_L$ の場合，式（A）より

$$P_e = \frac{R_L}{(R_L + R_s)^2 + X_s^2}|E_s|^2$$

よって，$dP_e/dR_L = 0$ より

$$(R_L + R_s)^2 + X_s^2 - 2R_L(R_L + R_s) = 0 \qquad \therefore \quad R_L = \sqrt{R_s^2 + X_s^2}$$

このとき

$$P_{e,\max} = \frac{1}{R_s + \sqrt{R_s^2 + X_s^2}} \cdot \frac{|E_s|^2}{2}$$

（3）$Z_L = R_L(1 + jk)$ の場合，式（A）より

$$P_e = \frac{R_L}{(R_L + R_s)^2 + (kR_L + X_s)^2}|E_s|^2$$

よって，$dP_e/dR_L = 0$ より

$$(R_L + R_s)^2 + (kR_L + X_s)^2 - \{2(R_L + R_s) + 2k(kR_L + X_s)\}R_L = 0$$

$$\therefore \quad R_L = \sqrt{\frac{R_s^2 + X_s^2}{1 + k^2}}$$

このとき

$$P_{e,\max} = \frac{1}{\sqrt{(R_s^2 + X_s^2)(1 + k^2)} + R_s + kX_s} \cdot \frac{|E_s|^2}{2}$$

（4）$E_s = 100$ V，$Z_s = 12 + j16$ Ω とした場合

　　（1）については，$Z_L = 12 - j16$ Ω のとき，$P_{e,\max} \cong 208.3$ W

　　（2）については，$Z_L = R_L = 20$ Ω のとき，$P_{e,\max} \cong 156.3$ W

　　（3）（$k = 4$）については，$Z_L \cong 4.85(1+j4)$ Ω のとき，$P_{e,\max} \cong 31.6$ W

[6.4] $I = \dfrac{E}{R + jX} = \dfrac{R - jX}{R^2 + X^2}E \rightarrow |I| = \dfrac{|E|}{\sqrt{R^2 + X^2}} = \dfrac{200}{\sqrt{R^2 + X^2}} = 40 \implies \sqrt{R^2 + X^2} = 5$

$P = I\overline{V} = \dfrac{R - jX}{R^2 + X^2}|E|^2 = P_e + jP_j \rightarrow P_e = \dfrac{R}{R^2 + X^2}200^2 = 4\,800 \rightarrow \dfrac{R}{5^2}200^2 = 4\,800$

$\therefore \quad R = 3$ Ω

$\therefore \quad \dfrac{3}{3^2 + X^2}200^2 = 4\,800 \qquad \therefore \quad X^2 = 3\left(\dfrac{200^2}{4\,800} - 3\right) = 16 \rightarrow X = \pm 4$ Ω

題意より，$X = +4$ Ω

よって，$Z = 3 + j4$ Ω。

$P_a = |V||I| = 8\,000$ VA，$\cos\phi = \dfrac{P_e}{P_a} = 0.6$，$P_j = P_a \sin\phi = 8\,000\sqrt{1 - 0.6^2} = 6\,400$ Var

【7章】

【7.1】 解図 7.1 のようにそれぞれの電源のみを考えた回路について，v_1, V_2, v_3 を求める．

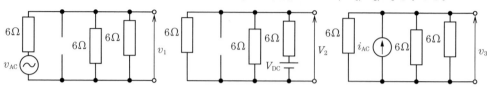

解図 7.1

$$v_1 = \frac{1}{3}v_{AC}, \quad V_2 = \frac{1}{3}V_{DC}, \quad v_3 = 2i_{AC} \text{ より}, \quad v_{OUT} = \frac{v_{AC} + V_{DC} + 6i_{AC}}{3}$$

【7.2】 $v_{OUT} = \dfrac{6\sin(\omega t) + 3 + 3\sin(\omega t)}{3} = 3\sin(\omega t) + 1 \text{〔V〕}$　よって，波形図は**解図 7.2** となる．

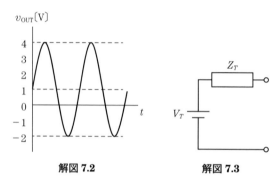

解図 7.2　　　　　解図 7.3

【7.3】 等価回路は**解図 7.3** となり，a–a' 間の合成インピーダンスは $Z_T = R_1 \,/\!/\, R_2 + R_3 \,/\!/\, R_4$，a–a' 間の開放端電圧は

$$V_T = \left(\frac{R_1}{R_1 + R_2} - \frac{R_3}{R_3 + R_4}\right)V_0$$

となる．

【7.4】 等価回路は**解図 7.3** となり，b–b' 間の合成インピーダンスは $Z_T = R_3 \,/\!/\, R_4$，b–b' 間の開放端電圧は

$$V_T = \frac{R_3}{R_3 + R_4}V_0$$

となる．

【7.5】 点 V_a, V_b, V_c において KCL より（左辺を流入，右辺を流出とすれば）

$$I_1 = Y_1 V_a + Y_2(V_a - V_b) + Y_5(V_a - V_c)$$
$$0 = Y_2(V_b - V_a) + Y_3 V_b + Y_4(V_b - V_c)$$
$$0 = I_2 + Y_4(V_c - V_b) + Y_5(V_c - V_a) + Y_6 V_c$$

$$\begin{bmatrix} Y_1 + Y_2 + Y_5 & -Y_2 & -Y_5 \\ -Y_2 & Y_2 + Y_3 + Y_4 & -Y_4 \\ -Y_5 & -Y_4 & Y_4 + Y_5 + Y_6 \end{bmatrix} \begin{bmatrix} V_a \\ V_b \\ V_c \end{bmatrix} = \begin{bmatrix} I_1 \\ 0 \\ -I_2 \end{bmatrix}$$

以下略．

【7.6】 等価回路は**解図 7.4**となり

$$I_N = \frac{\left(\dfrac{R_1}{R_1 + R_2} - \dfrac{R_3}{R_3 + R_4}\right)V_0}{\dfrac{R_1 R_2}{R_1 + R_2} + \dfrac{R_3 R_4}{R_3 + R_4}} = \frac{\dfrac{R_1(R_3 + R_4) - R_3(R_1 + R_2)}{(R_1 + R_2)(R_3 + R_4)} V_0}{\dfrac{R_1 R_2(R_3 + R_4) + R_3 R_4(R_1 + R_2)}{(R_1 + R_2)(R_3 + R_4)}}$$

$$= \frac{R_1 R_4 - R_2 R_3}{R_1 R_2(R_3 + R_4) + R_3 R_4(R_1 + R_2)} V_0$$

$$R_N = R_1 \mathbin{/\mkern-6mu/} R_2 + R_3 \mathbin{/\mkern-6mu/} R_4$$

となる。

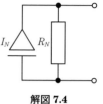

解図 7.4

【7.7】 等価回路は**解図 7.4**となり

$$I_N = \frac{V_0}{R_4}, \quad R_N = R_3 \mathbin{/\mkern-6mu/} R_4$$

となる。

【8 章】

【8.1】 $Z_1 Z_4 = Z_2 Z_3$

【8.2】 $R_x = \dfrac{R_1 R_4}{R_2}, \quad L_x = C_2 R_1 R_4$

【8.3】 $R_4 = \omega^2 C_1 R_1 L_4, \quad L_4 = C_1(R_2 R_3 - R_1 R_4)$

【8.4】 回路は上下にも左右にも対称であるから，**解図 8.1**のように上下に分割した回路をさらに左右に分割できる。o–o′ は同電位であるから短絡可能である。したがって，a–b 間の合成抵抗 $R_{ab} = 2R \mathbin{/\mkern-6mu/} (R + R \mathbin{/\mkern-6mu/} 0.5R) = 0.8R = 3.2\,\Omega$ となる。

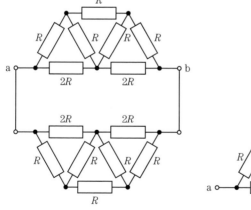
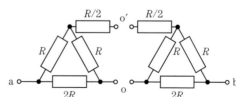

解図 8.1

【8.5】 $\dfrac{13}{7}Z$

【8.6】 解図 8.2 より,$R_x = R /\!/ (2R + R_x)$。これを解くと,$R_x = (\sqrt{3} - 1)R$ となる。

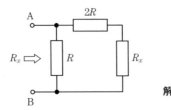

解図 8.2

【8.7】 解図 8.3 より,$Z_x = 2Z + Z /\!/ Z_x$ よって,$Z_x = (1 + \sqrt{3})Z$ となる。

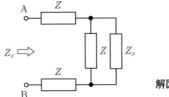

解図 8.3

【8.8】 解図 8.4 より,Y-Δ 変換により,$0.5 + (5.5 /\!/ 6) + 1 = 4.37\,\Omega$ となる。

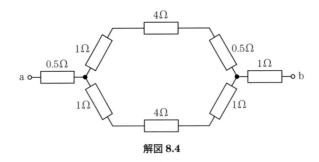

解図 8.4

【8.9】 R_4, R_5, C からなる Δ 回路を Y 回路に変換する。

$$Z_1 = R_1 + j\omega L_1,\ Z_2 = R_2 + \dfrac{j\omega C R_4 R_5}{1 + j\omega C(R_4 + R_5)},\ Z_3 = R_3,\ Z_4 = \dfrac{R_4}{1 + j\omega C(R_4 + R_5)}$$

とすれば,$Z_1 Z_4 = Z_2 Z_3$ より

$$R_1 R_4 = R_2 R_3,\quad L_1 = R_3 C \dfrac{R_2 R_4 + R_2 R_5 + R_4 R_5}{R_4}$$

【9章】

【9.1】 解図 9.1(a) より,$I_1 = Y_1(V_1 - V_2)$,$I_1 + I_2 = Y_2 V_2$ より,$I_1 = Y_1 V_1 - Y_1 V_2$,$I_2 = -Y_1 V_1 + (Y_1 + Y_2)V_2$ であるから

$$\therefore\ (Y) = \begin{bmatrix} Y_1 & -Y_1 \\ -Y_1 & Y_1 + Y_2 \end{bmatrix}$$

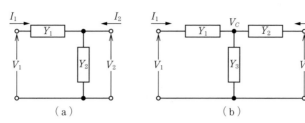

解図 9.1

解図 9.1（b）より，$I_1 = Y_1(V_1 - V_C)$，$I_2 = Y_2(V_2 - V_C)$，$I_1 + I_2 = Y_3 V_C$ であるから，V_C を消去して

$$\therefore \quad (Y) = \frac{1}{Y_1 + Y_2 + Y_3} \begin{bmatrix} Y_1(Y_2 + Y_3) & -Y_1 Y_2 \\ -Y_1 Y_2 & Y_2(Y_1 + Y_3) \end{bmatrix}$$

【9.2】 解図 9.2 の Y パラメータについては，I_2（実線）に着目して式を立てると

$$I_1 = Z_4^{-1}(V_1 - V_2) + Z_1^{-1}(V_1 - V_C), \quad I_2 = Z_4^{-1}(V_2 - V_1) + Z_2^{-1}(V_2 - V_C)$$

解図 9.2 Y パラメータ

$Z_1^{-1}(V_1 - V_C) + Z_2^{-1}(V_2 - V_C) = Z_3^{-1} V_C$ より V_C を消去して式を整理すると

$$I_1 = \left\{ Z_4^{-1} + \frac{Z_2 + Z_3}{Z_1 Z_2 + Z_2 Z_3 + Z_3 Z_1} \right\} V_1 - \left\{ Z_4^{-1} + \frac{Z_3}{Z_1 Z_2 + Z_2 Z_3 + Z_3 Z_1} \right\} V_2 \quad \cdots (A)$$

$$I_2 = -\left\{ Z_4^{-1} + \frac{Z_3}{Z_1 Z_2 + Z_2 Z_3 + Z_3 Z_1} \right\} V_1 + \left\{ Z_4^{-1} + \frac{Z_1 + Z_3}{Z_1 Z_2 + Z_2 Z_3 + Z_3 Z_1} \right\} V_2 \quad \cdots (B)$$

よって

$$(y) = \begin{bmatrix} \dfrac{1}{Z_4} + \dfrac{Z_2 + Z_3}{Z_1 Z_2 + Z_2 Z_3 + Z_3 Z_1} & -\dfrac{1}{Z_4} - \dfrac{Z_3}{Z_1 Z_2 + Z_2 Z_3 + Z_3 Z_1} \\ -\dfrac{1}{Z_4} - \dfrac{Z_3}{Z_1 Z_2 + Z_2 Z_3 + Z_3 Z_1} & \dfrac{1}{Z_4} + \dfrac{Z_1 + Z_3}{Z_1 Z_2 + Z_2 Z_3 + Z_3 Z_1} \end{bmatrix}$$

また，F パラメータ〔I_2（破線）〕については式（B）の I_2 を $-I_2$ とし，V_1 について解けば

$$V_1 = \frac{(Z_1 Z_2 + Z_2 Z_3 + Z_3 Z_1) + (Z_1 + Z_3) Z_4}{Z_1 Z_2 + Z_2 Z_3 + Z_3 Z_1 + Z_3 Z_4} V_2 + \frac{(Z_1 Z_2 + Z_2 Z_3 + Z_3 Z_1) Z_4}{Z_1 Z_2 + Z_2 Z_3 + Z_3 Z_1 + Z_3 Z_4} I_2$$

これを式（A）に代入して

$$I_1 = \frac{Z_1 + Z_2 + Z_4}{Z_1 Z_2 + Z_2 Z_3 + Z_3 Z_1 + Z_3 Z_4} V_2 + \frac{Z_1 Z_2 + Z_2 Z_3 + Z_3 Z_1 + (Z_2 + Z_3) Z_4}{Z_1 Z_2 + Z_2 Z_3 + Z_3 Z_1 + Z_3 Z_4} I_2$$

よって

$$
(F) = \begin{bmatrix} \dfrac{Z_1Z_2 + Z_2Z_3 + Z_3Z_1 + (Z_1+Z_3)Z_4}{Z_1Z_2 + Z_2Z_3 + Z_3Z_1 + Z_3Z_4} & \dfrac{(Z_1Z_2 + Z_2Z_3 + Z_3Z_1)Z_4}{Z_1Z_2 + Z_2Z_3 + Z_3Z_1 + Z_3Z_4} \\ \dfrac{Z_1 + Z_2 + Z_4}{Z_1Z_2 + Z_2Z_3 + Z_3Z_1 + Z_3Z_4} & \dfrac{Z_1Z_2 + Z_2Z_3 + Z_3Z_1 + (Z_2+Z_3)Z_4}{Z_1Z_2 + Z_2Z_3 + Z_3Z_1 + Z_3Z_4} \end{bmatrix}
$$

問図9.2(b)のYパラメータについては9.1節の図9.3および式(9.5)から$Y_{12}=1/Z_1$, $Y_{13}=1/Z_2$, $Y_{02}=1/Z_3$, $Y_{03}=1/Z_4$ より

$$
(y) = \begin{bmatrix} \dfrac{(Z_1+Z_2)(Z_3+Z_4)}{Z_3Z_4(Z_1+Z_2)+Z_1Z_2(Z_3+Z_4)} & \dfrac{-(Z_2Z_3-Z_1Z_4)}{Z_3Z_4(Z_1+Z_2)+Z_1Z_2(Z_3+Z_4)} \\ \dfrac{-(Z_2Z_3-Z_1Z_4)}{Z_3Z_4(Z_1+Z_2)+Z_1Z_2(Z_3+Z_4)} & \dfrac{(Z_1+Z_3)(Z_2+Z_4)}{Z_3Z_4(Z_1+Z_2)+Z_1Z_2(Z_3+Z_4)} \end{bmatrix}
$$

Fパラメータも問図9.2(a)のときと同様に,I_2の向きに注意して整理すると次式を得る.

$$
(F) = \begin{bmatrix} \dfrac{(Z_1+Z_3)(Z_2+Z_4)}{(Z_2Z_3-Z_1Z_4)} & \dfrac{Z_3Z_4(Z_1+Z_2)+Z_1Z_2(Z_3+Z_4)}{(Z_2Z_3-Z_1Z_4)} \\ \dfrac{Z_1+Z_2+Z_3+Z_4}{(Z_2Z_3-Z_1Z_4)} & \dfrac{(Z_1+Z_2)(Z_3+Z_4)}{(Z_2Z_3-Z_1Z_4)} \end{bmatrix}
$$

[9.3] 問図9.3より,$V_S=R_SI_1+V_1$, $V_2=R_L\vec{I_2}=R_L(-\vec{I_2})=R_LI_L$ … ① が成り立つ(電流の向きはパラメータにより異なることに注意).要求されている答えは,式①と各パラメータの定義式,計四つより不要の変数を消去することによって求めればよい.

・(Y)パラメータの場合:$I_1=y_{11}V_1+y_{12}V_2$, $I_2=y_{21}V_1+y_{22}V_2$ … ②

$\qquad V_S = R_SI_1 + V_1$, $V_2 = -I_2R_L = R_LI_L$ … ①′

$\qquad$(定義される電流は$\vec{I_2}$であるが,簡単のためI_2とした)

(1) $V_2/I_1 = -y_{21}/(y_{11}y_{22}-y_{12}y_{21}+y_{11}/R_L)$

(2) $I_L/I_1 = -y_{21}/\{(y_{11}y_{22}-y_{12}y_{21})R_L+y_{11}\}$

(3) $I_L/V_1 = -y_{21}/(1+y_{22}R_L)$ (4) $V_2/V_1 = -y_{21}/(y_{22}+1/R_L)$

(5) $V_2/V_S = -y_{21}/\{(R_Sy_{11}+1)(y_{22}+1/R_L)-R_Sy_{12}y_{21}\}$

・(Z)パラメータの場合:$V_1=z_{11}I_1+z_{12}I_2$, $V_2=z_{21}I_1+z_{22}I_2$ … ②′

$\qquad$式①′,②′ より,同様に(定義される電流はYパラメータと同じことに注意)

(1) $V_2/I_1 = z_{21}/(1+z_{22}/R_L)$ (2) $I_L/I_1 = z_{21}/(z_{22}+R_L)$

(3) $I_L/V_1 = z_{21}/(z_{11}z_{22}-z_{12}z_{21}+z_{11}R_L)$

(4) $V_2/V_1 = z_{21}R_L/(z_{11}z_{22}-z_{12}z_{21}+z_{11}R_L)$

(5) $V_2/V_S = z_{21}R_L/\{(R_S+z_{11})(R_L+z_{22})-z_{12}z_{21}\}$

・(F)パラメータの場合:$V_1=AV_2+BI_2$, $I_1=CV_2+DI_2$ … ②″

$\qquad V_S = R_SI_1 + V_1$, $V_2 = R_LI_2 = R_LI_L$ … ①″

$\qquad$(定義される電流は$\vec{I_2}$であるが,簡単のためI_2とした)

式①″,②″を連立して,不必要な変数を消去して解く手順はY, Zパラメータの場合と同様.

(1) $V_2/I_1 = R_L/(CR_L+D)$ (2) $I_L/I_1 = 1/(CR_L+D)$

(3) $I_L/V_1 = 1/(AR_L+B)$ (4) $V_2/V_1 = R_L/(AR_L+B)$

(5) $V_2/V_S = 1/(AV_2+B/R_L+CR_S+DR_S/R_L)$

【9.4】 R–$2C/n$–R の T 形回路の Y パラメータを (y_1) とすると，問題 9.1（b）の結果を利用して次式を得る。

$$(y_1) = \frac{1}{2/R + j\omega(2C/n)} \begin{bmatrix} 1/R\{1/R + j\omega(2C/n)\} & -1/R^2 \\ -1/R^2 & 1/R\{1/R + j\omega(2C/n)\} \end{bmatrix}$$

C–$R/2n$–C の T 形回路の Y パラメータを (y_2) とすると，同様に

$$(y_2) = \frac{1}{2n/R + j\omega 2C} \begin{bmatrix} j\omega C\{2n/R + j\omega C\} & (\omega C)^2 \\ (\omega C)^2 & j\omega C\{2n/R + j\omega C\} \end{bmatrix}$$

よって，全体の (y_T) は $(y_1) + (y_2)$ より

$$(y_T) = (y_1) + (y_2) \equiv \begin{bmatrix} y_{11} & y_{12} \\ y_{21} & y_{22} \end{bmatrix}$$

$$= \begin{bmatrix} \dfrac{1/R\{1/R + j\omega(2C/n)\}}{2/R + j\omega(2C/n)} + \dfrac{j\omega C\{2n/R + j\omega C\}}{2n/R + j\omega 2C} & \dfrac{-1/R^2}{2/R + j\omega(2C/n)} + \dfrac{(\omega C)^2}{2n/R + j\omega 2C} \\ \dfrac{-1/R^2}{2/R + j\omega(2C/n)} + \dfrac{(\omega C)^2}{2n/R + j\omega 2C} & \dfrac{1/R\{1/R + j\omega(2C/n)\}}{2/R + j\omega(2C/n)} + \dfrac{j\omega C\{2n/R + j\omega C\}}{2n/R + j\omega 2C} \end{bmatrix}$$

$$= \begin{bmatrix} \dfrac{n/R^2 - (\omega C)^2 + j\omega 2C/R(1+n)}{2n/R + j\omega 2C} & \dfrac{(\omega C)^2 - n/R^2}{2n/R + j\omega 2C} \\ \dfrac{(\omega C)^2 - n/R^2}{2n/R + j\omega 2C} & \dfrac{n/R^2 - (\omega C)^2 + j\omega 2C/R(1+n)}{2n/R + j\omega 2C} \end{bmatrix}$$

$I_2 = 0$ のときの $V_2/V_1 = -y_{21}/y_{22}$ より

$$\frac{V_2}{V_1} = \frac{n/R^2 - (\omega C)^2}{n/R^2 - (\omega C)^2 + j\omega 2C/R(1+n)}$$

$$\therefore \left|\frac{V_2}{V_1}\right| = \frac{n/R^2 - (\omega C)^2}{\sqrt{\{n/R^2 - (\omega C)^2\}^2 + 4\{\omega C/R(1+n)\}^2}}$$

よって，$V_2 = 0$ となる角周波数 ω_0 は，$n/R^2 - (\omega_0 C)^2 = 0$ より $\omega_0 = \sqrt{n}/RC$。

$$\frac{V_2}{V_1} = \frac{(\omega_0 C)^2 - (\omega C)^2}{(\omega_0 C)^2 - (\omega C)^2 + j2\omega\omega_0 C^2(1+n)\sqrt{n}} = \frac{1 - x^2}{1 - x^2 + j2x(1+n)\sqrt{n}}$$

$\because x \equiv \omega/\omega_0$

$$\therefore \left|\frac{V_2}{V_1}\right| = \frac{1 - x^2}{\sqrt{(1-x^2)^2 + 4x^2(1+n)^2/n}}$$

$x = 1$ で $V_2 = 0$ となるが，その近傍で $|V_2/V_1|$ が最も大きくなるのは $(1+n)^2/n$ が最小となるような n の場合である。

$$\frac{d}{dn}\frac{(1+n)^2}{n} = \frac{2(1+n)n - (1+n)^2}{n^2} = (1+n)\frac{n-1}{n^2} = 0 \quad \rightarrow \quad \therefore \quad n = 1$$

【9.5】 ここでは，ドットの規約に基づき式(9.46)を利用して解くことを考える。解図 9.3 のように，ドットの点に電流 I_1, I_2 が流れ込むように取ると，M は＋であるから，次式が成り立つ。

$$V_{L1} = j\omega L_1 I_1 + j\omega M I_2, \quad V_{L2} = j\omega M I_1 + j\omega L_2 I_2$$

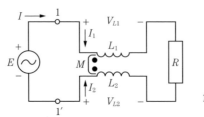

解図 9.3

一方，この図について，KVL，KCL を立てると，$I = I_1 = -I_2$, $E = V_{L1} + RI - V_{L2}$ であるから次式のように Z_{in} が求められる。

$$Z_{\text{in}} = R + j\omega(L_1 + L_2 - 2M)$$

式(9.47)による図 9.19 に示す 2-P 回路表現による解き方については各自で考えなさい。

【9.6】 ここでは，式(9.47)による図 9.19 に示す 2-P 回路表現によって解いてみる。このとき，問図 9.6 は解図 9.4（a）のように書き直すことができる。この図より，Z はつぎのように求めることができる。

$$Z = j\omega(L_1 - M) + \frac{j\omega M\{j\omega(L_2 - M) + R\}}{j\omega M + j\omega(L_2 - M) + R}$$

$$= \frac{\omega^2 R M^2 + j\omega\{L_1 R^2 + \omega^2 L_2 (L_1 L_2 - M^2)\}}{R^2 + (\omega L_2)^2} \equiv \text{Re}(Z) + j\text{Im}(Z)$$

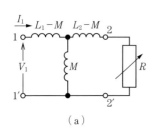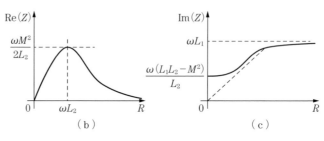

解図 9.4

すなわち

$$\text{Re}(Z) = \frac{\omega^2 R M^2}{R^2 + (\omega L_2)^2}, \quad \text{Im}(Z) = \frac{\omega\{L_1 R^2 + \omega^2 L_2 (L_1 L_2 - M^2)\}}{R^2 + (\omega L_2)^2}$$

まず，$\text{Re}(Z)$ については $R = 0$ で $\text{Re}(Z) = 0$ となることがわかる。また，R が∞だと $\text{Re}(Z) \to 0$ となることもわかる。そこで，$\text{Re}(Z)$ の R による増減を調べると

$$\frac{d\text{Re}(Z)}{dR} = \frac{\omega^2 M^2 \{(\omega L_2)^2 - R^2\}}{\{R^2 + (\omega L_2)^2\}^2} = 0 \to R = \omega L_2$$

で最大値を取り

$$\mathrm{Re}(Z)|_{R=\omega L_2} = \frac{\omega M^2}{2L_2}$$

を取ることがわかる。

一方,$\mathrm{Im}(Z)$ については

$$\mathrm{Im}(Z)|_{R=0} = \frac{\omega(L_1 L_2 - M^2)}{L_2}$$

となることがわかる。また,$R \to \infty$ では

$$\mathrm{Im}(Z)|_{R \to \infty} = \omega L_1$$

となる。$R=0$ で $d\,\mathrm{Im}(Z)/dR=0$,$0<R$ では $d\,\mathrm{Im}(Z)/dR>0$ なので単調増加しているが,$R \to \infty$ でより $d\,\mathrm{Im}(Z)/dR \to 0$ なので,$R \to \infty$ で ωL_1 に漸近していくことがわかる。

【9.7】 問図9.7は**解図9.5**のように書き直すことができる。よって,平衡条件はつぎのようになる。

$$j\omega M\left(R_4 + \frac{1}{j\omega C_4}\right) = R_3\{R_2 + j\omega(L_2 - M)\}$$

$$\therefore\ M = C_4 R_2 R_3,\ L_2 = M\left(1 + \frac{R_4}{R_3}\right)$$

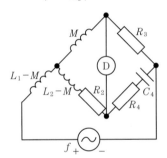

解図 9.5

【10章】

【10.1】 (1) $F(s) = \int_0^\infty \frac{1}{2} t^2 e^{-st} dt = \left[\frac{1}{2} t^2 \cdot \frac{1}{-s} e^{-st}\right]_0^\infty + \frac{1}{s} \int_0^\infty t e^{-st} dt = \frac{1}{s^3}$

$$\left(\mathcal{L}[t] = \frac{1}{s^2}\ \text{は式}(10.33)\text{より}\right)$$

(2) $F(s) = \dfrac{1}{(s+a)^2}$ (課題10.2(3)の解と式(10.33)を利用して)

(3) $F(s) = \dfrac{1}{a-b}\left(\dfrac{1}{s-a} - \dfrac{1}{s-b}\right) = \dfrac{1}{(s-a)(s-b)}$

$$\left(\mathcal{L}[e^{-at}] = \frac{1}{s+a}\ \text{は式}(10.26)\text{より}\right)$$

(4) $f(t) = \sin(\omega t + \theta) = \dfrac{e^{j\theta}e^{j\omega t} - e^{-j\theta}e^{-j\omega t}}{j2}$

$\rightleftarrows F(s) = \dfrac{e^{j\theta}}{j2} \cdot \dfrac{1}{s - j\omega} - \dfrac{e^{-j\theta}}{j2} \cdot \dfrac{1}{s + j\omega}$

$= \dfrac{1}{j2} \cdot \dfrac{(e^{j\theta} - e^{-j\theta})s + j\omega(e^{j\theta} + e^{-j\theta})}{s^2 + \omega^2} = \dfrac{s\sin\theta + \omega\cos\theta}{s^2 + \omega^2}$

【10.2】 (1) $F(s) = \dfrac{2s + 3}{s^2 + 3s + 2} = \dfrac{2s + 3}{(s + 1)(s + 2)} = \dfrac{1}{s + 1} + \dfrac{1}{s + 2} \rightleftarrows f(t) = e^{-2t} + e^{-t}$

(2) $F(s) = \dfrac{1}{(s + 1)(s + 3)^2} = \dfrac{1/4}{s + 1} - \dfrac{1/4}{s + 3} - \dfrac{1/2}{(s + 3)^2}$

$\rightleftarrows f(t) = \dfrac{1}{4}e^{-t} - \dfrac{1}{4}e^{-3t} - \dfrac{1}{2}te^{-3t}$

(3) $F(s) = \dfrac{s + 17}{s^2 + 2s + 17} = \dfrac{(s + 1) + 4 \cdot 4}{(s + 1)^2 + 4^2} \rightleftarrows f(t) = e^{-t}(\cos 4t + 4\sin 4t)$

(4) $F(s) = \dfrac{4}{s(s^2 + 2s + 5)} = \dfrac{4}{5} \cdot \dfrac{1}{s} - \dfrac{4}{5} \cdot \dfrac{s + 2}{(s + 1)^2 + 2^2}$

$= \dfrac{4}{5} \cdot \dfrac{1}{s} - \dfrac{4}{5} \cdot \dfrac{s + 1}{(s + 1)^2 + 2^2} - \dfrac{2}{5} \cdot \dfrac{2}{(s + 1)^2 + 2^2}$

$\rightleftarrows f(t) = \dfrac{4}{5} - e^{-t}\left(\dfrac{4}{5}\cos 2t + \dfrac{2}{5}\sin 2t\right)$

【10.3】 最初スイッチSWが1のほうに倒れていたとあるので，L に流れていた電流 $i(t)$ は定常状態で E/R となっている。つまり，SWを2のほうに倒した瞬間，$i(0) = E/R$ となっている。このとき，C と L の閉回路で成り立つ微分方程式は次式となる。

$$\dfrac{1}{C}\int_0^t i(t)dt + L\dfrac{di(t)}{dt} = 0 \rightleftarrows \dfrac{1}{sC}I(s) + L\{sI(s) - i(0)\} = 0$$

よって

$$\left(\dfrac{1}{sC} + Ls\right)I(s) = L\dfrac{E}{R} \rightarrow I(s) = \dfrac{E}{R} \cdot \dfrac{s}{s^2 + (1/LC)^2} \rightleftarrows \therefore i(t) = \dfrac{E}{R}\cos\left(\dfrac{1}{\sqrt{LC}}t\right)$$

【10.4】 最初スイッチSWが閉じられ，定常状態にあったことから，$i_1(t)$，$i_2(t)$ は問図10.2の方向に対して，それぞれ $i_1(t) = V/R_1$，$i_2(t) = V/R_2$ となっていることになる。$t = 0$ でスイッチを切ると，**解図10.1** のようになり，この回路について式を立てると，次式のようになる。

$$R_1 i_1(t) + L_1\dfrac{di_1(t)}{dt} = R_2 i_2(t) + L_2\dfrac{di_2(t)}{dt}, \quad i_1(t) = -i_2(t)$$

$\rightleftarrows R_1 I_1(s) + L_1\{sI_1(s) - i_1(0)\} = R_2 I_2(s) + L_2\{sI_2(s) - i_2(0)\}$,

$I_1(s) = -I_2(s), \quad -R_1 I_2(s) + L_1\{-sI_2(s) - V/R_1\} = R_2 I_2(s) + L_2\{sI_2(s) - V/R_2\}$

解図 10.1

$$\therefore \quad I_2(s) = \frac{(L_2/R_2 - L_1/R_1)V}{L_1 + L_2} \cdot \frac{1}{s + (R_1 + R_2)/(L_1 + L_2)}$$

$$\rightleftarrows \quad i_2(t) = \frac{(L_2/R_2 - L_1/R_1)V}{L_1 + L_2} \cdot \exp\left(-\frac{R_1 + R_2}{L_1 + L_2}t\right)$$

【10.5】 問図 10.3 について式を立てると

$$E = R_1 i_1(t) + R_2 i_2(t), \quad R_2 i_2(t) = L\frac{di_3(t)}{dt} + R_3 i_3(t), \quad i_1(t) = i_2(t) + i_3(t)$$

$$\rightleftarrows \quad \frac{E}{s} = R_1 I_1(s) + R_2 I_2(s), \quad R_2 I_2(s) = L\{sI_3(s) + i_3(0)\} + R_3 I_3(s),$$

$$I_1(s) = I_2(s) + I_3(s)$$

上式で, $i_3(0) = 0$ より

$$\begin{bmatrix} R_1 & R_2 & 0 \\ 0 & -R_2 & sL + R_3 \\ -1 & 1 & 1 \end{bmatrix}\begin{bmatrix} I_1(s) \\ I_2(s) \\ I_3(s) \end{bmatrix} = \begin{bmatrix} E/s \\ 0 \\ 0 \end{bmatrix}$$

となるから

$$\begin{bmatrix} R_1 & R_2 & 0 \\ 0 & -R_2 & sL + R_3 \\ -1 & 1 & 1 \end{bmatrix} = -R_1 R_2 - (R_1 + R_2)(sL + R_3)$$

$$I_1(s) = \begin{bmatrix} E/s & R_2 & 0 \\ 0 & -R_2 & sL + R_3 \\ 0 & 1 & 1 \end{bmatrix}\bigg/\begin{bmatrix} R_1 & R_2 & 0 \\ 0 & -R_2 & sL + R_3 \\ -1 & 1 & 1 \end{bmatrix}$$

$$= \frac{R_2 + R_3 + sL}{R_1 R_2 + R_2 R_3 + R_3 R_1 + sL(R_1 + R_2)} \cdot \frac{E}{s}$$

$$= \frac{(R_2 + R_3)E}{R_1 R_2 + R_2 R_3 + R_3 R_1} \cdot \frac{1}{s}$$

$$\quad - \frac{\{(R_1 + R_2)(R_2 + R_3) - (R_1 R_2 + R_2 R_3 + R_3 R_1)\}E}{R_1 R_2 + R_2 R_3 + R_3 R_1} \cdot \frac{1}{(R_1 + R_2)} \cdot \frac{1}{s + a}$$

$$= \frac{(R_2 + R_3)E}{R_1 R_2 + R_2 R_3 + R_3 R_1} \cdot \left(\frac{1}{s} - \frac{1}{s + a}\right) + \frac{E}{(R_1 + R_2)} \cdot \frac{1}{s + a}$$

ただし, $a = \dfrac{R_1 R_2 + R_2 R_3 + R_3 R_1}{L(R_1 + R_2)}$

$$\rightleftarrows \quad i_1(t) = \frac{(R_2 + R_3)E}{R_1 R_2 + R_2 R_3 + R_3 R_1}(1 - e^{-at}) + \frac{E}{R_1 + R_2}e^{-at}$$

同様に

$$i_2(t) = \frac{R_3 E}{R_1 R_2 + R_2 R_3 + R_3 R_1}(1 - e^{-at}) + \frac{E}{R_1 + R_2}e^{-at},$$

$$i_3(t) = \frac{R_2 E}{R_1 R_2 + R_2 R_3 + R_3 R_1}(1 - e^{-at})$$

[10.6] 問図 10.4 より

$$E = Ri(t) + v_0(t), \quad v_0(t) = \frac{1}{C}\int_0^t i(t)dt + v_0(0)$$

$$\frac{E}{s} = RI(s) + V_0(s), \quad V_0(s) = \frac{1}{sC}I(s) + \frac{v_0(0)}{s}$$

ここで，$v_0(0)$：初期値 = 0 とすると

$$\frac{E}{s} = RI(s) + V_0(s), \quad sCV_0(s) = I(s)$$

$$\frac{E}{s} = (sCR + 1)V_0(s) = CR\left(s + \frac{1}{CR}\right)V_0(s)$$

$$\therefore \quad V_0(s) = \frac{E}{CR}\cdot\frac{1}{s(s + 1/CR)} = E\left\{\frac{1}{s} - \frac{1}{(s + 1/CR)}\right\}$$

$$\Leftrightarrow \quad \therefore \quad v_0(t) = E\left(1 - e^{-\frac{1}{CR}t}\right)$$

最終値の 10 % および 90 % となる時間を，それぞれ t_1, t_2 とすると，次式が成り立つ。

$$v_0(t_1) = E\left(1 - e^{-\frac{1}{CR}t_1}\right) = 0.1E, \quad v_0(t_2) = E\left(1 - e^{-\frac{1}{CR}t_2}\right) = 0.9E$$

より

$$e^{-\frac{1}{CR}t_1} = 0.9, \quad e^{-\frac{1}{CR}t_2} = 0.1 \quad \therefore \quad t_1 = -CR\ln 0.9, \quad t_2 = -CR\ln 0.1$$

よって

$$t_r \equiv t_2 - t_1 = CR(-\ln 0.1 + \ln 0.9) = CR\ln 9 \cong 2.2CR \quad \therefore \quad t_r \cong \frac{2.2}{2\pi}\cdot\frac{1}{f_H} = \frac{0.35}{f_H}$$

【11 章】

[11.1]

（1）$Z_{\text{in}} = Z_{w1}\cdot\dfrac{Z_L\cos\beta y + jZ_{w1}\sin\beta y}{Z_{w1}\cos\beta y + jZ_L\sin\beta y} = jZ_{w1}\cdot\tan\beta L \quad \therefore \quad Z_L = 0, \ y = L$

（2）$Z_{\text{in}} = Z_{w2}\cdot\dfrac{R\cos\beta y + jZ_{w2}\sin\beta y}{Z_{w2}\cos\beta y + jR\sin\beta y} = \dfrac{Z_{w2}^2}{R} \quad \therefore \quad \beta y = \dfrac{2\pi}{\lambda}\cdot\dfrac{\lambda}{4} = \dfrac{\pi}{2}$

$$Z_{w1} = \frac{Z_{w2}^2}{R} \quad \therefore \quad Z_{w2} = \sqrt{Z_{w1}R}$$

よって

$$R = 4\,800\,\Omega, \ Z_{w1} = 75\,\Omega \ \to \ Z_{w2} = 600\,\Omega$$

[11.2] 解図 11.1 を参考にして

$$Z_A = jZ_0\cdot\tan\theta \quad \theta \equiv \beta L/2, \quad Z_B = Z_A \mathbin{/\mkern-5mu/} R$$

$$Z_B = \frac{jZ_0R\cdot\tan\theta}{R + jZ_0\cdot\tan\theta} = \frac{jZ_0R\cdot\sin\theta}{R\cdot\cos\theta + jZ_0\cdot\sin\theta}$$

章末問題解答　189

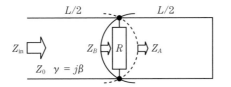
解図 11.1

$$\therefore Z_{\text{in}} = Z_0 \cdot \frac{Z_B \cos \beta l + jZ_0 \sin \beta l}{Z_0 \cos \beta l + jZ_B \sin \beta l}$$

$$= Z_0 \cdot \frac{jZ_0 R \cdot \sin \theta \cos \beta l + jZ_0 \sin \beta l (R \cdot \cos \theta + jZ_0 \cdot \sin \theta)}{Z_0 \cos \beta l (R \cdot \cos \theta + jZ_0 \cdot \sin \theta) - Z_0 R \cdot \sin \theta \sin \beta l}$$

$$= Z_0 \cdot \frac{-Z_0^2 \cos \beta l \sin \theta + jZ_0 R \sin(\beta l + \theta)}{Z_0 R \cos(\beta l + \theta) + jZ_0^2 \cos \beta l \sin \theta}$$

【11.3】誤差 ε を $\varepsilon = (Z_x' - Z_x)/Z_x = (\beta l - \tan \beta l)/\tan \beta l$ とすると，$\beta l = 2\pi l/\lambda$ であるから，つぎの**解表 11.1** のようになる。

解表 11.1

l/λ	βl	$\tan \beta l$	ε
0.01	0.0628	0.0629	-0.132
0.02	0.1257	0.1263	-0.527
0.03	0.1885	0.1908	-1.187
0.04	0.2513	0.2568	-2.114
0.048	0.3016	0.3111	-3.050
0.05	0.3142	0.3249	-3.312
0.06	0.3770	0.3959	-4.783
0.07	0.4398	0.4706	-6.533
0.08	0.5027	0.5498	-8.567

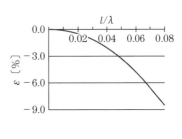

$l/\lambda \fallingdotseq \lambda/20$ となると誤差は 3 ％になる。例えば，真空中で周波数が 300 MHz のとき，$\lambda = 1$ m となるから，回路の大きさが 5 cm を超えると 3 ％より誤差が大きくなることがわかる。

【11.4】交流電源の周波数は 300 MHz であるから，$\lambda = c/f = 1$ m［c：光速（$\fallingdotseq 3 \times 10^8$ m/s）］となる。

また，**解図 11.2** より反射係数 $\Gamma_x = \dfrac{Z_x - Z_0}{Z_x + Z_0}$, $Z_x = Z_0 \dfrac{Z_L \cos \beta x + jZ_0 \sin \beta x}{Z_0 \cos \beta x + jZ_L \sin \beta x}$, $\beta = \dfrac{2\pi}{\lambda}$ となる。

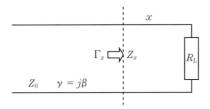
解図 11.2

（1）$x = 25$ cm $\Rightarrow$ $\beta x = \pi/2$ より

$$\Gamma_A = 0.4 = \frac{Z_A - 50}{Z_A + 50} \quad \therefore \quad Z_A = \frac{70}{0.6} \cong 117 \ \Omega, \ Z_A = \frac{Z_0^2}{R_L} \left(\because \ \beta x = \frac{\pi}{2} \right) \Rightarrow$$

$$\therefore R_L = \frac{Z_0^2}{Z_A} = \frac{50^2}{117} \cong 21.4\,\Omega$$

（2） $R_L = 0$ より

$$Z_A' = \frac{Z_0^2}{R_L} = \frac{50^2}{0} \to \infty, \quad \Gamma_A' = \frac{Z_A' - Z_0}{Z_A' + Z_0} = 1$$

【11.5】 伝搬定数 $\gamma = \alpha + j\beta = \sqrt{ZY}$，特性インピーダンス $Z_w = \sqrt{Z/Y}$ であるから

$$\alpha + j\beta = \sqrt{(r + j\omega L)(g + j\omega C)}$$

よって

$$\alpha^2 + \beta^2 = \sqrt{\{r^2 + (\omega L)^2\}\{g^2 + (\omega C)^2\}} = |Z||Y|, \quad 2\alpha\beta = \omega gL + \omega rC$$

より，α^2, β^2 は $t^2 - |Z||Y| + \{(\omega GL + \omega rC)/2\}^2 = 0$ の根であることがわかる。これを解くと

$$t = \frac{1}{2}\{|Z||Y| \pm \sqrt{\{r^2 + (\omega L)^2\}\{g^2 + (\omega C)^2\} - (\omega gL + \omega rC)^2}\}$$

$$= \frac{1}{2}\{|Z||Y| \pm (rg \sim \omega^2 LC)\}$$

α と β の間には，$\alpha^2 - \beta^2 = rg - \omega^2 LC$ の関係があるので

$$\alpha^2 = \frac{1}{2}\{|Z||Y| + (rg - \omega^2 LC)\}, \quad \beta^2 = \frac{1}{2}\{|Z||Y| - (rg - \omega^2 LC)\}$$

となる。よって

$$\alpha = \left[\frac{\sqrt{\{r^2 + (\omega L)^2\}\{g^2 + (\omega C)^2\}} + (rg - \omega^2 LC)}{2}\right]^{\frac{1}{2}}$$

$$\beta = \left[\frac{\sqrt{\{r^2 + (\omega L)^2\}\{g^2 + (\omega C)^2\}} - (rg - \omega^2 LC)}{2}\right]^{\frac{1}{2}}$$

また，$Z = \sqrt{r^2 + (\omega L)^2}\cdot e^{j\theta_1}$，$\theta_1 = \tan^{-1}(\omega L/r)$，$Y = \sqrt{g^2 + (\omega C)^2}\cdot e^{j\theta_2}$，$\theta_2 = \tan^{-1}(\omega C/g)$ より

$$|Z_w| = \left(\frac{|Z|}{|Y|}\right)^{\frac{1}{2}} = \left[\frac{r^2 + (\omega L)^2}{g^2 + (\omega C)^2}\right]^{\frac{1}{4}}, \quad \arg(Z_w) = \frac{\tan^{-1}(\omega L/r) - \tan^{-1}(\omega C/g)}{2}$$

であるので，求めるべき各値はつぎの**解表 11.2** のようになる。

解表 11.2

ω [rad/s]	1 000	2 000	5 000	10 000
（1） α [/km]	3.13×10^{-3}	3.65×10^{-3}	4.00×10^{-3}	4.10×10^{-3}
（2） β [/km]	4.16×10^{-3}	7.13×10^{-3}	16.2×10^{-3}	31.8×10^{-3}
（3） 波長 $\lambda = 2\pi/\beta$ [km]	1.51×10^3	0.881×10^3	0.387×10^3	0.197×10^3
（4） 位相速度 $v = \omega/\beta$ [km/s]	2.41×10^5	2.81×10^5	3.08×10^5	3.14×10^5
（5） $|Z_w|$ [kΩ]	1.04	0.800	0.669	0.642
（5） $\arg(Z_w)$ [deg]	-31.2	-24.2	-12.7	-6.73

索　引

【あ】
アドミタンス　38
アドミタンス Y の軌跡　44, 45

【い】
移相器　47
位相推移器　47
位相特性　50
位相（波長）定数　139, 140
因果関数　117
インパルス応答　128
インピーダンス　36
インピーダンス Z の軌跡　43, 45
インピーダンス整合　67, 143

【う】
ウィーンブリッジ　83

【え】
影像インピーダンス　103
影像パラメータ　103

【お】
オームの法則　2
折れ線近似　58

【か】
開放　71
重ね合わせの理　71
過渡解　113

【き】
基準ベクトル　32
軌跡　42
逆起電力　2
境界条件　136
共振回路の選択性　55
共振状態　54
キルヒホッフの法則　13

【け】
減衰定数　139, 140

【こ】
高域通過フィルタ　50
合成抵抗　3
固有電力　18
コンダクタンス　2, 38

コンデンサ　52

【さ】
最大有能電力　18
サセプタンス　38
散乱行列　150

【し】
磁束鎖交数不変の理　132
実効値　24
実効電力　63, 64
実際のコイル　52
実際のコンデンサ　53
時定数　114
遮断（角）周波数　50
縦続接続　99
周波数特性　49
瞬時値　22
瞬時電力　62
初期値　113
進行波　138

【す】
スタブ　143

【せ】
正弦波　21
節電圧解析　78
線形システム　34
選択度　56
線路方程式　137

【そ】
双曲線角　104
相互インダクタンス　105
素子　30

【た】
帯域遮断フィルタ　89
帯域通過フィルタ　54
帯域幅　56
タンク回路　57
短絡　71

【ち】
遅延時間　140
直並列回路　46
直列共振角周波数　54

【て】
低域通過フィルタ　51
抵抗　1
抵抗値　3
定在波比　147
定常解　113
デシベル　58
電圧　1
電圧源　6, 71
電圧降下　2
電圧上昇比　56
電位差　1
電荷量不変の理　132
電源　10
電源の等価変換　74
伝達特性　49
伝達散乱行列　150
伝達定数　104
伝搬定数　138
電流　1
電流源　6, 71

【と】
透過波　145
特性インピーダンス　138
ドットの規約　106
トラップ回路　89

【に】
入射波　145

【ね】
熱量　19

【の】
ノートンの定理　79

【は】
はしご形回路　86
波動インピーダンス　138
波動方程式　136
反射係数　145
反射波　145
半電力（角）周波数　50

【ひ】
皮相電力　63

【ふ】

ブリッジ回路	82
複素電力	64
分　圧	5
分　流	5

【へ】

平衡条件	82
平衡状態	82
閉電流解析	16, 78
ベクトル記号法	32
ベクトル図	39
ベクトル電力	64

【ほ】

ホイートストンブリッジ	83
鳳・テブナンの定理	76

【ま】

マクスウェルブリッジ	84

【み】

密結合変成器	109

【む】

無効電力	63, 64

【ら】

ラグリード回路	48
ラダー回路	86
ラプラス変換	116

【り】

リアクタンス	37
リアクティブ・インバータ	67
力　率	63
力率改善	68
理想電源	6
理想変成器	109

【れ】

零（出力）回路	89

【英数】

BPF	54
dB	58
F マトリクス	98
Heaviside の展開定理	124
HPF	50
IT	109
LPF	51
Q 整合	143
Q 値	52
R-C 直列回路	44
R-L-C 直列回路	53
R-L 直列回路	42
R-L 並列回路	45
$\tan\delta$	53
UCT	109
VA	63
Var（バール）	63
W	63
Y-Δ（スターデルタ）変換	87
Y マトリクス	94
Z マトリクス	96
Δ-Y（デルタスター）変換	87
2-P 回路	100
3 電流計法	66

―― 著者略歴 ――

作田　幸憲（さくた　ゆきのり）
- 1974 年　日本大学理工学部電気工学科卒業
- 1976 年　日本大学大学院理工学研究科修士課程修了（電気工学専攻）
- 1980 年　日本大学大学院理工学研究科博士後期課程単位取得退学（電気工学専攻）
- 1987 年　工学博士（日本大学）
- 1994 年　日本大学助教授
- 1997 年　日本大学短期大学部教授
- 2001 年　日本大学教授
- 2017 年　日本大学特任教授
- 2021 年　日本大学非常勤講師
- 　　　　 現在に至る

永田　知子（ながた　ともこ）
- 2009 年　岡山大学理学部物理学科卒業
- 2011 年　岡山大学大学院自然科学研究科博士前期課程修了（数理物理科学専攻）
- 2013 年　エコール・サントラル・パリSPMS留学
- 2014 年　岡山大学大学院自然科学研究科博士後期課程修了（先端基礎科学専攻）
- 　　　　 博士（理学）
- 2014 年　日本大学助手
- 2017 年　日本大学助教
- 　　　　 現在に至る

今池　健（いまいけ　たけし）
- 2004 年　日本大学理工学部電子工学科卒業
- 2006 年　日本大学大学院理工学研究科博士前期課程修了（電子工学専攻）
- 2009 年　日本大学大学院理工学研究科博士後期課程修了（電子工学専攻）
- 　　　　 博士（工学）
- 2009 年　日本大学助手
- 2012 年　日本大学助教
- 2019 年　日本大学准教授
- 　　　　 現在に至る

エレクトロニクスのための回路理論
Circuit Theory for Electronic Engineers　　　ⒸSakuta, Imaike, Nagata 2017

2017 年 4 月 3 日　初版第 1 刷発行　　　　　　　　　★
2022 年 7 月 20 日　初版第 3 刷発行

検印省略	著　者	作　田　幸　憲
		今　池　　　健
		永　田　知　子
	発行者	株式会社　コロナ社
		代表者　牛来真也
	印刷所	美研プリンティング株式会社
	製本所	有限会社　愛千製本所

112-0011　東京都文京区千石 4-46-10
発行所　株式会社　コロナ社
CORONA PUBLISHING CO., LTD.
Tokyo Japan

振替00140-8-14844・電話(03)3941-3131(代)
ホームページ　https://www.coronasha.co.jp

ISBN 978-4-339-00897-5　C3054　Printed in Japan　　　（中原）

＜出版者著作権管理機構　委託出版物＞
本書の無断複製は著作権法上での例外を除き禁じられています。複製される場合は、そのつど事前に、出版者著作権管理機構（電話 03-5244-5088, FAX 03-5244-5089, e-mail: info@jcopy.or.jp）の許諾を得てください。

本書のコピー，スキャン，デジタル化等の無断複製・転載は著作権法上での例外を除き禁じられています。購入者以外の第三者による本書の電子データ化及び電子書籍化は，いかなる場合も認めていません。
落丁・乱丁はお取替えいたします。

電子情報通信レクチャーシリーズ

(各巻B5判，欠番は品切または未発行です)

■電子情報通信学会編

配本順				頁	本体
		共 通			
A-1	(第30回)	電子情報通信と産業	西村吉雄著	272	4700円
A-2	(第14回)	電子情報通信技術史 ―おもに日本を中心としたマイルストーン―	「技術と歴史」研究会編	276	4700円
A-3	(第26回)	情報社会・セキュリティ・倫理	辻井重男著	172	3000円
A-5	(第6回)	情報リテラシーとプレゼンテーション	青木由直著	216	3400円
A-6	(第29回)	コンピュータの基礎	村岡洋一著	160	2800円
A-7	(第19回)	情報通信ネットワーク	水澤純一著	192	3000円
A-9	(第38回)	電子物性とデバイス	益 一哉 天川 修平 共著	244	4200円
		基 礎			
B-5	(第33回)	論 理 回 路	安浦寛人著	140	2400円
B-6	(第9回)	オートマトン・言語と計算理論	岩間一雄著	186	3000円
B-7	(第40回)	コンピュータプログラミング ―Pythonでアルゴリズムを実装しながら問題解決を行う―	富樫敦著	208	3300円
B-8	(第35回)	データ構造とアルゴリズム	岩沼宏治他著	208	3300円
B-9	(第36回)	ネットワーク工学	田中村野敬介 仙石正和 共著	156	2700円
B-10	(第1回)	電 磁 気 学	後藤尚久著	186	2900円
B-11	(第20回)	基礎電子物性工学 ―量子力学の基本と応用―	阿部正紀著	154	2700円
B-12	(第4回)	波 動 解 析 基 礎	小柴正則著	162	2600円
B-13	(第2回)	電 磁 気 計 測	岩﨑俊著	182	2900円
		基 盤			
C-1	(第13回)	情報・符号・暗号の理論	今井秀樹著	220	3500円
C-3	(第25回)	電 子 回 路	関根慶太郎著	190	3300円
C-4	(第21回)	数 理 計 画 法	山下信雄 福島雅夫 共著	192	3000円

配本順			頁	本体
C-6 (第17回)	インターネット工学	後藤 滋樹／外山 勝保 共著	162	2800円
C-7 (第3回)	画像・メディア工学	吹抜 敬彦 著	182	2900円
C-8 (第32回)	音声・言語処理	広瀬 啓吉 著	140	2400円
C-9 (第11回)	コンピュータアーキテクチャ	坂井 修一 著	158	2700円
C-13 (第31回)	集積回路設計	浅田 邦博 著	208	3600円
C-14 (第27回)	電子デバイス	和保 孝夫 著	198	3200円
C-15 (第8回)	光・電磁波工学	鹿子嶋 憲一 著	200	3300円
C-16 (第28回)	電子物性工学	奥村 次徳 著	160	2800円

展開

			頁	本体
D-3 (第22回)	非線形理論	香田 徹 著	208	3600円
D-5 (第23回)	モバイルコミュニケーション	中川 正雄／大槻 知明 共著	176	3000円
D-8 (第12回)	現代暗号の基礎数理	黒澤 馨／尾形 わかは 共著	198	3100円
D-11 (第18回)	結像光学の基礎	本田 捷夫 著	174	3000円
D-14 (第5回)	並列分散処理	谷口 秀夫 著	148	2300円
D-15 (第37回)	電波システム工学	唐沢 好男／藤井 威生 共著	228	3900円
D-16 (第39回)	電磁環境工学	徳田 正満 著	206	3600円
D-17 (第16回)	VLSI工学 ―基礎・設計編―	岩田 穆 著	182	3100円
D-18 (第10回)	超高速エレクトロニクス	中村 徹／三島 友義 共著	158	2600円
D-23 (第24回)	バイオ情報学 ―パーソナルゲノム解析から生体シミュレーションまで―	小長谷 明彦 著	172	3000円
D-24 (第7回)	脳工学	武田 常広 著	240	3800円
D-25 (第34回)	福祉工学の基礎	伊福部 達 著	236	4100円
D-27 (第15回)	VLSI工学 ―製造プロセス編―	角南 英夫 著	204	3300円

定価は本体価格+税です。
定価は変更されることがありますのでご了承下さい。

図書目録進呈◆

電子・通信・情報の基礎コース

（各巻A5判，欠番は品切または未発行です）

コロナ社創立80周年記念出版
〔創立1927年〕

■編集・企画世話人　大石進一

			頁	本体
1.	数 値 解 析	大石進一著		
4.	信 号 と 処 理（上）	石井六哉著	192	2400円
5.	信 号 と 処 理（下）	石井六哉著	200	2500円
7.	電子・通信・情報のための 量 子 力 学	堀 裕和著	254	3200円

専修学校教科書シリーズ

（各巻A5判，欠番は品切です）

編集委員会編
―― 全国工業専門学校協会推薦 ――

配本順			頁	本体
1.（3回）	電 気 回 路（1） ―直流・交流回路編―	早川・松下 茂木 共著	252	2300円
2.（6回）	電 気 回 路（2） ―回路網・過渡現象編―	阿部・柏谷 亀田・中場 共著	242	2400円
3.（2回）	電 子 回 路（1） ―アナログ編―	赤羽・岩崎 川戸・牧 共著	248	2400円
4.（8回）	電 子 回 路（2） ―ディジタル編―	中村次男著	248	2500円
5.（5回）	電 磁 気 学	折笠・鈴木・中場 宮腰・森崎 共著	224	2400円
6.（1回）	電 子 計 測	浅野・岡本 久米川・山下 共著	248	2500円
7.（7回）	電子・電気材料	香田・津田 中場・松下 共著	236	2400円
8.（4回）	自 動 制 御	牛渡・田中・早川 板東・細田 共著	228	2200円

定価は本体価格+税です。
定価は変更されることがありますのでご了承下さい。

図書目録進呈◆

大学講義シリーズ

（各巻A5判，欠番は品切または未発行です）

配本順	書名	著者	頁	本体
（2回）	通信網・交換工学	雁部顗一著	274	3000円
（3回）	伝送回路	古賀利郎著	216	2500円
（4回）	基礎システム理論	古田・佐野共著	206	2500円
（10回）	基礎電子物性工学	川辺和夫他著	264	2500円
（11回）	電磁気学	岡本允夫著	384	3800円
（12回）	高電圧工学	升谷・中田共著	192	2200円
（14回）	電波伝送工学	安達・米山共著	304	3200円
（15回）	数値解析（1）	有本卓著	234	2800円
（16回）	電子工学概論	奥田孝美著	224	2700円
（17回）	基礎電気回路（1）	羽鳥孝三著	216	2500円
（18回）	電力伝送工学	木下仁志他著	318	3400円
（19回）	基礎電気回路（2）	羽鳥孝三著	292	3000円
（20回）	基礎電子回路	原田耕介他著	260	2700円
（22回）	原子工学概論	都甲・岡共著	168	2200円
（23回）	基礎ディジタル制御	美多勉他著	216	2400円
（24回）	新電磁気計測	大照完他著	210	2500円
（26回）	電子デバイス工学	藤井忠邦著	274	3200円
（28回）	半導体デバイス工学	石原宏著	264	2800円
（29回）	量子力学概論	権藤靖夫著	164	2000円
（30回）	光・量子エレクトロニクス	藤岡・小原・齊藤共著	180	2200円
（31回）	ディジタル回路	高橋寛他著	178	2300円
（32回）	改訂回路理論（1）	石井順也著	200	2500円
（33回）	改訂回路理論（2）	石井順也著	210	2700円
（34回）	制御工学	森泰親著	234	2800円
（35回）	新版 集積回路工学（1）―プロセス・デバイス技術編―	永田・柳井共著	270	3200円
（36回）	新版 集積回路工学（2）―回路技術編―	永田・柳井共著	300	3500円

定価は本体価格+税です。
定価は変更されることがありますのでご了承下さい。

図書目録進呈◆

電気・電子系教科書シリーズ

(各巻A5判)

- ■編集委員長　高橋　寛
- ■幹　　　事　湯田幸八
- ■編集委員　江間　敏・竹下鉄夫・多田泰芳
- 　　　　　　中澤達夫・西山明彦

配本順			著者	頁	本体
1. (16回)	電気基礎	柴田尚志／皆藤新泰／田中尚芳	共著	252	3000円
2. (14回)	電磁気学	多田泰芳／柴田尚志	共著	304	3600円
3. (21回)	電気回路Ⅰ	柴田尚志	著	248	3000円
4. (3回)	電気回路Ⅱ	遠藤勲／鈴木靖／吉澤昌純／降矢典雄／福田恵巳／吉崎拓／高和明／西崎二鎮	共編著	208	2600円
5. (29回)	電気・電子計測工学(改訂版)—新SI対応—		共著	222	2800円
6. (8回)	制御工学	下西西平／奥木正／青堀立／西俊幸	共著	216	2600円
7. (18回)	ディジタル制御	青西俊幸	著	202	2500円
8. (25回)	ロボット工学	白水俊次	著	240	3000円
9. (1回)	電子工学基礎	中澤達夫／藤原勝幸	共著	174	2200円
10. (6回)	半導体工学	渡辺英夫	著	160	2000円
11. (15回)	電気・電子材料	中澤・押山／森田／須田／土原	共著	208	2500円
12. (13回)	電子回路	服部英二	共著	238	2800円
13. (2回)	ディジタル回路	伊若室山	共著	240	2800円
14. (11回)	情報リテラシー入門	吉海澤賀下	共著	176	2200円
15. (19回)	C＋＋プログラミング入門	湯田幸八	著	256	2800円
16. (22回)	マイクロコンピュータ制御プログラミング入門	柚賀正光／千代谷慶	共著	244	3000円
17. (17回)	計算機システム(改訂版)	春日泉田雄健治	共著	240	2800円
18. (10回)	アルゴリズムとデータ構造	舘湯原幸充博	共著	252	3000円
19. (7回)	電気機器工学	伊前新勉邦	共著	222	2700円
20. (31回)	パワーエレクトロニクス(改訂版)	江間田谷橋敏勲	共著	232	2600円
21. (28回)	電力工学(改訂版)	江甲斐成隆章英	共著	296	3000円
22. (30回)	情報理論(改訂版)	高三吉木川鉄英夫機	共著	214	2600円
23. (26回)	通信工学	甲竹吉下川田豊克幸稔	共著	198	2500円
24. (24回)	電波工学	吉松宮部原正久史	共著	238	2800円
25. (23回)	情報通信システム(改訂版)	南岡桑月裕唯孝	共著	206	2500円
26. (20回)	高電圧工学	植松箕原田充志	共著	216	2800円

定価は本体価格＋税です。
定価は変更されることがありますのでご了承下さい。

◆図書目録進呈◆